航空集群
协同任务决策方法

王玉冰 吴利荣 王维佳 尹航 张旭东 著

清华大学出版社

北京

内 容 简 介

现代战争的制胜机理正在由"以网络为中心"向"以决策为中心"转变,灵活高效的任务决策是上层战术与底层控制策略之间的有机衔接。航空集群作为一种新型分布式空中作战力量,面向高动态、强对抗的复杂战场环境和作战任务,如何根据当前战场态势和作战需求做出兼具灵活性、时效性和鲁棒性的任务决策,是提升航空集群作战能力的关键。

本书针对航空集群任务决策展开研究,通过建立"资源—能力—任务"的有效映射,创新性地提出一种基于互为主体的航空集群体系架构和任务决策机制,并针对航空集群典型作战任务中的协同搜索、定位、航迹欺骗和干扰抑制开展了研究和仿真验证。本书全面梳理了航空集群领域的最新研究成果,同时从任务决策角度创新性运用互为主体思想为航空集群作战运用提供创新理论支撑,具备较强的前瞻性、创新性以及实用性。

图书在版编目(CIP)数据

航空集群协同任务决策方法 / 王玉冰等著. --北京:清华大学出版社,2025.2.
ISBN 978-7-302-67841-0

Ⅰ. V323

中国国家版本馆 CIP 数据核字第 2025SH1013 号

责任编辑: 张瑞庆 薛 阳
封面设计: 刘 键
责任校对: 刘惠林
责任印制: 丛怀宇

出版发行: 清华大学出版社
   网　　址: https://www.tup.com.cn,https://www.wqxuetang.com
   地　　址: 北京清华大学学研大厦 A 座　　　　**邮　编:** 100084
   社 总 机: 010-83470000　　　　　　　　　**邮　购:** 010-62786544
   投稿与读者服务: 010-62776969,c-service@tup.tsinghua.edu.cn
   质量反馈: 010-62772015,zhiliang@tup.tsinghua.edu.cn
   课件下载: https://www.tup.com.cn,010-83470236
印 装 者: 三河市东方印刷有限公司
经　　销: 全国新华书店
开　　本: 170mm×240mm　　　**印　　张:** 15.75　　　**字　　数:** 320 千字
版　　次: 2025 年 2 月第 1 版　　　　　　　　　**印　　次:** 2025 年 2 月第 1 次印刷
定　　价: 88.00 元

产品编号:098584-01

前　　言

　　航空集群由一定数量的单功能或多功能、有人或无人航空平台共同组成,基于交感网络支撑,节点之间通过分布式协同交互完成作战任务,是具有能力涌现特点的空中作战系统。航空集群任务决策是典型的复杂决策问题,大规模作战节点基于交感网络形成有机整体,每个时刻每个平台执行的任务如何决策、功能如何选择、资源如何分配、平台之间如何协同等问题都需要根据战场态势和集群自身状态进行实时调整,如何面向作战需求做出灵活的任务决策,实现节点间的高效协同并完成作战任务,成为制约航空集群作战效能发挥的瓶颈。

　　航空集群(尤其是无人机集群)作战的任务决策机制水平决定了决策手段的能力上限,影响到作战全过程全要素的决策效果。近年来,无人作战发展正兴。万顷碧波的波斯湾、雄浑壮丽的高加索山脉、落日余晖的第聂伯河,无人机正式走上人类战争的舞台。作为信息通信、人工智能等新兴技术的天然载体,无人机技术及其集群运用飞速发展。从单机到集群,从人类操控到智能自主,无人化作战的大门已然开启。开展博弈对抗环境下的集群任务决策研究,已经成为制衡强敌在分布式空战等体系作战领域技术优势、提高集群作战能力的迫切需要。

　　在航空集群发展如火如荼之际,我们深切感受到,集群已成为未来空中作战运用的主要样式,相关的概念构想呈井喷式增长,但在理论方法和算法落地上仍然比较欠缺。因此,本书就以航空集群任务决策方法为切入口,针对协同搜索、定位、航迹欺骗、干扰抑制等典型任务,将互为主体思想应用到决策机制中进行探索性研究,给出航空集群协同任务决策方法概论、体系架构、理论方法、典型案例和仿真验证,以起到抛砖引玉的作用。

　　本书共分8章。第1章为航空集群协同任务决策方法概论;第2章为基于互为主体理论的航空集群体系架构与实现;第3章为航空集群作战任务决策理论及应用;第4章为运用同层互为主体的任务决策,以协同搜索任务为典型案例提升集群搜索能力;第5章为运用跨层互为主体的任务决策,以协同定位任务为典型案例提升集群定位精度;第6章为运用混合互为主体的任务决策,以协同航迹欺骗任务为典型案例提升航迹欺骗效果;第7章为航空集群协同干扰抑制任务决策,提升集群抗干扰能力;第8章为本书结束语。

　　我们拥抱技术发展、预见未来趋势、跟上时代脉搏,围绕航空集群任务决策问题编著本书,希望与读者共同探讨无人机技术和集群任务决策机制的理论和应用,共同推进领域发展。由于作者的写作时间和水平有限,本书难免存在不足之处,敬请读者朋友们批评指正,衷心希望通过同行之间的交流,引发思考,促进创新!

编　者

2024 年 1 月

目　　录

第1章 航空集群协同任务决策方法概论

1.1 航空集群及其任务决策意义

随着多维战场空间和作战域的联动融合,未来战争追求整体作战效能最大化,武器、平台概念逐渐淡化,作战资源以分布式泛在节点的形式呈现,新的体系化作战概念应运而生,对大规模分布式泛在节点的任务决策成为整体作战效能发挥的关键,战争的发展阶段正在由"以信息为中心"到"以网络为中心"再到"以决策为中心"的方向转变[1]。

航空集群正是契合这种分布式体系化作战概念的新型作战力量,是由一定数量的单功能或多功能、有人/无人航空平台共同组成,基于交感网络支撑,节点之间通过分布式协同交互完成作战任务,具有能力涌现特点的空中作战系统[2]。航空集群任务决策是一个典型的复杂 NP 难问题,大规模作战节点基于交感网络形成有机整体,每个时刻每个平台执行的任务如何决策、功能如何选择、资源如何分配、平台之间如何协同等问题都需要根据战场态势和集群自身状态进行实时调整,如何面向作战需求做出灵活的任务决策,实现节点间的高效协同并完成作战任务,成为制约航空集群作战效能发挥的瓶颈。

传统任务决策往往依赖于预设的规则或固化的流程,执行某项任务的平台及其采取的策略通常是固化的。但是战场态势瞬息万变,传统任务决策面对高动态、强博弈的复杂战场环境和作战任务无法做出快速自适应调整,存在着灵活性不足、决策周期长的问题,并且随着航空集群规模的增大,这两项问题会愈发严重,导致航空集群作战的效能受到极大制约。例如,作战任务发生变化时需要对航空集群节点空间构型和能力做出对应调整,航空集群节点受到攻击或损毁时需要快速对集群节点进行重构从而继续执行任务等。在处理上述突发状况时,如果采用传统的任务决策可能因灵活性不足导致反应速度过慢,无法满足航空集群作战需要。

因此,亟须寻求一种与航空集群作战特点相匹配的任务决策机制,通过这种灵活的任务决策机制实现航空集群节点、能力与资源的深度协同,从而提高航空集群作战整体效能。在确定顶层任务或作战目标后,通过将顶层任务和目标合理分解成子任务和资源需求,自主生成决策行动或控制策略,并对应进行底层资源的聚合和解聚,从而实现最优的任务遂行效果。对于航空集群而言,规模大、空间分布分散、机动性强的特点都使任务决策过程具有了更大的灵活性,主要体现在以下几方面。

（1）功能复用与载荷模块化。传统作战依托于多功能复杂高价值平台,单个平台需要完成多项任务,任务之间存在的时序关系较为固定,而航空集群作战中不同平台可以搭载不同载荷,并行执行不同任务,并通过交感网实现信息共享,提高了集群整体的作战效率,缩短我方作战的"观察—判断—决策—行动"（Observation-Orientation-Decision-Action, OODA）周期。

（2）空间构型的复杂演化性。航空集群由于平台众多而具有规模效应,且在空间中呈分布式部署,其不同的空间构型又产生了相应的结构效应,根据任务需求进行动态演化和调整,进一步提高了集群整体作战的效能发挥。

（3）集群能力的涌现性。航空集群能力涌现是指多个航空器平台或多个子系统,通过科学的方法聚集后,产生了新的能力或原有能力发生了质的变化。航空集群系统中不同航空器的功能耦合,不同构型的结构效应以及不同战场态势下的环境因素三方面共同造就其涌现性。集群能力的涌现性也正是集群作战产生颠覆性效果的根本原因。

由上述特点可以看出,航空集群作战与传统作战在任务时序、空域分布、协同方式等方面均有不同。针对集群作战这种新的作战样式,任务决策机制面临着更大的挑战,传统决策机制所采用的预先设定固化流程的方法已经无法满足集群应用需求。为了解决这个问题,必须要从系统的角度进行统一筹划,平衡好决策系统的灵活性和鲁棒性,平台间的交互协同既遵循一定的内在逻辑,又具有一定的自主性。

目前,航空集群还处于初级形态发展阶段,无人机集群作为航空集群的一种组成形式,近年来发展迅猛。无人机与有人机相比具有许多优点:一是不存在人员伤亡问题,并且成本较低,毁伤后付出的代价相对较小;二是可以超越人类生理极限,实现长时间留空、大过载机动等有人机难以具备的性能;三是可深入人类不适合进入的区域执行任务,如核生化污染地带等。出于以上优势,无人机集群作战已经被美军列入改变未来空战样式的"颠覆性技术"。近年来,无人机集群技术与作战运用成为各军事强国的研究热点。因此,当任务可完全由无人机执行时,以无人机集群作战运用为研究对象探讨其任务决策机制;当任务不能仅由无人机完成时,以有人机集群或有人/无人混合集群作战运用为研究对象探讨其任务决策机制。

本书通过分析航空集群作战典型任务,针对其中具有代表性的协同搜索、协同有源定位和航迹欺骗干扰任务决策问题展开研究验证。

战场态势感知是支撑协同决策的关键技术,其中,协同搜索和目标定位是态势感知的基本前提和重要部分,也是干扰和攻击的前端环节[3]。美军列出了未来作战对各种功能无人机的需求和对应需求的优先排序,对侦察和定位的需求排在各种无人机的第一位和第二位[4],其重要性可见一斑。在实际战场环境中,往往存在对目标的先验信息不准确、不完备等问题,而协同搜索和目标定位成为战场侦察中的关键部分,能够强化集群整体在态势感知和任务决策中的优势,提升集群整体作战效能。准确地发现目标、定位目标,是支撑战场透明性、提高态势感知的基本前提,也是实施稳定跟踪和精确打击的重要手段。此外,出于驻扎、转移、运输、布阵、战法运用等多种因素,人员驻地、大型装备等往往以群目标的方式出现,是一种典型的目标聚集方式。单个目标又存在静止和移动两种运动状态,对高价值重点目标的精确定位也是后续监视或者攻击的基础。

协同干扰是电磁频谱战中的另一个重要组成部分,主要分为压制干扰和欺骗干扰,在美军列出的未来作战对集群的功能需求中排序前五。欺骗干扰可以配合多种战术使用,通过平台间深度协同,达到致敌错觉之佯攻、诱敌暴露之引诱、伴随突击之掩护、耗敌资源之消耗等多种作战效果。相对于传统作战而言,集群作战为战术的灵活运用提供了更多可能性,欺骗干扰的实施可以进一步促进作战效能的提升。尤其在区域拒止情况下,航空集群可以遂行侦察干扰一体化任务,充分发挥空间分布、信息共享、构型演化的优势,并行开展多项任务,例如,目标定位和欺骗干扰的联合优化。

综上所述,通过引导航空集群节点间的交互行为从而完成特定的任务或达到特定的目标,最大化航空集群整体的作战效能,是任务决策机制运用于航空集群作战的根源和最终目标。集群作战的任务决策机制水平决定了决策手段的能力上限,影响到作战全过程全要素的决策效果,开展博弈对抗环境下的航空集群任务决策研究已经成为制衡强敌在分布式空战等体系作战领域技术优势、提高我军集群作战能力的迫切需要。

1.2　航空集群典型任务及其任务决策方法

1.2.1　航空集群现状

当前,战争形态正在由信息化向更高阶段加速演进,新的作战方式和颠覆性技术不断涌现,对抗领域内涵极大扩展,电磁频谱域成为军事竞争新的制高点,战争特点和制胜机理发生重大变化。美军为了迎来"以决策为中心"的战争时代,创新性地提出了多种军事理论和军事思想,以应对传统作战中不同作战域、不同任务和不同武器装备联动时能力手段单一、反应速度滞后、决策机制僵化等难题。

早在 2015 年 3 月,美国国防高级研究计划局(Defense Advanced Research Projects Agency, DARPA)就启动了"体系综合技术与实验"(SoSITE)项目,旨在开发可以将武器、传感器和任务系统等多种作战能力分布在有人或无人机载平台上的体系级架构,并进行所需任务系统的快速集成。2017 年 2 月 24 日,美国陆军和海军陆战队联合发布了《多域战:21 世纪的合成兵种》白皮书,详细阐述了"多域战"概念的具体落实方案。2018 年 12 月上旬,美军训练与条令司令部发布多域作战概念升级版——《2028 多域作战中的美国陆军》。2019 年 9 月 10 日,DARPA 和米切尔航空航天研究所发布了题为《马赛克战:恢复美国的军事竞争力》的研究报告,提出了一种未来的新式兵力设计,目标是利用信息网络创建一个高度分散的杀伤网,将传统的多功能高价值平台分解为最小实际能力单元并作为杀伤网上的节点,从而使美军作战节点最小化。2019 年 7 月 17 日,兰德公司发布题为《对抗环境中的分布式作战:对美国空军力量运用的影响》的报告[5],研究了空军在对抗环境中实施分布式作战所需要的能力并列出基础能力清单,提出创建一体化能力部队以应对未来战争。2020 年,美国智库战略与预算评估中心(Center for Strategic and Budgetary Assessments,CSBA)发布报告《马赛克作战:利用人工智能和自主系统实现以决策为中心的行动》,进一步对军事智能大潮下马赛克战的实现措施进行了阐释。

以马赛克战理念为牵引,美军从体系架构、指挥控制、通信组网、平台/武器、基础技术 5 方面布局的相关项目超过 30 项,意图推动"决策中心战"的发展,全面升级和跨越此前美军大力推进的"网络中心战"体系。按照美军规划,将在 2035 年前初步建成可实际运用的分布式空战体系。如表 1.1 所示是美军相关项目研究内容和进展情况。

表 1.1　美军相关项目研究内容和进展情况

名　　称	时间	研　究　重　点	研　究　进　度
分布式作战管理(DBM)	2014 年 2 月	开发先进的规划控制算法、态势感知以及人机交互技术并集成于分布式作战管理软件中	已完成软件测试和飞行试验
拒止环境中的协同作战(CODE)	2014 年 4 月	通过发展协同算法提升无人机集群协作能力	进入第三阶段,研究通信被拒止环境下的自主协同
体系集成技术与实验(SoSITE)	2015 年 3 月	聚焦于发展"分布式空战"的概念、架构和技术集成工具	已完成地面站、飞行试验台、飞机与飞机之间的互操作
小精灵(Gremlins)	2015 年 9 月	小型无人机集群的空中发射与回收	已完成第二轮空中测试,即将进行第三轮空中测试
复杂适应性系统组合和设计环境(CASCADE)	2015 年 11 月	探索和创新可以深入理解系统组件交互行为的数学方法,从根本上改变系统设计以实现对动态、突发环境的实时弹性响应	与其他项目合作开展
进攻型使能集群战术(OFFSET)	2017 年	基于增强现实、虚拟现实等手段开发集群控制原型系统	启动第四次集群冲刺
可改编跨域杀伤网(ACK)	2018 年 7 月	任意武器平台可跨域获得任意传感器信息的新型作战模式	软件开发阶段与"先进战斗管理系统"(ABMS)项目合作

名　　称	时间	研　究　重　点	研　究　进　度
弹性同步规划和评估(RSPACE)	2019 年 3 月	在高度不确定性的对抗环境下对异构节点提供自动化任务决策支持，实现弹性规划	已开发分布式交互指挥控制工具的自主软件
下一代自主无人战斗机智能平台(Skyborg)	2019 年 3 月	开发一种集成在无人机上的试验平台，目标是实现基于人工智能的辅助决策、自主驾驶等功能	进入飞行试验阶段，与 ACE 项目合作
系统之系统增强小型作战单元(SESU)	2020 年 1 月	分布式指挥与控制、传感器和效应器的开发	进行指控系统、传感器平台等专用技术开发
分解/重构(Decomp/Recomp)	2020 年	开发相关技术实现战场空间中资源的快速有效集成和调整	基础研究阶段
空域快速战术执行全面感知(ASTARTE)	2020 年 4 月	在反介入/区域拒止作战环境中提供动态空域实时通用作战图	进入第一阶段，组件开发

从美军近年来开展的相关研究项目可以看出，分布式空战作为夺取未来制空权的颠覆性作战样式，受到了极大关注。CSBA 在 2019 年 3 月发布的《大国竞争时代的空军》报告中指出，采用新的作战概念和武器装备才有可能维持空中优势。美国空军提出的"下一代制空权"(NGAD)中指出，将使用无人机集群来补充第五代 F-22 和 F-35，进入威胁较大的空域，给对手造成困扰，并且需要建立"战斗云"以提升体系效能。

2018 年 6 月，DARPA 放出一张 F-35 隐身战机联网遥控小型无人机群(Gremlins)，猎杀中国歼-20 战机的设想图，如图 1.1(a)所示。该场景就是分布式空战设想的典型体现，值得我们高度重视。

2014 年 4 月，DARPA 启动"拒止环境中协同作战"(CODE)项目，基于现有武器，通过发展协同算法及监督技术提升无人系统在高对抗环境中的自主性和协同作战能力，同时降低对操作人员数量及成本的要求。其示意图如图 1.1(b)所示。

2018 年 7 月，DARPA 发布了可改编跨域杀伤网(ACK)项目，提出一种名为"杀伤网"(Kill Web)的新型作战模式。"杀伤网"由多个跨域节点组成，网上的节点可以随时加入或退出，网内的任意武器平台可跨域获得任意传感器的信息，是一种基于角色的联网方式，如图 1.1(c)所示。这也是 DARPA 落实"马赛克战"战略的主要举措之一，从"杀伤链"到"杀伤网"的转型有望成为主要军事变革方向之一。

除此之外，其他各国也在加紧研究相关内容。2019 年 6 月，欧洲启动"未来空战系统"(FCAS)开发，参与国包括法国、德国和西班牙，计划研制全自主无人空中平台，研究内容包括无人机集群、有人/无人混合集群的作战运用等。可以看出，在"以决策为中心"思想指导下的未来空战研究，其核心都是利用大量航空器节点构建广域泛在分簇分布的作战体系；簇内、簇间分级协同，簇内感知/探测、导航、通信、自主飞行等多功能一体,簇间信息共享,通过体系协同实现一体化作战能力。

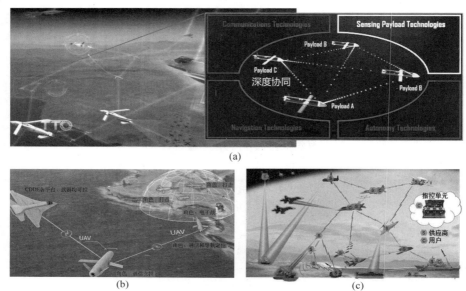

图 1.1　DARPA 分布式空战作战设想图

(a) 无人机群分布式猎杀作战设想图;(b)CODE 项目无人机协同作战示意图;

(c)基于供应商模式的杀伤网架构

　　航空集群本质上正是契合上述新概念新趋势的空中作战体系[6]。航空集群以先进传感器、通信传输、精确打击武器平台等技术为依托,融合情报、监视与侦察(Intelligence,Surveillance,Reconnaissance,ISR)和打击、机动和战力维持四大功能,形成类似“云计算”环境的分布式空中作战体系,实现各类传感器与打击平台间的快速数据交换从而有效提升集群资源的共享与优化利用,实现从简单叠加式联合作战向“综合效果作战”转型。因此,航空集群技术与作战运用成为国内外研究的新热点,究其原因:一是单平台装备能力正逼近技术“天花板”,能力增长受限,仅依靠单平台技术优势获得作战优势的难度很大;二是无线网络技术的突飞猛进,可以为空间上广域分布的离散作战平台提供类比单一平台内部系统级的交联信息/信号量,从而实现传感器、武器等资源的跨平台共享、柔性重组;三是人工智能理论和算法的迅速发展,使得集群的自主协同和认知决策具备了实现途径,从而不仅依靠规模“以量取胜”,更可以通过智谋“以活胜僵”。

　　综上所述,夺取战争优势的关键从以“网络为中心”转向“以决策为中心”。而航空集群作战运用的核心就是具有自主性的分布式决策,每个节点都可以对战场信息和态势进行独立处理和判断,一方面提高了信息处理和自主决策效率,有效压缩我方 OODA 环周期,抢占作战先机;另一方面可以大幅提高集群的灵活性和抗毁性。深入研究航空集群任务决策问题,探索集群能力生成的新方法新范式,实现系统拓扑柔性可塑、功能随遇生成、能力迭代演进、资源即时聚优,充分发挥航空集群以距离换能量、以数量换角度、以规模换优势的特点,是应对美军分布式空战、马赛克作战等作战理念和支撑技术的有效途径之一,也是制衡强敌的紧迫需求,具有重要的军事意义和理论研究价值。

1.2.2　航空集群任务决策方法概述

德国军事理论家克劳塞维茨曾说过:"战争是不确定性的王国[7]。"现代战争任务决策具有信息不确定或不完备、对抗性强以及节奏快等突出特点,作战过程中往往受到任务、战场环境和威胁、作战资源等多种因素的变化影响。这种战场环境下的决策问题同样具有情景不确定、行为不确定、决策后果不确定等特征,因而也是深度不确定环境下的决策分析问题。

航空集群在动态对抗环境中执行任务,需要解析分解顶层任务或目标,根据任务要求和当前态势做出合理的自主决策,决策对象是集群内成员下一时刻要采取的行动,生成序贯决策或控制策略并由其底层控制器执行,决策目标是最大化集群作战效能。特别是存在不确定性的条件下,合理的任务决策机制正是上层战术决策与底层控制策略之间的有机衔接[8]。突破集群作战能力的跃升瓶颈,首先需要提高集群作战的任务决策能力。

对航空集群作战而言,任务决策覆盖侦察、探测、干扰、通信、攻击、管理和评估作战链的全要素全过程,航空集群作战更涉及多条作战链在时、空、频、能等多个维度的交织并行,伴随着作战 OODA 环的动态起始、维持、断裂及终止。决策对象包括航空集群任务分配、集群平台协调控制、资源管理调度等,通过任务决策引导航空集群以合理的行动策略和行为方式执行任务。作战环境、作战任务以及航空集群自身的复杂性都对任务决策提出了更高的要求,需要综合考虑战场态势等外部因素和集群协同等内部因素,做出面向任务使得集群整体效能最优的决策,对于任务决策的灵活性、时效性和鲁棒性都是极大的挑战。

针对任务决策问题,国内外都开展了诸多研究。欧洲导弹集团 MBDA 于2014 年发布了复杂战场环境下的作战管理和决策辅助系统远景概念——"层云"(STRATUS)[9],该系统在全域全平台内提供一种新的指挥控制和任务控制方法,设计了对己方资源进行管理的数据池,通过传感器信息共享实现对传感器资源的全局调度,并具备一定的自主任务决策能力,辅助战斗人员进行决策和管理。美国DARPA 也在 2014 年发布了分布式作战管理(Distributed Battle Management,DBM)项目,开发用于作战管理和任务决策的算法及软件,形成综合分布式管理能力,构建体系化作战的基础决策能力,并提出了在对抗环境中作战对任务决策机制的要求[5]:①分布式决策;②以任务决策为中心;③有条件的领导权分配;④在本地节点生成态势感知。美国空军已经开始开发一种更具弹性的任务决策方法,转向分布式控制并使用任务型指令,指出动态规划速度和系统生存力是关键。然而,以上项目更多的还停留在仿真演示和小范围试用阶段,其实际作战运用效果还有待考证。

由于任务决策涉及的内涵较广,大多数研究采取的方法也是针对某个具体任务进行分析,目前工作主要集中在任务规划、航迹规划、目标分配等,针对的任务大多是搜索、定位、攻击等方面。Inmo Jang[10]和Shin HS[11]等人将任务决策关键问题分解为目标分配,编队形成与控制,考虑避撞/避障的航迹优化,以及导航控制等子问题,提出了基于模型预测控制与序列凸规划(Model Predictive Control and Sequential Convex Programming,MPC-SCP)的决策方法。考虑到战场的时变非预知特性,作战双方时刻处于相互博弈状态,任务决策需要根据战场态势的动态变化进行灵活调整。Inmo Jang等人将博弈论[12]引入任务决策中,提出基于动态马尔可夫链的任务分配方法。由于集群行为与自然界的生物集群行为具有相似性和可类比性,Javier de Lope[13,14]等人针对集群内成员的自主决策问题,借鉴了生物中的昆虫劳动分工机制,提出了基于响应阈值和蚁群优化的任务协调决策方法。Kurdi Heba A等人[15]提出基于蝗虫行为启发的任务分配方法。Zhen Z等人[16]提出一种基于蚁群行为的集群任务规划智能自组织方法。OpenAI提出[17]一种基于集中评判-分散执行的确定性策略梯度算法,实现动态环境中的智能体自主决策能力。

我国学者也开展了大量对任务决策机制的研究。任佳[18]等人针对不确定环境下的无人机任务决策问题,提出一种基于贝叶斯网络自适应推理方法,增强无人机对动态环境的适应能力。戴晶帼[19]等人针对动态战场环境中的威胁评估问题,提出一种基于时变离散动态贝叶斯网络(DBN)的任务决策模型。纪晓婷[8]在概率模型检验方法框架下基于信息差决策理论和增强学习提出了分阶段决策方法,基于相关任务集合划分和双有限滚动时间窗提出了协同行为决策方法。谭雁英[20]等人针对无人机搜索/攻击自主任务推理决策典型想定,提出基于加权模糊Petri网的推理任务决策方法。黄长强[21]等人考虑了目标重要性及历史任务信任度,提出了一种基于改进的模糊物元目标重要性评估和基于历史任务的无人机任务信任度评估的任务决策方法。张耀中[22,23]等人针对多无人机协同执行压制敌防空系统任务时各任务间所具有的特定时序耦合约束,提出了一种基于混合引力遗传搜索算法的异构多无人机任务决策方法;针对无人机配备不同能力载荷时的协同侦察问题,构建了"资源-需求"矩阵,提出了一种基于分布式竞拍机制的任务决策方法,实现多任务的非重叠分配。针对集群中异构成员的协同和决策问题,唐嘉钰[24]等人提出了一种联盟任务分配方法。针对一体化任务需求,杜永浩[25]等人针对无人机群的察打一体任务,分析了同构协同和异构协同两种形式下的任务调度问题。刘重[26]等人针对异构无人机集群的察打一体任务,提出了基于分阶次优联盟组件算法的任务分配。吴蔚楠[27]等人针对识别、攻击和评估一体化任务,开展了基于分布式遗传算法的异构无人机任务调度研究。为了在实践中验证集群任务决策能力,国内举办了多项集群赛事,如"无人争锋""畅联制胜""如影随形"等,充分体现了对集群能力发展的重视。

综上所述,尽管各国学者和研究人员提出了诸多任务决策方法,但是目前在任务决策方面还存在大量难题,没有形成统一的模型和方法。尤其在强对抗作战环境中,先验信息往往不完善不准确,作战双方处于动态博弈过程中,面对可能出现的战场态势变化和航空集群内部任务冲突,传统决策机制和基于集中式架构的决策方法易于执行但自适应调整能力欠缺,基于分布式架构的大规模计算决策方法更灵活但决策周期长,复杂度高。如何使任务决策兼具上述各类方法的优点而尽量避免缺点,是大幅提高航空集群任务决策能力的研究方向。针对这个问题,本书提出基于互为主体的航空集群任务决策,探索性地研究互为主体视角下的任务决策机制方法,尝试为航空集群任务决策提供一种新的模型和方法支撑。

1.2.3　航空集群协同搜索及其任务决策方法

在广域、复杂的现代战场环境下,侦察搜索任务面临着搜索范围大、精度和时效性要求高的问题,单平台已经无法满足任务需求,需要通过集群平台协同扩大搜索范围、提高搜索精度和搜索效率,全面提升集群搜索能力。航空集群协同搜索已经成为其作战运用的研究热点之一,多平台同时对一个未知区域进行搜索,获取搜索区域和区域内目标的信息,确定目标的位置、数量甚至行动意图。

协同搜索问题由任务建模、平台建模、目标特性分析与建模、环境建模以及协同搜索策略设计组成。其中,不同战术意图对协同搜索任务的要求不同,需要面向战术意图进行具体分析;平台建模通常需要反映简化的平台飞行性能,遵守运动学约束;目标特性分析与建模需要依据目标特点归纳得出,例如,静止或运动,单个目标或群目标等;搜索区域环境是各种任务信息的载体,常用的建模方法是对区域进行栅格化处理,在搜索过程中不断更新每个栅格的环境信息;基于上述基础,协同搜索策略的设计是战术意图和作战智慧的体现,航空集群基于当前时刻的搜索信息,在搜索策略的指导下决策出下一时刻的搜索速度和搜索方向,以最大化搜索目标函数,最小化搜索代价为目标。因此,在实际求解过程中,通常将协同搜索任务转换为多约束条件下的优化问题。

针对多机协同区域搜索问题,目前国内外的研究主要可以梳理为两个方向和四类关键问题[28]。两个方向分别为:①针对静态目标,以传统的搜索论或预先航迹规划为基础开展研究。通常以最大化目标发现概率为搜索目标和优化函数,在时间允许的情况下往往采用对搜索区域实现全覆盖的固定搜索航线,例如,Zomboni 搜索、Spiral 搜索等;②针对动态目标或考虑搜索过程的动态性,以在线航迹规划为基础开展研究。通常将待搜索区域进行栅格化处理,建立不同的环境地图和搜索图,例如,各类概率图、信息素图等,根据传感器获取的环境信息和目标信息,采用一定准则对环境地图和搜索图进行动态更新,以栅格内目标的存在概率和确定程度表示目标信息。四类关键问题[29]分别为：①战场环境建模；②协同通信机制；③协同搜索策略；④协同搜索算法。针对上述两个方向和四个关键问题，本节归纳梳理航空集群协同搜索的国内外研究现状如下。

在战场环境建模方面，力求对搜索区域全覆盖，常见的模型有光栅扫描式模型[30]、内螺旋式模型[31]、环境栅格地图[32]、基于聚类分析和图论[33]的环境模型等。黄杰[34]等人提出基于双属性概率图优化的进化遗传算法，通过在线实时滚动优化得到无人机集群协同搜索路径，提高对不确定环境下的目标搜索能力。吴傲[35]等人提出一种将环境地图向信息素地图的映射方法，建立了战场环境模型。刘重[36]等人将目标存在概率地图、不确定地图和数字信息素地图结合起来建立了环境地图，增强无人机集群对环境感知的全面性和准确性。侯岳奇[37]等人建立覆盖分布地图对任务环境进行描述，以覆盖率为指标量化搜索效果。沈东[38]等人提出一种基于分布概率预测的目标概率图和数字信息素图的无人机集群协同广域目标搜索滚动时域决策方法，有效提高了协同搜索的遍历能力、重访能力和目标搜索效率。杨春宁[39]等人建立了基于 Voronoi 图的区域覆盖模型和更新融合的概率地图，实现对搜索覆盖面积和搜索时间的优化。针对随机搜索环境下的目标分配问题，轩永波[40]和朱利[41]等人将搜索空间进行质心 Voronoi 图划分，每架无人机搜索一块 Voronoi 图区域从而实现目标决策。戴健[42]等人分别对凸多边形和非凸多边形区域的划分方法开展了研究，将多机的全覆盖搜索问题转换为子区域上的单机"Z"型路径覆盖问题。

在协同通信机制方面，主要采用分布式协同结构、集中式协同结构和混合式协同结构。彭辉[43]等人提出一种基于分布式模型预测控制的无人机协同搜索分布式优化方法，有效降低了协同搜索问题的求解规模。朱梦圆[44]等人提出一种航空集群协同搜索马尔可夫运动目标方法，基于分布式模型预测控制框架下的贪婪迭代决策方法执行对未知区域的协同搜索任务。王瑞安[45]等人运用 Stackelberg 多步博弈体现战场环境下无人机与目标之间的博弈关系，提出基于 Stackelberg 均衡策略的搜索方法。杜继永[46]等人在分布式模型预测控制框架下建立了 Nash、Stackelberg 及 Nash-Stackelberg 博弈模型，提出了局部 Nash 最优的分布式搜索决策方法。吴宇[47]等人分别基于随机模拟实验与异步规划策略进行了集中式协同搜索和分布式协同搜索研究，得出分布式搜索效能优于集中式搜索的结论。吴青坡[31]等人运用混合式协同结构，根据子区域任务特点进行任务分配，提出一种无人机协同分区搜索方法。王涛[48]等人基于多智能体理论，提出一种无人机集群混合式协同作战体系。黄长强[49]等人在无人机任务决策过程中考虑了对禁飞区的回避。张云正[50]等人运用混合式协同结构，将搜索任务分工给多个子群，引入发言人动态遴选机制和承包机制用于体现协同过程中的合作和竞争关系，引入联盟思想[51]，提出一种搜索主体的动态任务分工方法。

在协同搜索策略方面，可以分为固定航线搜索策略和动态搜索策略。固定航线搜索属于预先规划搜索,无人机航迹已经设定完毕,执行任务时只需按计划进行,常用的搜索方式[52]有割草机搜索、地毯式搜索、栅栏式搜索、螺旋式搜索等。当目标静止时,搜索问题相对简单,发现目标即确定目标,其数量和位置较易于记录。当目标运动时,目标状态具有不确定性,搜索策略需要更加灵活,并且通常要对目标进行一定时间的持续监视。针对运动目标,轩永波[40]等人提出垂线搜索方法和斜线搜索方法,实现覆盖搜索。王嘉博[53]和严明强[54]等人针对持续监视中容易产生的重复搜索与频繁转场问题,提出一种基于模糊 c 均值聚类的方法,减少搜索和监视过程中的无功消耗。杨少环[55]等人以区域覆盖率和搜索时间为指标,利用目标的运动行为提出一种基于博弈论的动态搜索策略。魏瑞轩[56]等人将人类的认知决策行为引入搜索过程,进一步增强无人机搜索的适应性。为了降低搜索过程对目标的遗漏和误判,学者们设计了不同机制驱动的重访机制,进一步提高搜索的准确性,加强对重点区域或重点目标的侦察。张哲璇[57]等人提出一种基于环境不确定度更新和基于目标函数权重更新的重访机制,降低漏检和误判概率。杜继永[58]等人引入了"伸缩式"搜索机制作为回访方式,加强对未知环境的搜索效果。在实际运用中,还需要考虑无人机间的通信情况。张民强[59]等人考虑了通信距离约束,提出了该约束下的分布式协同搜索方法。朱黔[29]等人考虑了有限通信能力下的信息实时回传需求,提出一种基于角色切换策略的协同搜索方法。

在协同搜索算法方面,搜索策略的制定和执行体现在路径规划方法上。因此,协同搜索的路径规划成为关键问题之一。特别是对大量无人机集群的路径规划[60]使得集群具备自动计算从起点到终点最佳路径的能力,这也是提升无人机集群任务遂行能力的基础。一般的路径规划问题是在给定的约束条件下,找到一条无人机集群能够以最小的代价从起始点快速找到目标点的飞行路径[61]。无人机集群的路径规划算法是一个 NP 难问题,目前学者们已经开展了诸多相关研究[62,63]。通常,无人机集群路径规划有如下三个步骤[64]:首先,需要构建一个能够反映目标和地形信息的网格搜索地图,将路径规划问题转换为地图搜索问题;其次,应用搜索准则对无人机集群的搜索地图进行每时每刻的更新;最后,根据更新后的搜索图计算最优路径或次优路径,快速找到目标。针对这一问题的优化搜索算法很多,主要分为两类:确定性算法和随机算法。确定性算法包括稀疏 A * 算法、D * lite 算法等。Szczerba 等人[65]提出了一种基于稀疏 A * 算法的飞机实时航迹规划方法。稀疏 A * 算法在考虑多个飞机约束的情况下,能有效地减小搜索空间。但是,它只能应用于已知先验环境信息的情况。为了解决这个问题,Koenig 等人[66]提出了未知先验环境信息下的最短路径 D * lite 算法。然而,当集群规模较大时,该算法的时间复杂度较高。随机算法主要包括一些启发式算法[67],如遗传算法[68]、蚁群算法[69]、粒子群优化算法[70]、鸽群算法[71]、鲸鱼算法[72]、布谷鸟算法[73]等。这些仿生算法主要应用于求解无人机集群任务分配和航路点的目标函数解,但是也存在着时间复杂度较高的缺点。为了避免这个问题,Hereford 等人[74,75]首先给出了分布式粒子群(Distributed Particle Swarm Optimization, DPSO)算法来完成机器人的搜索任务。每一个粒子(对应一个机器人)都能根据其传感器获得测量值,并根据信息的评估来更新自身的位置和速度。Asma 等人[76]提出了多机器人轨迹规划的动态 DPSO 算法,以寻找机器人间避撞的最优路径。通过在 DPSO 算法中加入分集,避免了停滞和局部最优问题。Sotirios 等人[77]回顾了基于粒子群优化算法的各种应用,结果表明,DPSO 算法可以有效地应用于机器人等多智能体路径规划问题中。J. Sánchez-García 等人[78]将 DPSO 算法扩展到无人机集群运用,在灾区形成移动自组织网络(MANET)。

综上所述,归纳航空集群协同搜索的现状,可以得出现阶段对协同搜索问题的改进研究主要可以从如下几方面入手:一是提高搜索过程的自主性,将集群智能与人工智能相结合;二是增强航空集群平台之间的协同能力,将集群行为与生物群体行为相结合;三是在提高搜索精度的同时尽量减小算法复杂度,从而使理论研究更加贴近实际任务需求,增强航空集群协同搜索整体效能。

1.2.4 航空集群有源定位及其任务决策方法

航空集群对目标协同定位是战场态势感知的基本前提和关键技术,也是集群作战运用的主要任务之一[3]。尤其是在高动态强博弈对抗环境下,实现高精度鲁棒性强的协同定位能够大幅提升集群的环境认知能力,这就对构建有效的协同定位方法提出了更高的要求。航空集群协同定位可以分为无源定位和有源定位两大类。在对抗环境下,敌方雷达出于隐蔽自身的目的往往不会盲目开机,这就需要我方航空集群主动发射波束进行有源定位。集群有源定位是近年来的研究热点之一,主要的研究工作集中在定位算法、定位空间构型优化和波束联合优化上,本节将分别对这三方面的研究现状进行梳理归纳。目前,雷达组网对目标进行有源定位的研究大多集中在地基雷达组网或者空间广域分布多输入多输出(Multiple-Input and Multiple-Output,MIMO)系统上,应用于机载平台的研究相对较少,但是许多成果可以借鉴并拓展应用于机载平台。

在定位算法方面,Heeseong Yang[79]等人采用多组发射机和接收机,提出一种基于到达时间(Time of Arrival,TOA)的椭圆定位方法实现对目标的有源定位,通过理论推导证明了随着发射机和接收机数量的增多,定位精度逐渐提高。Junli Liang[80]等人提出一种基于 Karush-Kuhn-Tucker(KKT)条件和拉格朗日规划神经网络的求解方法,该方法可以在时间同步存在误差的情况下仍然取得较好的定位精度。Hana Godrich[81]等人分析了在多发多收情况下的目标定位精度,针对相干处理和非相干处理,提出了目标定位精度的克拉美-罗下界(Cramer-Rao Lower Bound,CRLB)。通过理论推导证明了优化定位构型可以使 CRLB 降低一个等于发射和接收传感器数量乘积的因子,并采用几何精度因子(Geometric Dilution of Precision,GDOP)描述了固定构型时给定区域内的目标定位精度。Rouhollah

Amiri[82]等人将最大似然估计问题转换为非凸约束加权最小二乘问题,从而获得目标定位的精确解析解。Zhaotao Qin[83]等人针对多站定位问题的解析解问题,运用两阶段权重最小二乘法进行求解。Heeseong Yang[84]等人基于两阶段加权最小二乘法提出了目标定位的改进代数解法,能够在高噪声的情况下达到 CRLB 且适用于 TOA 等多种定位体制。

在空间构型优化方面,旨在通过一定的准则优化协同定位的精度,得到不同数量传感器对目标定位精度最高的空间构型。由于作战运用的非合作特性和先验信息不完备性,往往无法实现直接用求解到的最优构型对目标进行定位,而是要经历从初始位置机动飞行到最优构型的过程,因此形成最优构型的航迹优化问题也是实际应用中的关键。对空间构型进行分析的常用理论工具包括最小圆概率误差(Circular Error Probable,CEP)、几何精度因子(GDOP),以及 CRLB 等。当前对构型研究主要集中在无源定位方面:王国宏[85,86]基于最小圆概率误差(CEP)对到达角(Angle of Arrival,AOA)定位进行分析,给出了 AOA 定位精度受到目标与两个传感器基线垂直距离、基线长度两个因素的影响。樊皓[87]在此基础上给出了基于最小圆概率误差的双机 AOA 的三维航迹规划方法。李超强[88]基于 GDOP 证明了多无人机 AOA 定位过程中,载机之间的长基线能够实现目标的高精度定位。汪波[89]以 GDOP 为优化目标函数,通过遗传算法(Genetic Algorithm,GA)寻优,得到到达时间差(Time Difference of Arrival,TDOA)定位中最优构型。杨丽丽[90]在此基础上对无人机集群多站 TDOA 无源定位系统在典型构型(Y 形、T 形、菱形、正方形)上进行精度分析。周一宇[91,92]对运动多站到达时间差/到达频率差(TDOA/FDOA)无源定位中,不同数目的平台以固定构型飞行时对应的定位精度进行了分析。Adrian N. Bishop[93,94]以 Fisher 信息矩阵(Fisher Information Matrix,FIM)为准则,推导了 AOA、TOA 定位体制对应的最优构型。梁晓龙[61,95]在此基础上,给出了基于 CRLB 的 AOA、接收信号强度(Received Signal Strength,RSS)定位最优构型以及集群定位航迹优化方法。

与无源定位相比,有源定位中发射机、接收机数目,收发方式的不同对应着不同的定位构型,因此有源定位构型分析较为复杂。Liyang Rui[96]基于 CRLB 给出了 TOA 与 TDOA 定位之间的定位性能对比以及一发四收情况下对应的最优构型。N. Nguyen[97]和 Chee-Hyun Park[98]等人通过最大化 FIM 矩阵行列式的方式求解了收发分置情况下一发多收对应的 TOA 最优定位构型。Vaneet Aggarwal[99]等人考虑了接收机硬件性能不同的情况下,运用 CRLB 优化多发多收定位在三维中的空间构型。当前,对有源定位构型的研究还处于初始阶段,对两发多收、多发多收以及不同收发情况下对应的最优构型的研究尚未涉及,有待进行深入研究。

有源定位的定位精度不仅与空间构型有关,还与发射波束对应的探测性能有关。N. Levanon[100]等人通过选择最大模糊函数峰值时对应的发射波束参数,提升对目标的定位精度。S. Haykin[101]等人和 K. Dogancay[102]等人从跟踪滤波的角度,选择出使滤波误差协方差值最小时对应的波束参数,实现波束优化选择。在波束联合优化方面,Botao Ma[103]等人针对多发多收定位中发射波束的能量分配问题,提出一种定位构型与能量分配的联合优化方法,在资源总量有限的情况下实现定位效能最大化。Kai Luo[104]等人针对发射机和接收机之间的协同问题,将发射波束的设计和目标复路径增益的估计作为一个考虑多参数的优化问题,提出了发射波束和空间构型的联合优化思路。

综上所述,当前应用于航空集群的协同有源目标定位方法大多基于对地基雷达组网、空间广域分布 MIMO 雷达等研究成果的扩展,但不是简单的方法移植,而是主体选择与切换、空间构型优化与演进、协同控制与决策等多种技术综合作用的结果。将航空集群规模大、机动性强、运用灵活的特殊性,与目标定位算法、空间构型优化方法和波束联合优化相结合,是进一步提升定位效果的研究方向。

1.2.5 航迹欺骗干扰及其任务决策方法

航空集群通过单个平台之间的深度协同,可以实现集群整体性能提升与涌现,其卓越的战场能力已经在实战中予以显现,被美军列入改变未来空战样式的"颠覆性技术"并开展了多项相关项目研究[105, 106]。随着无人机技术的飞速发展,将无人机集群应用于电子战受到了广泛关注。同时,雷达组网的出现和应用使得雷达系统的整体抗干扰性能得到大幅度提升,单一的电子对抗设备已经很难实现对敌方雷达组网的有效对抗。因此,以"集群"对"组网"的博弈样式成为未来电子战的重要选项。

美国国防部发布的《2017—2042 财年无人系统综合路线图》中将无人机集群列为 15 项关键技术之一,指出其将具备侦察和干扰一体化能力,将对未来航空装备体系构成和作战样式产生重大影响,可见利用无人集群执行干扰任务具有极大的应用潜力和研究价值[107-109]。2016 年 5 月,美国空军发布了首份专门针对小型无人机系统的《2016—2036 年小型无人机系统飞行规划》[110],新增了无人集群对空/对地电子干扰的能力,并将欺骗干扰列为重点技术之一[111]。美国国防部电子战利益共同体于 2018 年 3 月发布《电子战利益共同体概述》,制定了电子战发展路线图作为美国电子战科技的顶层发展纲要,将扰乱敌方意图推断的能力列为三大技术挑战之一。

当前无人机集群对组网雷达的干扰方式主要分为无源干扰与有源干扰。无源干扰由雷达信号对非目标物体的散射或反射产生,常见的方式有箔条云和雷达诱饵等[112]。有源干扰一般分为压制性干扰和欺骗式干扰。其中,压制性干扰主要通过噪声或者伪噪声的干扰信号淹没或压制含有目标状态信息的回波信号,从而导致组网雷达无法正常发现目标和测量目标参数[113, 114]。压制干扰实施过程中,由于平台进行有源辐射且辐射功率要求较大,自身平台的安全性需要实时保证,在实际运用中具有一定的局限性。欺骗式干扰通过信号延时转发,能够在战场生成虚假目标,兼有扰乱敌方态势感知同时保护自身平台安全的特点[115,116]。因此,欺骗式干扰技术成为电子战领域的研究热点,被美军列为未来十年无人技术发展的前十军事目标之一,以及制胜电磁频谱战的新兴技术[117-119]。

运用无人机集群进行战场侦察和欺骗,可以充分发挥分布式侦察的优势来完善观测信息,为作战提供准确的情报支撑。同时,隐藏我方的战术意图,诱骗和扰乱敌方作战。一方面,出于无人机成本低廉的特质,可以将大量无人机投入敌方空域作为诱饵,通过航迹欺骗联合其他手段(例如,雷达散射截面积增强等)伪造出虚假目标甚至特定型号的高价值假目标,误导敌方判断,诱使敌方防空火力和雷达对虚假目标做出反应,在保护我方力量的同时,消耗敌方防空资源,暴露敌方装备位置,以很小的成本代价消耗敌方高成本武器,获取高价值敌方情报;另一方面,出于无人机集群规模大、灵活机动的优势,搭载电子战设备后可根据任务需求实现高度协同,进行战场侦察,并对敌方的预警雷达、制导武器进行压制干扰或欺骗干扰,为后续作战力量开辟安全走廊,成为强大的电子支援力量[120]。在和平时期,对已知的敌方雷达实施航迹欺骗干扰,可同时侦察其工作参数和工作模式,甚至诱使隐蔽的雷达开机,实现情报、监视和侦察;而在战时,航迹欺骗干扰形成的逼真性更高的假目标可以吸引敌方雷达注意力,占用敌方的计算资源,使其虚警率大幅提高,扰乱敌方的跟踪和制导,掩护己方飞机的作战,即使敌方采取硬杀伤方式,也可能命中的是假目标,消耗敌方武器装备,提高我方作战力量的生存力[121]。

航迹欺骗的概念一经提出就备受关注,美国、印度、韩国等国家的学者都开展了大量工作,中国在这方面的研究起步较晚,但随着对电子战领域愈发重视,目前也取得了阶段性成果。如图 1.2 所示,是运用无人机集群对雷达组网进行航迹欺骗的分类归纳图。

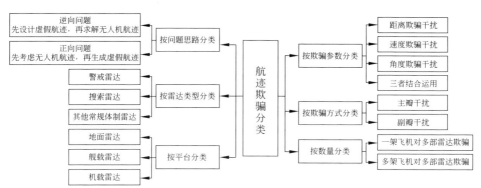

图 1.2　航迹欺骗分类归纳图

组网雷达自身具有抗干扰特性,通常采用聚类分析、多站联合检测、回波相关性处理以及数据级融合等方法进行信号、信息处理[122]。组网雷达探测跟踪时通过空间状态上的差异能够对真目标和假目标进行甄别。真目标的空间状态与其相对雷达的位置无关,网内各部雷达探测出的空间状态基本一致,信息融合后雷达组网认为它们源自同一个目标;假目标存在于无人机与雷达视线(Line of Sight, LOS)上,空间状态受到无人机和雷达相对位置的影响,网内各部雷达探测出的空间状态存在差异,信息融合后雷达组网判别为假目标点并将其剔除。这种雷达组网通过目标空间状态差异鉴别目标真假的方法称为同源检验。

按照欺骗参数的种类,对单个参数的欺骗可以分为距离、速度、角度欺骗三类,但由于仅在单个参数上进行改变很容易被雷达组网识别出来,欺骗效果不佳,因此常常对多个参数进行同时欺骗,将三者结合运用形成最为复杂也最难被识别的航迹欺骗。同时,根据欺骗信号进入的是雷达主瓣还是副瓣,还可分为主瓣干扰和副瓣干扰[123, 124]。按照欺骗雷达数量的分类,有"一对一"和"一对多"两类,是否能够利用无人机实现"一对多"的干扰,其根本是由无人机干扰系统的计算能力和资源决定的。前者主要针对自发自收体制的雷达组网,每架无人机只需欺骗一部雷达,通过多架无人机的高度协同来完成对整个雷达组网的欺骗,在无人机计算能力和系统资源允许的情况下,采用距离欺骗和角度欺骗的综合运用也可以实现对普通单基地组网雷达的"一对多"航迹欺骗干扰;后者主要针对收发分置体制的雷达组网,一架无人机可同时欺骗多部雷达接收机。航迹欺骗的对象通常是警戒雷达、搜索雷达等常规体制雷达,其装载平台可以是多种类型,例如,地面雷达、舰载雷达和机载雷达等。

在研究航迹欺骗问题时,常用的解决思路有两大类:一是先设计好虚假航迹,再根据虚假航迹和雷达的相对位置逆推求解出无人机的实际飞行航迹,这类思路被称为"逆向问题";另一类则与之相反,在给定的无人机飞行航迹下,通过控制延时转发策略,根据无人机和雷达的相对位置计算可能形成的虚假航迹,这类思路被称为"正向问题"。

正向问题中,无人机通常情况下以执行侦察、定位、打击等其他任务为主,无人机与雷达的空间位置没有经过预先设计,如果无人机与雷达间的 LOS 不能汇聚于一点,那么无论延时转发时间如何改变,都无法使得假目标位于雷达组网的同一个空间分辨单元(Space Resolution Cell, SRC)内,即无法形成有效的假目标,因此航迹欺骗成功率较低,容易出现无解的情况。此时进行航迹欺骗主要起到执行侦察、定位、打击等任务的辅助作用,一方面,尽可能形成空间连续的虚假目标点,保护自身平台安全,迷惑敌方判断;另一方面,通过大量转发雷达信号,消耗敌方雷达运算资源。

对于特意以航迹欺骗为目标的干扰任务,往往具有战术意图和特定目的,而能够体现出意图设计的方式是先设计好虚假航迹再逆推出无人机实际飞行航迹,因此在学术研究中,学者们通常将对航迹欺骗的关注重点集中在逆向问题上,本书的重点也放在逆向问题的解决方法上。

虚假航迹欺骗的概念最早由美国学者 K. B. Purvis 等人提出[125],K. B. Purvis 团队针对自发自收体制的雷达组网开展了协同航迹欺骗研究,在二维空间内分析了匀速直线状和圆弧状假航迹对应的无人机航迹可飞区域。针对无人机对雷达组网的定位误差,建立了非线性协同欺骗系统模型,分别分析在 TDOA 无源定位体制下雷达站址误差对航迹欺骗效果的影响[126]以及无人机速度误差对可飞区域造成的影响[127],并针对多无人机的分布式控制问题,运用多智能体思想求解了可行航迹[128]。在处理无人机运动约束时,运用最优控制方法,在代价函数中添加平滑惩罚函数[129];针对雷达站址误差影响航迹欺骗成功率的问题,提出了欺骗与定位双任务联合优化的思路,通过计算克拉美罗界 CRLB,给出了TDOA 定位体制下无人机最佳空间构型的角度准则和协同准则,从而提高航迹欺骗成功率[130]。Shima T 等人在有通信约束的情况下,采用分布式控制架构,运用扩展卡尔曼滤波(Extended Kalman Filter,EKF),实现状态估计和无人机航迹调整,并对无限时长和有限时长下的航迹欺骗进行了空间构型分析[131,132]。XU Y 和 Basset G 运用虚拟运动伪装(Virtual Motion Camouflage,VMC)算法进行无人机航迹求解,并通过计算机仿真验证了仿生智能算法在航迹欺骗问题中的有效性[133]。

Maithripala D H A、Jayasuriya S 等印度学者也开展了针对自发自收体制的雷达组网航迹欺骗逆向问题研究,主要从控制论和多智能体系统的角度进行分析。该团队将无人机航迹用参数化的微分空间曲线表示出来,考虑了无人机和虚假目标间的耦合运动学约束[134]和平台的机动性能约束[135],提出一种分布式控制架构[136],并基于比例导引律生成虚假航迹,基于 LOS 导引律控制无人机航迹[137]。Hajieghrary H 等人考虑了无人机和设定虚假航迹之间的构型参数,运用路径规划算法来确保控制的一致性[138]。Dhananjay N 利用雷达位置的投影位置设计垂直平面上的虚迹,推导出了可行航迹的充分条件[139]。

韩国学者 Lee I-H 和 Bang H 在三维空间内进行航迹欺骗问题的求解,主要从控制论的角度展开分析,将无人机航迹求解问题转换为最优化控制问题,运用可行序列二次规划法求解[140];或转换为基于预测控制器的 LOS 导引律问题[141],提出基于输入输出反馈的导引律方法,求解出形成预设虚假航迹对应的无人机航迹解析解[142]。

中国学者开展欺骗相关研究虽然起步较晚,但更加注重战术和技术的结合。在战术方面,马亚涛、赵国庆等人提出一种利用单架飞机对雷达网内某个特定雷达进行假目标航迹欺骗干扰,其余飞机对网内其他雷达进行相参噪声压制干扰的航迹欺骗战术[143]。李修和提出一种由地面控制站和空中干扰机构成的空地有源组网干扰系统,将有源压制和假目标欺骗相结合[144]。由于雷达网在不同位置的探测精度不同,李小波提出在假航迹规划时,可根据雷达网探测精度的弱点确定相应的延时转发策略[145]。

在仿真验证和工程实践方面,龚旻提出了一种结合平方倍频算法和数字射频存储器(Digital Radio Frequency Memory,DRFM)的低截获概率雷达转发式欺骗航迹干扰方法,解决工程运用中传统测频接收机无法检测隐藏在基底噪声下的低截获概率(Low Probability of Intercept,LPI)信号和对低截获概率雷达进行转发式欺骗航迹干扰的问题[146]。罗金亮分析得出多目标航迹欺骗较易于实现对双基地雷达的干扰,并估算了干扰机在实际运用时所需的干扰功率及位置部署[147]。张国兵等人通过半实物仿真系统计算了两批假目标预定航迹的置信度,验证了多假目标航迹欺骗技术应用的可行性和有效性[148]。针对无人机的空时协同问题,杨忠提出一种基于集中航迹规划和分布航迹协同的雷达网航迹欺骗干扰技术,选取基准雷达坐标系设计基准航迹[149]。

在模型建立和求解方法上,针对真假目标空间状态不一致的问题,周续力[150]提出一种产生具有空间相关性和时间相关性的可控欺骗航迹的算法。高彬等人提出一种基于距离拖引干扰的航迹欺骗方法,基于无人机、雷达和虚假航迹点三者共线关系,削减搜索空间,解决动力约束下无人机轨迹规划约束最优化难题[151]。朱宇等人在分析组网雷达数据处理方法的基础上,得出使组网中各部雷达对假目标观测的空间状态差异保持在同源检验门限范围内,雷达组网就无法剔除假目标的结论[152]。郭淑芬等人针对无人机任务过程中的运动特点,提出一种可直接求解无人机的运动状态的简化模型,减少无人机运动状态的控制量[153]。

王国宏团队针对实际应用中的航迹欺骗性能问题,分析了雷达站址误差和融合中心 K 近似域(K-NN)航迹关联准则对航迹欺骗干扰的影响[154]。赵珊珊、张林让等人针对一发多收体制的雷达组网,推导了无人机在远场和近场情况下对其形成有效航迹欺骗的延时转发策略[155]。柳向对无限时长和有限时长虚假航迹分别给出了基于航迹控制因子的无人机航迹计算方法,并对距离偏差和角度偏差采取了补偿措施[156,157]。范振宇运用 TDOA 算法进行对组网雷达的定位从而减小站址误差[158]。李飞将无人机航迹求解问题转换为非线性规划问题,利用勒让德伪谱法进行求解[159]。

在欺骗干扰对象上,周续力[160]和李森[161]针对警戒雷达的欺骗干扰进行了研究,原伟[162]等人对机载预警脉冲多普勒雷达的航迹欺骗干扰技术进行研究,黄勇[163]分析了"空对空""动对动"航迹假目标欺骗干扰的关键技术和难点问题,进一步扩展了航迹欺骗的应用范围。

国内学者也在雷达组网抗欺骗干扰方面取得了一定研究成果,由于干扰和抗干扰技术是在博弈中相互促进的,抗欺骗干扰的成果能够从反面为欺骗干扰的发展提供思路和指导。国防科技大学的赵艳丽、王雪松[164,165]等针对距离多假目标欺骗干扰下的组网雷达跟踪进行了研究,分析了组网雷达同源检测门限对假目标识别的影响,从反面为假目标欺骗干扰提供了效能评估方法。海军航空工程学院的王国宏团队[166,167]也通过多元统计分析理论、基于角度量测统计特性差异和基于目标状态估计等多种方法进行了组网雷达抗航迹假目标欺骗干扰的研究,从反面为虚假航迹设计提供了注意事项和改进思路。

归纳以上研究成果可以看出,航迹欺骗问题在具体分析时,要考虑多种因素和约束,例如,有无雷达坐标的先验信息、欺骗何种体制的组网雷达、组网雷达静止或运动、采用何种检验准则、满足何种运动约束等都影响航迹欺骗的效果,这也是航迹欺骗从理论研究走向实际应用的难点所在。

现有公开文献中,对航迹欺骗问题的研究通常在以下合理假设的基础上进行。

(1) 无人机运动状态可控,通过无人机集群的协同完成多对多的航迹欺骗。

(2) 对敌方雷达的位置已知或具有一定先验信息。

(3) 无人机平台上装备有相应的电子对抗设备,可对截获的雷达信号进行转发式干扰。

如前文所述,航迹欺骗可以分为"正向问题"和"逆向问题",能够体现出意图设计的是先设计好虚假航迹再逆推出无人机实际飞行航迹的方式,因此"逆向问题"更加受到关注。这就对虚假航迹的设计提出了要求。在给定航迹欺骗起点和终点的情况下,首先要有一套合理的评估方法,来衡量什么是对我方而言"好"的虚假航迹,既能够对敌产生足够的迷惑性,又具有较高可飞性。在此基础上,下一步就是采用合理的算法,求解出能够形成设定虚假航迹的无人机实际飞行航迹,在这个过程中需要综合考虑无人机集群的分布式协同控制问题、无人机与敌方雷达的相对空间位置关系、每个航迹点上对应的延时转发量以及无人机动力学约束和硬件性能限制。因此,航迹欺骗要完成从实验室到战场的跨越,首先要解决上述关键问题。本书将以上内容归纳分类如下。

(1) 为无人机选择"最佳"虚假航迹的分布式协同控制问题。

(2) 使虚假目标点能够通过雷达组网同源检验或关联准则的延时转发策略。

(3) 雷达/无人机位置不准确和时间延迟产生的估计问题。

(4) 速度/天线/虚假目标速度等无人机的动力学约束问题,以及 DRFM 等硬件的性能约束。

在进行以上四个问题研究的基础上可以进一步进行航迹欺骗效果评估,根据评估情况采取对应的补偿措施,从而提高航迹欺骗成功率。

在虚假航迹生成问题中,无人机和虚假航迹的运动学和动力学不仅各自存在约束,而且两者之间高度耦合,存在着严格的等式和不等式约束,限制了无人机的可飞范围和运动空间。在设计过程中需要考虑上述因素,选择合理的空间位置,使得虚假航迹既满足我方战术意图,又满足动力学约束,并且对应的无人机实际飞行航迹在满足动力学约束的同时还具有较好的可飞性。这也是虚假航迹设计和生成的难点所在。常见的虚假航迹类型有直线状航迹、圆弧状航迹和折线状航迹。以往研究的一个主要假设是,无人机在初始时刻满足生成虚假航迹的约束,并且在整个任务期间该约束是不放松的。问题是这样的约束往往比较严格,无人机很难一直满足生成虚假航迹的条件并执行任务,例如,无人机受到风力或湍流影响时,很容易不再满足生成虚假航迹的约束。此外,以往的研究大多数是在二维空间中进行的,当把问题拓展到三维空间时,求解方法需要重新制定,计算复杂度也大幅增加。在虚假航迹生成问题上,如何对虚假航迹的性能进行评估并指导虚假航迹的生成,以及给定虚假航迹之后求解具备可飞性的无人机航迹仍然有待进一步研究。

在已有的公开文献中,由不确定性误差导致的估计问题主要包含两大类:一是由于先验信息不足,无人机对组网雷达定位误差等原因导致的雷达站址位置估计问题,即对航迹欺骗效果产生影响的站址误差;二是受到动力学约束、硬件系统误差、控制误差和风力影响等原因导致的无人机位置误差。理想情况下,经过延时转发后的假目标交汇于一点,即预设假目标点。但是受到不确定性误差的影响,例如,站址误差和无人机位置误差等,实际上形成的假目标点在空间中存在着“分裂”,当“分裂”程度较大时,组网雷达就可以识别出假目标并将其剔除。因此,由不确定性误差导致的估计问题严重影响着航迹欺骗有效性,需要深入研究并找到相应的补偿方法。

常见的偏差补偿包括两部分:距离偏差补偿和角度偏差补偿。文献[156]中指出,角度偏差相对于距离偏差对航迹欺骗效果的影响要大得多。此外,距离偏差可以通过减少无人机的延时转发量来进行补偿。但是,进行该类补偿的前提是具备足够的先验信息,在掌握敌方雷达精确位置的基础上确定每一时刻雷达与假目标点的 LOS,然后采取相应的补偿措施。实际上,出于非合作特性,敌方雷达的精确坐标是很难获得的,如何在先验信息有限的情况下进行偏差补偿,将成为提高航迹欺骗效果的关键。

此外,组网雷达使用何种方法进行同源检验,也对欺骗效果有重要影响。目前,组网雷达常用的同源检验方法有:基于雷达空间分辨单元的同源检验;基于 K 近邻准则的同源检验。计算航迹欺骗通过同源检验的成功率,可以为假航迹生成提供闭环反馈和设计指导。

在航迹欺骗过程中,无人机的飞行要遵循动力学约束,否则不具备可操作性;同时,由多个虚假目标点形成的虚假航迹也要符合动力学约束,才能更好地起到迷惑敌方雷达的作用。本书将航迹欺骗中的动力学约束归纳为无人机动力学约束、虚假目标动力学约束,以及无人机和虚假目标的耦合约束三大类。其中,耦合约束是指无人机和假目标在每个时刻的动力学特性要满足一定的几何关系,这也是使虚假航迹欺骗更加逼真的关键。具体而言,涉及的动力学约束有飞行速度约束、飞行高度约束、飞行轨迹约束、飞行距离约束、转弯半径约束、防相撞约束、雷达探测距离约束、无人机与虚假目标的耦合约束、加速度约束等。在进行航迹欺骗理论研究时,如何能够在满足动力学约束的条件下找到可行解,是难点问题。在实际应用中,严苛的运动约束问题可以通过增加施放航迹欺骗的无人机数量来弥补,大规模无人机集群可以采用无人机间接力、闪烁转发等多种形式来提高无人机飞行区域和延时转发策略的灵活性,实现航迹欺骗效果。

航迹欺骗作为一种干扰手段,配合战术使用可以起到诱敌、迷敌、扰敌的效果,主动设计意图、塑造态势,使我方掌握战术主动权,是一种对组网雷达的有效对抗方式。尤其在未来集群作战中,可充分发挥规模大、灵活机动的优势,与情报/监视/侦察和攻击任务联合遂行,形成集群作战的任务一体化样式,进一步增强集群作战效能。围绕航迹欺骗的关键问题,下一步研究方向可从如下几方面考虑。

(1)如何开展集群一体化任务,进行航迹欺骗与情报/监视/侦察等其他任务的联合优化,减少施放航迹欺骗时对先验情报的依赖,提升集群作战效能。

(2)根据战术意图进行航迹欺骗样式设计,使集群不仅依靠规模优势,更依靠"智谋"取胜,具有更加灵活的协同策略。

(3)针对不同体制、不同类型的组网雷达,例如,车载、舰载或机载等机动目标,或相控阵雷达等新体制雷达的航迹欺骗方法。

在未来战争的集群对抗背景下,协同作战体系通过作战节点的泛在分布和节点之间的深度协同,通过协同探测实现对战场目标的精确全面探测,通过虚假航迹欺骗迷惑干扰对手,形成探测干扰一体化的新型作战模式。

1.2.6　航空集群协同干扰抑制及其任务决策方法

航空集群在动态环境中执行任务,自身的精确定位导航依赖于卫星导航系统。卫星导航系统是一种以卫星为基础的无线电导航系统,可提供高精度、全天时、全天候的定位、导航和时间信息。目前,许多国家都在积极发展自己的卫星导航系统。正在使用及建设中的全球卫星导航系统有美国的全球定位系统(Global Positioning System,GPS)、俄罗斯的全球导航卫星系统(Global Navigation Satellite System,GLONASS)、欧洲的伽利略(Galileo)系统、中国的北斗卫星导航系统(BDS)。此外,正在建设中的区域卫星导航系统还有印度的印度区域导航卫星系统(Indian Regional Navigation Satellite System,IRNSS)、日本的准天顶卫星系统(Quasi-Zenith Satellite System,QZSS)[168]。卫星导航系统采用直接序列扩频(Direct Sequence Spread Spectrum,DSSS)的通信体制,具有抗干扰、抗多径衰落、保密性、可多址复用且功率谱密度低的特点。然而,导航信号非常微弱,战场复杂电磁环境和军用多设备电磁干扰的威胁会严重影响航空集群导航定位的精度。因此,增强卫星导航系统的抗干扰能力,保证航空集群高精度导航定位刻不容缓。

从美国提出导航战概念以来,"GPS下一步的任务,除了抗干扰还是抗干扰"。美国国防部于 2001 年下令,从 2002 年开始,所有接收精确信号的军用 GPS 接收机均需安装多天线抗干扰接收机或类似产品。2010 年 11 月,美国国家定位、导航与授时咨询委员会发表声明:"美国现在严重依赖 GPS,没有它,手机基站、智能电网同步、新的飞机着陆系统以及未来的 FAA 空中交通管理系统均无法工作。不断增加的故意和无意干扰事件导致 GPS 无法为关键基础设施的运行提供支持"[169]。2013 年,美国 GPS 之父、斯坦福大学教授 Brad Parkinson 指出:"未来的几十年内,无处不在的自主控制系统将成为世界经济的关键组成部分。从无人驾驶汽车和飞机到智能家庭、智慧城市、能源、通信和金融网络,均在多个尺度上受到控制。避免这些系统受到恶意的导航和授时攻击是事关社会利益的一个迫切问题"。2016 年 6 月,IEEE 的旗舰刊物 *Proceedings of the IEEE* 专门出版了名为 *Vulnerabilities,threats,and authentication in satellite-based navigation systems* 的专刊,共包含 13 篇文章[170~180],针对当前卫星导航系统的脆弱性、面临的主要威胁以及抗干扰手段等前沿动态进行了总结和展望。因此,卫星导航抗干扰已然成为业界与学术界共同关注的研究热点。目前,国内外关于导航系统抗干扰的研究主要集中在时域、频域、时频变换域、空域、空时、空频、极化域等自适应处理方法和算法上。

时域自适应滤波算法是在输入信号统计特性未知的情况下,以满足某种准则为前提,自适应迭代调节滤波器权值,进而实现最优滤波。其主要包括两个研究方向,其一为滤波器结构的设计,其二为自适应算法的设计。二者对于自适应滤波算法的性能都有决定性作用。

滤波器的经典结构是线性预测滤波器,利用一组连续采样值去预测下一个采样值,典型的线性预测滤波器结构主要包括:前向预测滤波器、后向预测滤波器以及双边预测滤波器[181]。非线性滤波器结构的应用,如格型滤波器、非线性预测滤波器等,可提升系统的干扰抑制性能,但是由于滤波器的非线性会导致输出信号的相频特性发生畸变,这对于卫星导航系统的测距性能会造成一定的影响。另外,最小冗余滤波器(Minimum Redundant Filter,MRTF)结构在 DSSS 干扰抑制算法中的应用[182],可以使得当干扰频点在信号中心频点附近时获得比较优越的抗干扰性能。

自适应算法是时域自适应滤波器的核心部分。典型的自适应算法包括最小均方算法(Least Mean Square,LMS)和递归最小二乘法(Recursive Least Square,RLS)。基于 LMS 的自适应滤波算法由于其结构简单、性能稳定、计算复杂度低、易于硬件实现,在实际中得到了广泛的应用。RLS 算法的收敛速度快,跟踪环境变化能力强,并且收敛性能与输入信号的频谱特性无关,但运算量大,数值稳定性差,很难并行实现,实现复杂度远高于 LMS 算法,所需要的存储量极大,不利于实时实现,也不适用于在资源约束苛刻的应用。

五月花通信公司为市售接收机开发时域自适应滤波器芯片,它对大于 30dB 的窄带干扰源能有效抑制。时域滤波技术可抑制窄带噪声干扰源,但对宽带干扰效果不佳。频域滤波更易实现、成本低、动态范围大、能够提供更大的零陷深度,对窄带干扰抑制度可达 35dB 以上。Mitre 公司研制出一种 GPS 窄带干扰频域去除芯片。然而,频域滤波技术在抑制干扰的同时也削弱了 GPS 信号,因此频域滤波不适合于多个窄带干扰和宽带噪声干扰。

变换域导航干扰抑制技术是将接收信号从时域映射到变换域,根据干扰信号和导航信号在变换域的特征差异,采用干扰检测算法实现干扰抑制,再将处理后的信号反变换回时域进行后续信号处理。其最大的优点在于能够在干扰特性未知且变化较快的条件下快速自适应地抑制多个干扰。变换域干扰抑制算法有多种，其主要研究方向包括：变换域的选择和干扰检测算法的设计。

变换域的选择有赖于当前信道环境的干扰类型，针对不同类型的干扰在不同变换域上的聚集程度去选择最合适的变换域。最常见的变换域是频域，对于平稳的窄带干扰信号有非常好的聚集性，并且可以通过快速傅里叶变换（Fast Fourier Transform，FFT）进行快速运算，具有很强的实用性。随着干扰技术的不断发展，非平稳时变干扰在对抗环境中的作用日渐凸显，一些新的变换域算法被提出，如短时傅里叶变换（Short Time Fourier Transform，STFT）[183]、小波变换[184]、重叠变换[185]、分数阶傅里叶变换（Fractional Fourier Transform，FRFT）[186]、Wigner 变换[187]等。另外，基于压缩增益（Compression Gain，CG）的自适应变换域类型选择算法[188]为最优变换域的选择提供了理论基础。

美国 Purdue 大学的 Zoltowski 教授领导的工作组提出了基于空域处理的抗干扰技术[189]。空域抗干扰技术主要是利用期望信号和干扰信号在空间域维度的不同特性，灵活地控制天线波束实现在干扰来向的零陷以及在期望信号方向的增益，达到抗干扰的目的。从接收天线设计角度，空间域抗干扰技术可以分为单天线设计和阵列天线设计两种。单天线的设计主要在于设计高增益的接收天线和在固定场景下的固定波束天线，这在某些固定场景的应用中具有提升系统性能的作用，如在地势较高且空旷的地方架设天线可有效抑制来自四周建筑物或树木的反射多径信号[190]。然而在卫星导航系统的航空集群应用中，复杂电磁环境导致固定波束天线必然会接收到众多干扰信号，严重影响系统性能甚至导致系统瘫痪。阵列天线设计的提出，可以满足在复杂电磁环境中自适应改变天线波束的需求，是空间域抗干扰的研究热点。

功率倒置方法[191]是目前应用最多的空域抗干扰算法，不需要对期望信号的方向矢量进行估计，容易实现；该方法虽然可以实现压制型干扰的抑制，但由于没有考虑期望信号的来向，因此无法保证信号的增益，会造成信号的损失。为了提升干扰抑制性能，可对期望信号来向进行约束，Capon 波束成形算法[192]采用线性约束最小方差准则（Linearly Constrained Minimum Variance，LCMV），保证天线方向图在期望信号方向形成主瓣，在干扰方向形成零陷。然而在卫星导航的应用背景下期望信号的来向是未知的，因此研究基于期望信号导向矢量估计的空域干扰抑制技术是解决空域抗干扰技术实用性的必要途径。

导向矢量估计的经典方法包括多重信号分类（Multiple Signal Classification，MUSIC）算法[192]和旋转不变子空间（Signal Parameters by Rotational Invariance Technique，ESPRIT）[193]等方法，但在压制式干扰存在的情况下，卫星导航信号的方向矢量很难直接估计。因此，需要对强干扰进行抑制后再针对导航信号的方向矢量进行估计。Sahmoudi M[194]提出了基于 GPS 信号 C/A 码自相关的自适应天线阵抗干扰方法,可以在不需要期望信号和干扰信号来向的情况下实现干扰抑制并提取期望信号,但是该算法的复杂度较高。Schell S V[195]提出利用 GNSS 信号的循环平稳特性获得 GNSS 信号的方向矢量,这类方法在强干扰的情况下,需要较长的统计时间才可以得到可靠的估计,实时性较差,在时变的干扰环境中无法实现方向矢量的可靠估计,并且在低信噪比或高干信比的情况下,信号到达角(Direction of Arrival,DOA)估计的性能显著下降。

在期望信号方向矢量可准确估计的前提下,自适应波束成形就是要实现一定优化目标下的最优滤波。最优阵列加权准则是数字波束成形技术的核心,常用的几种准则包括功率倒置准则(Power Inversion,PI)[196]、波束控制准则(Beam Steering,BS)[197]、零陷控制准则(Null Steering,NS)[198]、最大信干噪比准则(Maximum Signal-to-Noise Ratio,MSINR)[199]、最小均方误差准则(Minimum Mean Square Error,MMSE)[200]、线性约束最小方差准则[201]等。不同的最优准则对应的优化目标不同,这取决于实际的应用背景。如功率倒置准则的优化目标是最小化阵列的输出功率,该准则对非相关强干扰具有较好的抑制性能,但由于未考虑期望信号方向矢量,会对期望信号造成损失。最大信干噪比准则的优化目标是使阵列输出的信干噪比最大化,该准则对期望信号方向矢量进行约束,可实现在期望信号方向的无损和干扰方向的零陷。线性约束最小方差准则的优化目标是在某种线性约束条件下使阵列输出功率最小,其方向图与约束条件直接相关。

2004 年,针对纯空域处理干扰抑制自由度受天线阵个数所限的缺点,Fante 提出了基于最小功率的空时联合抗干扰技术,并对其性能进行了深入的分析[202]。空时自适应处理(Space Time Adaptive Processing,STAP)的基本思想是在不增加阵元的前提下,将一维的空域滤波扩展到空时二维域中,大幅提升阵列的自由度,从而提升整个系统的抗干扰能力,但该方法是基于最小功率准则的,不能在期望信号方向形成增益,无法得到最优性能。目前,STAP 技术是卫星导航抗干扰技术的研究热点之一,可借鉴空域滤波的研究思路,在 STAP 的技术架构上实现基于空时二维的干扰抑制。

空频自适应处理(Space Frequency Adaptive Processing,SFAP)是一种空时变形的次优化算法,其提出之初就是为了减少 STAP 的计算复杂度。SFAP 的基本思想是通过 FFT 将天线接收到的信号变换到频域,然后在每个频带上进行空域的最优化权值计算,再通过逆 FFT 变换得到时域滤波数据,以此来抑制干扰。SFAP 可提高算法的收敛速度并在一定程度上减小运算量。

当干扰信号和期望信号空间到达角接近时,自适应传统阵列无法分辨出期望信号和干扰信号的特性,抑制干扰同时也破坏了期望信号的质量,导致阵列的滤波性能下降,严重影响系统的正常工作。而极化敏感阵列能够感应入射电磁波的多个电磁场分量,形成多维复矢量输出,整体上呈现极化敏感-空-时广义三维结构。不仅可以利用卫星信号和干扰在空间到达角的差异进行空域干扰抑制,还可通过极化状态的差异进行极化域干扰抑制。即使当干扰信号和卫星信号到达角接近，空域抗干扰失效时，仍然可利用干扰与卫星信号极化域的差异进行滤波，抑制干扰，同时增强信号，使高抗干扰性能得到有力保障。因此，与传统的阵列相比，极化敏感阵列具有更有效的干扰抑制能力。

　　在极化敏感阵列信号滤波方面，19 世纪 80 年代初，R. T. Compton 研究了完全极化波情形下极化敏感阵列的滤波的能力和抑制干扰的能力[203-205]，初步检验了极化敏感阵列具有滤波的能力，当极化敏感阵列系统在空域无法分辨出期望信号时，极化敏感阵列依靠信号在极化域参数上的差异抑制干扰信号同时增强期望信号，研究也验证了极化敏感阵列的优越性。Ioannisk 研究了极化敏感阵元之间存在互耦情况下极化敏感阵列的信号滤波性能，同时提出了在互耦条件下极化敏感滤波算法。20 世纪 90 年代初，加拿大多伦多大学研究小组探讨了移动通信中极化敏感阵列的应用，文中基站天线采用极化敏感阵列天线，用来抑制移动通信中的共信道干扰形式。极化敏感阵列分布为正方形面阵，每个阵元由相互垂直的电偶极子组成，并且在极化敏感阵列后端放置角反射器，锐化阵列主波束，进一步提高阵列的性能[206]。Arye Nehorai 研究了关于单个矢量传感器基于最小噪声方差准则的波束形成算法、单信号传输（Single Signal Transition，SST）和双信号传输（Dual Signal Transition，DST）问题。文中研究了当极化信号从完全极化波转换为部分极化波时，定义干扰信号的极化度从 1 到 0，并在此基础上推导出信噪比与期望、干扰信号和噪声等参数的关系表达式，同时探讨了表达式的物理意义，为后续有效抑制干扰信号提供理论基础[207]。

　　以上卫星导航抗干扰技术主要针对单机航空平台，但是单机航空平台可装配的设备有限，其抗干扰性能经常会难以满足需求，因此研究如何发挥多机编队情况下的系统抗干扰优势就有着重大意义。航空集群分布式协同抗干扰系统包括：多台无人机及用于管理前述多台无人机的基站，每架无人机都配备相同的天线结构单元，所述基站内设置有自检系统，该自检系统能完成基站自身硬件运行在基站上软件的自检工作，还能完成被该基站控制的无人机的硬件及运行在前述无人机上软件的自检工作。通过基站及无人机初始化、无人机编队调整及链路建立、无人机编队群首确立及调整、无人机飞行阵型的初始确定及变换等步骤，实现航空集群分布式协同抗干扰。加入编队的无人机在收到基站或其他无人机发来的信息时，通过星历解算或惯导算法，得到信息的来源方向；加入编队的无人机在进行空域处理时，采用线性约束最小方差准则，无人机编队群首根据接收到的信息的来源方向，计算出该信息的最佳权矢量，然后其余无人机将自身接收到的信息与该信息对应的最佳权矢量乘积，完成加权处理，从而实现空域抗干扰。无人机编队群首实时测量其余加入编队的无人机的飞行速度信息，并且群首还将自身导航信息及速度信息发送给加入编队的其余无人机；加入编队的其余无人机通过参照群首的定位与速度信息，实时获取自身在整个编队中的位置。

综上所述,归纳航空集群协同干扰抑制的现状,可以得出现阶段对协同干扰抑制问题的改进研究主要可以从如下几方面入手:一是利用多维域导航抗干扰技术提高单个平台的干扰抑制能力,在提升抗干扰自由度的同时尽量减小算法复杂度,从而使理论研究更加贴近实际任务需求;二是增强航空集群平台之间的协同抗干扰能力,进一步增强航空集群协同抗干扰整体效能。

1.3　本书章节安排

航空集群作为一种新型作战力量,是分布式作战的研究热点;"以决策为中心"的战争发展趋势和日益复杂的战场环境与作战任务,对集群的任务决策能力提出了更高的要求;任务决策机制作为制约集群作战效能的关键,是突破当前集群作战运用瓶颈的迫切需求和研究重点。本书探索性地将互为主体思想引入航空集群作战运用,以实现航空集群作战效能最大化的任务决策为研究目标,提出基于互为主体的航空集群体系架构和任务决策机制,并重点针对航空集群典型任务中的协同搜索、协同有源定位、定位/航迹欺骗一体化任务,分别运用航空集群典型同层、跨层和混合任务决策展开研究验证。本书共分为 8 章,具体内容如下。

第 1 章主要阐述航空集群的概念内涵及其任务决策意义,介绍了航空集群典型协同任务,并对现有的任务决策方法进行了综述。

第 2 章针对基于互为主体理论的航空集群体系架构与实现展开研究。首先给出互为主体在航空集群作战中的理论内涵,分析基于互为主体的航空集群作战特点。其次从资源柔性聚合、信息交互流程和体系架构总体设计三方面提出基于互为主体的航空集群体系架构模型。最后给出互为主体航空集群的作战运用样式。

第 3 章基于互为主体理论,针对航空集群作战任务决策机制展开研究。首先从航空集群作战典型任务出发,分析任务时序、典型战术和作战场景,给出航空集群作战远景目标。其次提出主体的重构方法,并给出同层、跨层和混合任务决策这三种互为主体运用方式。最后提出航空集群作战互为主体任务决策流程。

第 4 章运用同层互为主体任务决策,针对面向战术任务的群目标协同搜索问题展开研究。首先对航空集群对群目标协同搜索的特点和任务需求进行分析,建立起面向战术任务的典型场景和群目标协同搜索模型,分析互为主体在群目标搜索中的应用。针对战术需求改进了分布式粒子群算法,提出了三种对应不同战术需求的协同搜索策略以及三种策略对应的搜索算法。

第 5 章运用跨层互为主体任务决策,针对航空集群有源多发多收定位问题展开研究。首先建立起收发分置和收发同址的定位模型,在此基础上推导出不同发射机、接收机数目以及收发方式对应的最优构型。其次针对发射机波束选择问题,在双基地和多基地雷达模糊函数对波束参数的影响进行分析。最后提出基于互信息量的空间构型与发射波束的联合优化准则,实现从初始位置到最优定位构型的动态航迹优化。

第 6 章运用混合互为主体任务决策,针对定位与航迹欺骗联合优化问题展开研究。首先分析定位/欺骗一体化任务的作战需求,分别建立协同定位模型和虚假航迹欺骗模型,并进行航迹欺骗不确定性分析。通过 CRLB 进行无人机集群构型优化,通过偏差补偿措施减小无人机位置误差,从而降低雷达站址误差和无人机位置误差对航迹欺骗产生的影响。基于 SRC 准则推导形成有效航迹欺骗的延时转发策略,从而为虚假航迹设计提供反馈和指导。

第 7 章针对航空集群抗干扰问题展开研究。首先分析了阵列卫星信号接收模型,基于多维域自适应阵列信号处理算法,提出了三种单航空平台的卫星导航抗干扰方法。在此基础上,充分利用航空集群协同作战优势,提出了航空集群分布式协作抗干扰方法及流程。

第 8 章为本书结束语。

第 2 章　基于互为主体理论的航空集群体系架构与实现

　　随着作战任务愈发复杂,体系对抗烈度升级,灵活的航空集群体系架构和任务决策机制是支撑集群作战能力的基础。在以决策为中心的未来作战中,亟须寻找能够根据战场态势、任务需求和集群自身状态自适应调整行动的决策机制,实现资源上的灵活聚合解聚以及行动和决策上的以"活"胜"僵",最大化任务遂行效果,为应对分布式、体系化、跨域/全域作战提供能力支撑。

　　互为主体思想为解决这一问题提供了新视角、新思路,本章将互为主体思想引入任务决策领域,开展探索性研究。首先,介绍互为主体的哲学概念以及互为主体在航空集群技术中的内涵,并在此基础上分析基于互为主体的航空集群作战特点;其次,提出能够支撑互为主体任务决策的航空集群体系架构,分别从航空集群资源与柔性聚合、信息交互流程和体系架构总体设计三方面进行研究,为任务决策提供实施基础和架构支持;最后,给出互为主体航空集群的作战运用,通过资源的聚合与主体间信息交互,在航空集群体系架构下实现集群外部状态与内部状态相契合的任务决策。

2.1　互为主体的基础理论

2.1.1　互为主体的哲学概念

　　互为主体是 20 世纪西方认识论中凸现的一个范畴,该思想由拉康提出,指的是认识主体之间的关系以及认识主体与认识对象之间的关系,它的主要内容是研究或规范一个主体是怎样与完整独立的其他主体互相作用[208,209],涉及知识的客观普遍性问题[210]。这个概念最初的含义是指主体与主体之间的统一性,但在不同的领域中其具体意义是有差异的。在互为主体的发展过程中,形成了三种含义不同的互为主体概念,分别是社会学的、认识论的和本体论的互为主体。最早涉及认识主体之间关系的现象学大师胡塞尔建立了先验主体性的现象学,把先验自我的意向性构造作为知识的根源,为了解决个体认识的普遍性问题,考察认识主体之间的关系[211]。

　　主体思想通过"环境感知—实施行动—作用于外部环境—更新环境感知"的闭环过程,使主体成为一个认知过程类似人类的"人",能够通过主体对外界的观察做出决策,具有类似智能行为概念的"脑"。因此,主体应具有自治性、群体性、自发性和学习能力[212]。

　　(1)自治性:主体对自己的行为和内部状态具有一定控制权和管理权,可以独立获取信息、做出决策和行动。

　　(2)群体性:主体具有群体性,一个主体能够通过通信等方式实现与其他主体的信息交互。

　　(3)自发性:主体的行为是自发开展的,具有主观能动性。

　　(4)学习能力:主体能够根据历史经验进行知识积累,并根据环境的变化及时调整和修正自身行为。

　　以上特点也是主体思想的不同之处,主体具有自发性,能够主动观察环境并独立做出决策,其学习能力使得主体能够自适应调整自身状态适应环境,而不依赖于提前设定的流程规则或固化的数学模型。在航空集群作战运用中,这种主体自发性和学习能力的实质就是航空集群内部各个要素之间的精确联系,以及航空集群与战场环境的精确联系。为了实现这种精确联系,就必须采用相匹配的任务决策机制来协调主体与外界环境和内部资源的相互适应,使主体内部状态相互配合,多个主体之间的行为深度协同。因此,寻求合理的协调和决策机制便成为关键问题。基于互为主体思想的任务决策就是一种可行的解决方法[213]。

　　本书首次将互为主体思想引入航空集群技术与作战运用领域,探索性地进行基于互为主体的任务决策研究。目前,互为主体在该领域尚未形成统一的定义。但是"主体"思想已经早有体现,例如,多智能体理论中的"Agent";"互为主体"的运行机制思想也已经有所反映,例如,角色分配机制、联盟机制、拍卖机制等。由此可见,在任务需求的牵引下,学者们通过摸索和实践提出的灵活任务决策方法在本质上殊途同归,实质上都契合"互为主体"思想,只是没有在统一的理论框架下进行表述。

　　本书将主体划分为资源级、信息级、功能级、任务级四个层级,互为主体在航空集群任务决策中的运用方式包括三类:同层、跨层和混合任务决策。具体而言,将每个层级内的元素都看作平等的主体,建立决策权分布式迁移的航空集群体系架构,匹配支撑决策权分布式迁移的航空集群任务决策机制,从而使得航空集群任务决策兼具集中式和分布式任务决策的优点。作战运用中,在航空集群总资源总能力的约束下,执行侦察、干扰、探测、通信、攻击、管理和评估等不同任务,任务之间处于平等地位,依据战场态势的需要进行任务转换;航空集群平台作为作战实体节点,平台之间处于平等地位,根据任务需求进行空间位置的移动,形成可演化的空间构型;由于各平台搭载的载荷不同,对应着不同的作战能力(例如,信号发射或接收等)和资源(例如,硬件资源、软件资源和关联资源等),在执行一项任务时各个平台协同过程中对应的能力和资源之间既相互合作,又相互竞争。在既合作又竞争的过程中,每个时刻选出最适合执行任务的资源、功能和平台作为该时刻的主体,赋予其该时刻的领导权,通过主体选择与转换,替代主体一成不变的传统任务决策,从而实现既灵活又鲁棒的分布式任务决策。

主体对自身状态和外在环境的感知处于"感知—行动—新状态—新感知"的动态循环更新之中,是一种动态认知行为逻辑。针对航空集群作战运用中的侦察、干扰、探测、通信、攻击、管理和评估等全过程全要素,实现动态认知和动态行动,不仅可以对由外部环境变化引起的认知变化进行刻画和表达,而且可以刻画由主体间信息交互和协同引起的互动性知识的更新,以及信息流动全过程中的知识变化及相应推理。

因此,基于互为主体思想的决策机制使得航空集群任务决策能够体现出较强的主动特性和相应于环境所做出的自调整能力。航空集群在执行任务中所呈现出的自主行为产生于主体与环境的交互过程中,复杂作战任务可以分解成若干简单任务和对应的简单能力加以分析研究,航空集群内部主体间的复杂协同行为可以分解为若干简单行为加以研究。主体通过对战场态势和作战环境的感知观察做出相应的决策,同时通过对决策的执行影响战场态势和作战环境,在整个作战过程中不断进行这种快速反馈,从而替代传统机制的固化决策规则,达到对动态博弈的复杂战场环境的适应。

基于互为主体思想所形成的认识论和决策机制对于航空集群作战运用的启发在于,不仅有效反映出个体行为与集群整体的交互,也提供了个体间协同互动从而保持和提升集群整体能力的准则,在主体行为与传统的知识之间搭建了桥梁,建立了主体间交互的方法和机制。总而言之,互为主体概念的提出,在哲学领域中使得认识论出现了重大的转向,将以往关注主体性和认知上的"主-客体"关系转向关注主体与主体之间的关系,确认了主体间的共生性、平等性和交流关系[214];在任务决策领域中则起到了重要的启发和指引作用,为航空集群技术与作战运用等前沿方向和热点问题提供了新思路。

2.1.2 互为主体在航空集群作战中的理论及内涵

如图 2.1 所示,将认识论和本体论的互为主体与信息科学中的认知过程相对比,存在很多内在联系和相似之处,因此可以将互为主体的哲学概念引申映射到航空集群理论与作战运用中,用以解决实际问题[215]。哲学中的"理解-交流表达-主观与客观意义的同步"即航空集群理论与作战运用中的"对环境的认知-信息交互与协同-信息融合、启发与决策"。由此可见,认知过程是具有一致性的,只是在执行过程中,需要根据不同的任务需求和系统特性加以具体分析。

信息科学领域中对于"主体"这个概念尚未形成明确统一的定义,霍兰模型中对主体的定义是具备感知能力、目的性、主动性、适应性并能够与环境及其他主体

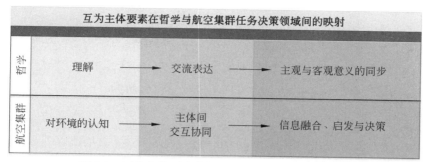

图 2.1　互为主体要素在哲学与信息科学领域的映射

进行交互作用[216]；智能主体指在一定环境下的计算机系统，能够灵活自主地活动和决策[217]；近年来，以 Agent 作为主体的理论受到许多学者的关注[218]；本书中的主体指广义主体，既包括物理实体类型的主体，又包括虚拟资源类型的主体，根据划分粒度的不同可以归纳为资源级、信息级、功能级、任务级四个层次[219, 220]，如图 2.2 所示。

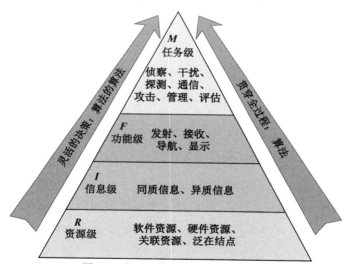

图 2.2　按不同粒度划分的主体层次

其中，R 为资源级主体，I 为信息级主体，F 为功能级主体，M 为任务级主体。由于物理平台是具备独立执行任务能力的实体主体，是最常见和最易理解的，因此本书将平台级主体单独列出，作为从实体单元层面上划分的主体层级，记为 P。综上，k 时刻的主体集合可以表示为 $S^k = \{R^k, I^k, F^k, M^k, P^k\}$。

互为主体运用包括三种方式，分别为同层、跨层和混合互为主体任务决策。其中，同层互为主体运用指的是仅 R^k 内部、I^k 内部、F^k 内部、M^k 内部、P^k 元素内部的互为主体；跨层互为主体运用指的是 R^k、I^k、F^k、M^k、P^k 之间的互为主体；混合互为主体运用指的是同时具有同层和跨层互为主体任务决策。

按照互为主体层次的划分，其中的资源级主体 $\boldsymbol{R}$ 可以进一步分解为 $\boldsymbol{R}=[R_1,$ $R_2,R_3,R_4,R_5,R_6,R_7]$，包括硬件资源——R_1 天线资源、R_2 信号处理资源、R_3 信息处理资源；关联资源——R_4 信号资源、R_5 信道资源；软件资源——R_6 公共软件资源、R_7 功能软件资源等。信息级主体 $\boldsymbol{I}$ 主要可以分解为 $\boldsymbol{I}=[I_1,I_2]$，包括 I_1 同质信息、I_2 异质信息等。功能级主体 $\boldsymbol{F}$ 可以进一步分解为 $\boldsymbol{F}=[F_1,F_2,F_3,F_4]$，主要包括 F_1 发射功能、F_2 接收功能、F_3 导航功能、F_4 显示功能等。任务级主体 $\boldsymbol{M}$ 可以分解为 $\boldsymbol{M}=[M_1,M_2,M_3,M_4,M_5,M_6,M_7]$，主要包括 M_1 侦察任务、M_2 干扰任务、M_3 探测任务、M_4 通信任务、M_5 攻击任务、M_6 管理任务、M_7 评估任务等。平台级主体 $\boldsymbol{P}$ 即为传统意义上的作战平台，依据数量可表示为 $\boldsymbol{P}=[P_1,$ $P_2,\cdots,P_n]$。

定义 2.1：主体间发生信息交互的事件为 $\mathrm{Inf}(\bullet)$，用如下方式表示信息交互事件是否发生。

$$\mathrm{Inf}(\bullet)=\begin{cases}1,&\text{存在信息交互}\\0,&\text{没有信息交互}\end{cases} \tag{2.1}$$

定义 2.2：k 时刻推举主体的事件为 $\mathrm{Sel}(\bullet)$，用如下方式表示信息交互事件是否发生。

$$\mathrm{Sel}(\bullet)=\begin{cases}1,&\text{选择主体}\\0,&\text{不选择主体}\end{cases} \tag{2.2}$$

定义 2.3：$k+1$ 时刻进行主体转换的事件为 $\mathrm{Swi}(\bullet)$，用如下方式表示信息交互事件是否发生。

$$\mathrm{Swi}(\bullet)=\begin{cases}1,&\text{切换主体}\\0,&\text{不切换主体}\end{cases} \tag{2.3}$$

定义 2.4：在 k 时刻从各层级主体中推举出该时刻主体的准则为 $\mathrm{Pri}(\bullet)$。

根据主体的协同性质，可将主体属性分为竞争型和合作型。

定义 2.5：竞争型主体指的是该主体与同类型的其他主体相互竞争相互排斥，在 k 时刻只能推举出一个作为该时刻执行该任务的主体，用下标"JZ"标注。例如，$I_{1,\mathrm{JZ}}^k$ 表示在 k 时刻 I_1 是竞争型主体，以此类推，其他类似表达在此不再赘述。

定义 2.6：合作型主体指的是该主体与同类型的其他主体协作共存，在 k 时刻可以推举出多个作为该时刻执行该任务的主体，用下标"HZ"标注。例如，$F_{1,\mathrm{HZ}}^k$ 表示在 k 时刻 F_1 是合作型主体，以此类推，其他类似表达在此不再赘述。

根据以上定义，可以建立互为主体运用的基本数学模型。将同层互为主体任务决策记为 $\mathrm{Sel}_{\mathrm{sl}}(*)$，则具体展开为

$$\mathrm{Sel}_{\mathrm{sl}}^2(*)=\left\{\mathrm{Sel}(\bullet)=1\left|\begin{matrix}\mathrm{Sel}(\boldsymbol{R}*\boldsymbol{I}),\mathrm{Sel}(\boldsymbol{R}*\boldsymbol{F}),\mathrm{Sel}(\boldsymbol{R}*\boldsymbol{M})\\\mathrm{Sel}(\boldsymbol{I}*\boldsymbol{F}),\mathrm{Sel}(\boldsymbol{I}*\boldsymbol{M}),\mathrm{Sel}(\boldsymbol{F}*\boldsymbol{M})\end{matrix}\right.\right\} \tag{2.4}$$

将跨层互为主体任务决策记为 $\mathrm{Sel}_{\mathrm{dl}}^{\mathrm{num}}(*)$，其中，num 表示跨层的层数，取值

为 num＝2,3,4。具体展开为

$$\mathrm{Sel}_{dl}^{2}(\ast)=\left\{\mathrm{Sel}(\cdot)=1\left|\begin{array}{l}\mathrm{Sel}(\boldsymbol{R}\ast\boldsymbol{I}),\mathrm{Sel}(\boldsymbol{R}\ast\boldsymbol{F}),\mathrm{Sel}(\boldsymbol{R}\ast\boldsymbol{M})\\\mathrm{Sel}(\boldsymbol{I}\ast\boldsymbol{F}),\mathrm{Sel}(\boldsymbol{I}\ast\boldsymbol{M}),\mathrm{Sel}(\boldsymbol{F}\ast\boldsymbol{M})\end{array}\right.\right\} \tag{2.5}$$

$$\mathrm{Sel}_{dl}^{3}(\ast)=\{\mathrm{Sel}(\cdot)=1\mid\mathrm{Sel}(\boldsymbol{R}\ast\boldsymbol{I}\ast\boldsymbol{F}),\mathrm{Sel}(\boldsymbol{R}\ast\boldsymbol{I}\ast\boldsymbol{M}),\mathrm{Sel}(\boldsymbol{I}\ast\boldsymbol{F}\ast\boldsymbol{M})\}$$
$$\tag{2.6}$$

$$\mathrm{Sel}_{dl}^{4}(\ast)=\{\mathrm{Sel}(\cdot)=1\mid\mathrm{Sel}(\boldsymbol{R}\ast\boldsymbol{I}\ast\boldsymbol{F}\ast\boldsymbol{M})\} \tag{2.7}$$

其中,$\mathrm{Sel}(\boldsymbol{R}\ast\boldsymbol{I})=\mathrm{Sel}(R_1\ast R_2\ast R_3\ast R_4\ast R_5)\bigwedge\mathrm{Sel}(I_1\ast I_2)$,其余项可用相同方法展开。

将混合互为主体任务决策记为 $\mathrm{Sel}_{ml}(\ast)$,具体展开为

$$\mathrm{Sel}_{ml}(\ast)=\{\mathrm{Sel}(\cdot)=1\mid\mathrm{Sel}_{sl}(\ast),\mathrm{Sel}_{dl}^{num}(\ast)\} \tag{2.8}$$

如果战场态势或集群自身状态在 $k+1$ 时刻发生了变化,则需要主体间进行信息交互并重新进行主体推举,推举出的主体有可能不变,也有可能发生转换。主体选择与转换的通用流程将在第 3 章中给出。

2.1.3　基于互为主体的航空集群作战特点

深入理解和掌握航空集群作战特点才能做到"知己",顺应未来战争特点方能"知彼"。因此,本节首先对基于互为主体的航空集群作战特点进行分析,并归纳为如下四点。

(1) 以"整"代"零",作战任务一体化。

信息化条件下的战争所体现的是多维战场空间和作战域的深度融合与高度统一,追求的是最大化整体作战效能而非某个局部的作战效果。兵种概念和平台概念不断淡化,未来作战进入"一体化"时代。从兵力集中到作战效能集中的转变,催生了各类联动机制,以应对传统作战域之间联合方式所面临的能力手段单一、反应速度滞后等难题。

航空集群具有的灵活性、适应性和涌现性契合了一体化作战的特点和需求,突破了传统作战中任务间串行处理的壁垒,以系统思维规划和遂行多项任务,改变传统作战以任务为中心的指导思想,向以决策为中心转变,形成以作战效能最大化为目标的决策导向,大幅提升集群作战效能。

(2) 以"活"胜"僵",任务决策灵活化。

航空集群作战体系中的平台和作战节点可在广阔空间内分散部署,行动过程中动态集结,自适应进行任务构型演化、航迹优化和交感拓扑切换。出于这种灵活性,航空集群作战具有远超传统"奔袭"作战的时效性,可以配合实施多种战术,将侦察、探测、定位、通信、攻击等多项任务进行一体化处理。一体化任务复杂程度和集群规模的增大对任务决策机制提出了更高的要求,资源调度、构型演化等主体选择与转换问题亟待进一步提高灵活性、高效性和动态性,根据战场态势变化和集群自身状态进行自适应调整。

（3）"量变"到"质变"，集群能力涌现性。

航空集群不同于多航空器平台的简单编队，航空集群作战能力也不是对平台单一能力的简单叠加，而是多航空器平台通过科学的方法聚集后，经过集群自组织机制与行为调控机制的有机耦合，实现集群的深度协同，从而产生了新的能力或原有能力发生了质的变化，同时具有规模效应和结构效应，产生了集群的能力涌现[181]。大规模低成本小型化平台的运用，使得航空集群在成本和数量上相对传统大型复杂平台都具有极大优势，在规模上发生"量变"；集群能力涌现性的产生进一步推进战场控制方式由传统的"点状能力辐射"向"网状力量覆盖"转变，产生作战能力的"质变"。

（4）以"智"取胜，决策控制群脑化。

航空集群作战可以充分发挥分布式优势，弥补单平台观测不完善、信息不全面的不足，提高系统的抗毁性和鲁棒性，广域分布的平台和节点通过交感网络相连接，突破传统的空间和信息交互限制，实现战术、行为和信息等多个层面的深度协同，从而为航空集群作战施展"智谋"奠定了基础。通过集群认知能力、博弈策略自生成、系统能力自进化等能力的提升，进一步增强集群作战能力，实现以"智"取胜。

综上所述，一方面，未来作战的环境复杂性和任务复杂性对集群能力提出了更高的要求，需要对主体进行快速选择和更新，在任务决策机制上更加灵活；另一方面，集群的分布式特点支持多任务并发遂行，进一步催化了一体化作战样式。

2.2　基于互为主体的航空集群体系架构的建模方法

航空集群体系架构模型是航空集群作战任务决策的实施载体，为分布式作战的任务决策提供开放式体系架构支撑，以电子资源为物理组成基础，以信息交互为协同行动基础，以体系架构设计为作战运用架构基础。因此，本节分别针对航空集群资源与柔性聚合、基于互为主体的信息交互流程和体系架构总体设计开展研究。

2.2.1　航空集群资源与柔性聚合的理论及方法

资源是航空集群电子系统的物理组成基础，由硬件资源、软件资源和关联资源三大类资源构成[222]。硬件资源以固态化形式存在，为信号波形的生成、转换以及软件资源的运行提供平台，包括天线资源、信号处理资源、信息处理资源、信息/信号传输资源、信息应用资源和基准资源等。软件资源以程序代码的形式存在于硬件资源中，实现数字信号处理以及应用功能处理，包括公共软件资源、功能软件资源等。关联资源以共享交互形式存在，为软件资源和硬件资源的协调一致提供条件，包括信息资源、信号资源和信道资源等。

目前，电子系统多采用"模块"概念作为电子系统综合的物理单元和功能单元。

模块指相对独立的功能划分，以及一种先进的封装及安装形式，包括硬件模块和软件模块两种概念。模块是一个相对独立的功能单元，尽量减少模块间的信息交联，多个模块构成更大的功能的单元组件，通过信息交联构成系统。软件模块概念类似。模块是重构、共享、故障定位及现场更换的最小单位。

各类资源的层次划分如图 2.3 所示。通常，信号处理资源、信息处理资源、信息应用资源均包含软件和硬件资源，为便于区分，将软件资源单独列出。

图 2.3　各类资源的层次划分

电子系统中的"电子资源"概念不同于已有的"模块"概念，其内涵更丰富，形式更灵活。"模块"是目前对电子系统进行综合的物理单元和功能单元。对标准模块按照"功能单元—单元组件—系统"的过程进行综合，实践证明是一种有效的软硬件设计和系统综合方法。但标准模块功能单元固定、呈现形态（封装及安装形式）固定以及组合模式固定的特点却极大地限制了柔性组合的实施。由于协同作战、联合作战的任务多，任务转换快，不同任务对电子系统性能要求的差异性大，电子系统需要采用具有灵活性的新型单元分级与组合标准。因此，电子系统采用"电子资源"作为系统的物理基础。电子资源的基本单元具有多种形态，是一个多元素的资源形态集合，根据资源组合需求（图 2.3 中同类或不同类资源组合、同层次或不同层次资源组合），动态选取最佳资源形态，进行资源的最优组合，形成最优物理构型。

柔性聚合[223]指电子系统根据任务需求以及对象相互间的关联性需求，以一定的规则建立任务/功能/子功能与电子资源之间的映射关系，生成匹配任务功能的最优资源集；并基于资源共享、动态重构、高效利用等原则，采用技术可行的物理构型对电子资源进行组合，形成性能最优或次优的任务系统，实现作战效能最优。

如图 2.4 所示，软硬件及关联资源对所有层级开放，每层可选用资源完全相同，不存在某些资源被某层级固定使用的限制。

综上所述，电子系统以多重颗粒度的综合单元——电子资源，以多态灵巧的综合模式——柔性聚合，以可重定义的综合体系——结构层次，构建满足未来任务需求的适应性强、扩展能力强、灵活性强、共享能力强的综合系统，大幅减少平台上重复的电子资源，降低电子系统的体积、重量及故障率等，提高系统整体综合效能。

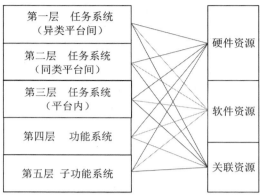

图 2.4　电子系统结构与电子资源关系

2.2.2　基于互为主体的信息交互流程架构

　　信息的获取是航空集群遂行各项任务的前端环节和重要支撑[224]。因此,分析航空集群技术与作战运用中有无互为主体的区别,首先要从分析基于互为主体的信息获取过程与传统信息过程的区别开始。基于互为主体的信息过程类比人类认识世界的过程,如图 2.5 所示。

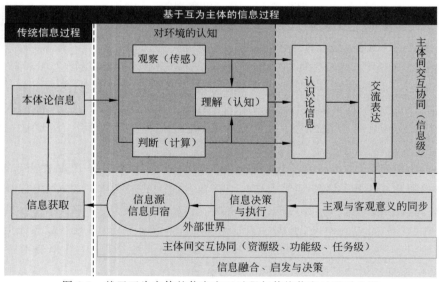

图 2.5　基于互为主体的信息交互过程与传统信息过程对比图

　　人类认识世界和优化世界的过程包括:通过感觉器官获取外部世界的相关本体论信息,把它转换为认识论信息;通过神经传递给思维器官,后者把认识论信息加工成为关于外部世界的相关知识,实现认知;在此基础上针对问题和目标形成求解问题的智能策略,做出决策;再通过神经传递给效应器官,后者把智能策略转换为相应的智能行为,作用于外部世界,再获取行动后外部世界的变化,以上过程不断迭代,形成闭环反馈[225]。

　　基于互为主体的航空集群信息过程对应为:通过传感器获取外部环境的本体论信息,通过判断进行对信息的理解和认知,主体间对各自形成的认识论信息进行交流表达,即信息级的主体间交互协同,从而达到主观与客观意义的同步;之后通过信息融合、启发与决策,进行主体间资源级、功能级和任务级的交互协同,实现信息决策与执行,再将其作用于外部环境,再获取行动后外部环境的变化,以上过程不断迭代,形成闭环反馈。

　　信息获取的本质是本体论信息向认识论信息的转换;转换的可实现性条件是系统具有观察、理解和目的判断能力[226]。传统的信息过程没有将本体论信息转换为认识论信息,缺乏类似人类认识世界的认知过程、主体间协同形成的互动以及认识和环境之间的闭环反馈。因而,在处理所需信息与非所需信息之间交互作用的复杂性和不确定性时,存在着观察不完善、理解不准确、判断不可靠的问题;基于互为主体的信息获取方式则能够在这种条件下获得观察力、理解力和判断质量的提升。

2.2.3　基于互为主体的体系架构总体设计案例

　　在 2.2.1 节和 2.2.2 节的基础上,对应 2.1.2 节中的主体层次,本节提出一种基于互为主体的体系架构总体设计,如图 2.6 所示。对应的主体层次从不同角度进行划分,由下至上分别为技术参数视角、平台能力视角、任务效能视角、系统效能视角、体系效能视角,从微观到宏观形成集群作战的整体建模结构。其中,技术参数视角对应着资源级和信息级主体,平台能力视角对应着功能级主体,任务效能视角对应着任务级主体,三者之间的聚合解聚和映射关系通过"任务-能力"匹配池和"能力-资源"匹配池得以体现。航空集群一体化作战体系架构如下。

　　第 1 层是集群资源,从技术参数视角出发,建立"能力-资源"匹配池,体现了"任务-需求"属性映射。集群包含硬件资源、软件资源和关联资源。其中,硬件资源如天线资源、信号处理资源、信息处理资源、信息/信号传输资源、信息应用资源和基准资源等,是集群最基础的硬件基础,也是集群向上形成各种能力的基本前提。软件资源如实时操作系统、应用程序、数据库、人机界面、算法等,是集群分布在各个节点的智能"小脑"。关联资源如信息资源、信号资源、信道资源等,是将硬件资源和软件资源关联起来的媒介和衔接方法。以上资源位于整个一体化作战体系架构的底层,是最基础的要素和支撑。

　　第 2 层在第 1 层的基础上,从资源聚合到功能,从平台能力视角出发,建立"任务-能力"匹配池,体现了"战术-任务"属性映射。其中,侦察类平台的能力包括探测、定位、跟踪、识别和数据传输能力,打击类平台的能力包括打击和数据传输能

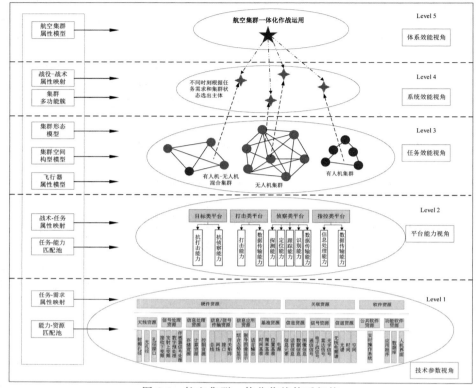

图 2.6　航空集群一体化作战体系架构

力,指控类平台的能力包括信息处理能力和数据传输能力,目标类平台的能力包括抗打击能力和抗侦察能力。每个平台可能具有单一能力或者多种能力,在实际运用时根据任务需求和集群状态进行能力选择和灵活组织,形成可执行一体化任务的多功能簇,其作战运用样式在 2.3 节中开展具体研究。

第 3 层从任务效能视角出发,建立航空集群的三种形态模型,分别是有人机-无人机混合集群、无人机集群、有人机集群,依据平台性能约束建立飞行器属性模型,面向战术任务建立空间构型模型,以最大化作战效能为目标进行构型优化和演进研究。

第 4 层进一步上升到系统效能视角,由各种形态的集群子群构成集群多功能簇,反映出“战役-战术”属性映射。在不同时刻根据任务需求和集群状态选出最适合执行该任务的主体,从而使得系统效能最大化。

第 5 层在上述 4 层的基础上,进一步抽象到体系效能视角,作为航空集群一体化作战体系架构的顶层,反映出航空集群整体属性。

其中,位于底层的“能力-资源”匹配池和“任务-能力”匹配池是支撑所有集群行动的最基础部分,以技术参数视角和平台能力视角表征出“任务-需求”属性映射和"战术-任务"属性映射,其建立方法如图 2.7 所示。面向作战任务,将航空集群作为一个整体化的系统,对环境和目标进行响应与对抗,进行从作战任务到作战功能的分解,再对作战功能向节点能力和集群资源进行分解和映射,实现合理的全局资源管理和调度。

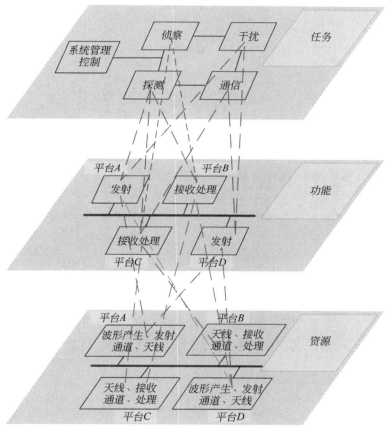

图 2.7　"任务-功能-资源"匹配池

"决策中心战"是对"网络中心战"的升华和发展。"网络中心战"[227] 以信息为中心,实践证明,缺乏信息自然无从决策,进而失去作战优势;"决策中心战"以决策为中心,说明在拥有信息的基础上,如果不能正确并快速地做出决策,就无法发挥出信息的作用,仍然会失去作战优势。"决策中心战"的目标在于己方保持决策优势的同时,通过各种手段和方法使敌方处于决策劣势。其中,保持己方决策优势的主要途径有增强决策鲁棒性和缩短我方 OODA 环周期,使敌方处于决策劣势的主要途径是干扰或打断其 OODA 环运行。

可见,运用灵活迅速的决策方法,在双方 OODA 环的博弈中抢占先机,迫使敌方陷入"观察-判断"的循环,甚至是"观察-观察"循环,成为制胜关键。在作战

OODA 环中,观察和判断阶段完成的核心任务是态势感知,行动阶段则是将决策的结果进行适应性地执行。尽管单个 OODA 环内的各个环节在时间线上存在逻辑的先后顺序,但决策的过程是把当前态势感知的真实信息和未来将采取的作战行动想定的"虚拟信息"同步集成,通过评估、推演、迭代形成优化的行动方案。基于互为主体的航空集群一体化任务 OODA 环如图 2.8 所示。

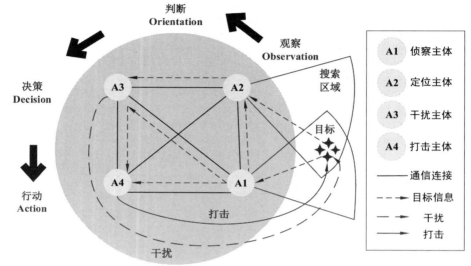

图 2.8　基于互为主体的航空集群一体化任务 OODA 环

2.3　互为主体航空集群的作战运用及范式解析

2.3.1　航空集群一体化作战典型样式

在宏观的作战层面,航空集群由多个无人飞行器和有人飞行器组成,是一个具有大规模作战节点的作战系统,可以按照分层递阶的方法进行动态分层、分组,构建面向不同作战区域、作战对象的任务子群。规模相对较小的群组构成一体化多功能簇,整个航空集群由多个一体化多功能簇组成,如图 2.9 所示,并且可以根据战场态势、作战任务、平台状态和集群资源的变化,进行动态自主聚合解聚,实现与外部和内部状态相契合的任务决策。一体化多功能簇内虽然由多个平台和作战节点在空间分布式组成,但构成了紧密的有机整体,并通过深度协同产生整体的能力涌现。通过航空集群资源的聚合解聚,构成跨平台、跨层级的侦察、干扰、探测、通信、攻击等多任务多功能一体化作战系统。

如图 2.9 所示,是航空集群一体化作战典型样式示意图。按照作战编成组织结构、空间分布情况,并综合考虑各平台的资源情况,例如,能否构成任务需求的相应辐射源照射、多源接收和综合数字处理的资源,集群动态自组织成为四个簇。在

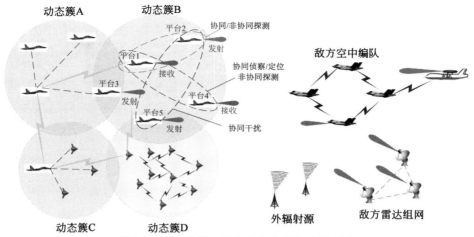

图 2.9　航空集群一体化作战典型样式示意图

每个簇内,根据作战任务需求、战场环境、己方资源与目标情况,基于交战规则,自适应组织各平台电子系统资源构建侦察、干扰、探测、通信、攻击一体化作战能力,并对执行主体和执行方式进行任务决策。图中平台 1 为动态簇 B 中在该时刻执行侦察任务的平台主体,平台 4 为该时刻执行定位任务的平台主体,两者共同构成执行侦察/定位一体化任务的执行主体,其执行方式为利用光学、红外传感器以及雷达进行侦察,利用辐射源的辐射信号或外辐射源经目标发射的信号进行无源定位,并将平台 1 所得的侦察信息与平台 4 所得的定位信息进行交互,协同增效从而获取更优的侦察和定位效果;平台 2、平台 3 和平台 5 具有干扰和探测发射功能,作为干扰任务的执行主体与平台 1 和平台 4 协同,又构成了侦察/干扰一体化任务的执行主体,其执行方式可以采用按功能分时发射或干扰/探测统一波形发射,协同增效提高侦察和干扰效果;同时,平台 1 和平台 2 构成了一个双基地协同探测系统,平台 1、2、3、4 和平台 5 动态组织还构成了一个 MIMO 探测系统。

上述簇内的资源和功能组织并不是一成不变的,而是会跟随作战任务、战场环境、目标状态和集群资源变化情况而自主变化与动态调整。在运用过程中,航空集群作为一个具有多种硬件资源、软件资源、关联资源的有机整体,为一体化多功能簇所调用,在分布式系统层面动态聚合为需要的各种能力集合。虽然平台本身的能力有限,不足以进行独立作战,但是其物理资源和逻辑功能却可以同时为多种作战功能共享,例如,某平台的电子系统支撑接收、处理功能,则可以同时实现电子侦察、有源探测的接收处理,这避免了传统平台执行一体化有源探测时辐射信号对电子侦察产生干扰的问题;同样,干扰和有源探测的发射也可以共用一套资源,而没有互扰。基于这种聚合方式,航空集群作战运用以一体化多功能簇的形式体现出来,而不再是传统的单个平台。

2.3.2 航空集群相对导航原理

航空集群相对导航是指由两架或多架飞机组成一个相对导航网络,每一架飞机是网络中的一个成员,成员通过惯导(Inertial Navigation System,INS)、高度计(Barometric Altimeter,BA)等自身携带的传感器输出与联合战术信息分配系统(Joint Tactical Information Distribution System,JTIDS)端机提供的信息如源的位置、TOA、波达方向(Direction of Arrival,DOA)等进行融合,得到自身在集群网络中的位置、速度、加速度等信息。对于航空集群系统而言,相对定位得到的位置比绝对地理位置更加重要。

1. 基于 JTIDS 的航空集群相对导航系统构建

JTIDS 系统是现代战争中应用的通信、导航、识别多功能电子综合系统,主要功能有保密数据通信、精密导航、网内识别,并使指挥员了解作战区域的态势[228]。该系统以时分多址为基础,采用跳频、直接序列扩频和跳时的组合扩频通信体制,并采用了多层纠检错编码体系,具有极强的抗干扰、高保密、强抗毁生存能力。系统用户多、容量大,能迅速收集来自战场的各种信息,实时指挥协同作战,以最大化发挥体系作战能力。

目前,对 JTIDS 相对导航定位方法的研究通常基于有地面基准成员的相对导航网络。在这种情况下,相对坐标系原点是地面上的一个固定的位置,地面基准成员可以提供准确的地理位置信息,其他成员接收到地面基准成员播发的 P 消息(包含位置坐标、时间等信息)后经过处理就可以得到自身准确的绝对和相对位置信息。但是在没有地面基准的航空集群网络中,所有成员都无法提供准确的地理位置信息,原有的定位机制已不能满足相对定位的要求。因此可通过选择网络中的一个成员作为位置基准成员,为其他成员定位提供准确的位置信息,从而保证整个网络的相对定位精度。

1) JTIDS 系统成员

导航控制成员(Navigation Control,NC)担任整个集群网络的位置基准,以实现成员间的相对定位。NC 是网络中位置质量最高的成员,当它接收到其他成员播发的消息时不进行滤波,而其他成员接收到 NC 播发的消息则需要进行滤波处理,这样各成员就可以得到以 NC 为基准的精确的相对位置,实现成员间的相对导航定位。

无地面基准的相对定位精度主要取决于 JTIDS 端机的 TOA 测量精度,因此集群网络中必须有一个时间基准成员(Time Reference,TR),该成员可以由 NC 兼任,这样可以使其他成员和 NC 之间的 TOA 测量更加准确[229]。其他成员通过有源或者无源时钟同步方法实现同 TR 的时钟同步。

在无地面基准的运动成员相对导航系统中,成员角色分为两类:一类是 NC 成员兼任时间基准,作为系统的基准成员负责系统坐标系的建立;另一类是一级成员,接收导航控制者和其他成员的 P 消息进行滤波定位,并通过有源同步(Round Trip Time,RTT)与导航控制成员进行时钟同步。

2) 航空集群相对导航系统坐标系建立

在航空集群相对导航系统中,各成员都无法提供绝对准确的地理信息,特别是在 JTIDS/INS 组合导航系统中,INS 的输出误差是随时间累加的。在相对导航系统中,通常由 NC 成员作为基准,完成相对坐标系的建立。相对坐标系建立方法为:以 NC 用其他导航源定位得到的绝对位置 O 为原点,以该点东向为 X 轴,北向为 Y 轴,天向为 Z 轴,坐标系随着 NC 的移动而移动,并且在 NC 每播发一次 P 消息坐标系更新一次,认为 NC 一直处在相对坐标系的原点上。其他成员用接收到的 P 消息和自己测得的 TOA、DOA 信息与自身导航传感器输出的信息进行融合,得到地理坐标系下的位置、速度信息,再进行地理坐标系到相对坐标系的坐标转换就可以得到自己的相对位置和速度等信息[231]。

3) 系统信号格式

JTIDS 系统信号由航空集群中全部成员发射的信号共同组成。系统将整个 JTIDS 的时间轴划分成周期,每周期 12.8min,一周期 64 帧,每帧 12s,一帧分成 1536 个时隙,每时隙 7.8125ms。系统的时间结构如图 2.10 所示。

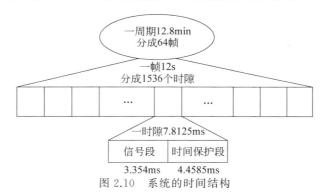

图 2.10　系统的时间结构

时隙是信息传送的基本时间单元。从总时隙数中,指定一定数量时隙在信息段中只传递导航数据,称为导航时隙,其结构如图 2.11 所示。导航时隙传送的导航信息中包括位置数据、速度数据、航向数据、高度数据、位置质量和时间质量等,这些信息统称为 P 消息。

图 2.11　系统的导航时隙结构

按成员类型和需求,系统将时隙分配给网络中各成员。网络中的各个成员具有一份时隙分配表,网络内的成员只能在分配给它的时隙内辐射信号,将自己的导航参量报告给其他成员。允许 RTT 滤波的成员可根据规定或需要,在分配给它的时隙内进行有源校时,其余时隙则可接收来自其他成员的信息,以实现网中成员之间的信息交换。

4)JTIDS 系统定位导航工作原理

(1)成员入网。

要加入 JTIDS 系统的成员,首先须入网,即要参加系统工作的成员应首先截获 JTIDS 的系统时和相对坐标系。先接收任意系统成员的发射信号,解调得到 JTIDS 周期、帧、时隙的物理时间,用于校正自己的时钟,实现粗同步,然后等待分配给自己的时隙,进行 RTT,或用无源校时方法完成时间精同步;并将自己的估计地理坐标结合相对坐标原点的估计位置和坐标轴方向,计算自己的相对坐标,完成成员入网。

(2)时隙分配机制。

要保证各成员的相对定位精度,还必须有合理的时隙分配机制,在时隙分配时,系统每个成员都有播发机会,其中,位置质量等级高的成员(如 NC)播发频率高,以保证整体定位精度;另外,成员在播发 P 消息之前应尽量先进行 RTT 校时,以保证时钟精度;工作区域处在不同位置的源应交替播发,使定位源有良好的几何分布。

(3)源选择机制。

为保证成员相对定位精度,源选择则应综合考虑时间质量、位置质量和几何质量等因素。时间质量反映了成员时钟时间对系统时间的偏差程度,k 时刻的时间质量可用标量 $Q_t(k)$ 表示:

$$Q_t(k) = (\hat{b}_{k|k-1}^2 + \hat{\sigma}_{k|k-1}^2)^{1/2} \tag{2.9}$$

其中,$\hat{b}_{k|k-1}$ 为对用户钟差的估计值,$\hat{\sigma}_{k|k-1}^2$ 为钟差的方差值。

位置质量是反映用户位置的偏差程度,对于位置质量,重要的是误差协方差 $P(k|k-1)$ 中有关位置的元素,k 时刻的位置质量可用标量 $Q_P(k)$ 表示:

$$Q_P(k) = \frac{1}{\sqrt{2}}\{P_{11} + P_{22} + [(P_{11} - P_{22})^2 + 4P_{12}^2]^{1/2}\} \tag{2.10}$$

其中,P_{11} 和 P_{22} 为 x、y 方向的方差,P_{12} 为其协方差。当源的时间质量和位置质量均高于用户的时间和位置质量时,源的数据入选。

(4)成员时钟校时同步。

精密测距是建立在各成员时钟精确同步的基础之上,系统成员与建立系统时的时间基准 TR 达到精确同步的方法有两种:有源校时同步和无源校时同步。

有源校时同步希望对进行时间同步的网络成员,在规定的辐射时隙内,向选定

的与之进行对时同步的网络成员发送一个询问信号,被询问的网络成员接收到询
问信号后,借助于自己的时钟,测出这一询问信号的到达时间较自己时隙起点滞后
的时间,记为 $T_{到达}$,然后经过一段时间 $T_{回答}$,向询问成员辐射回答信号,并在辐射
信息中给出 $T_{回答}$ 和 $T_{到达}$ 的数值。当这一回答信号到达希望对时同步的网络成员
时,该成员也以自己的时钟作为度量标准,相对于自己时隙的起点,确定出回答信
号的到达时间,记为 $T_{询问}$,如图 2.12 所示。这样,在图中当以询问成员的时钟作
为度量标准时,电磁波在询问成员和被询问成员之间的传播时间为 $T_{传播}$,而以被
询问成员的时钟作为度量标准时,在两者间的同一距离上的传播时间测出为
$T_{到达}$,而 $T_{到达}$ 与 $T_{传播}$ 之间的时间差即为这两个网络成员的时钟差,即

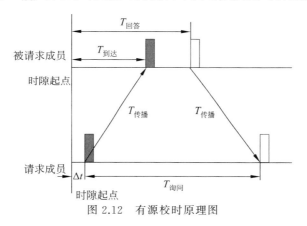

图 2.12　有源校时原理图

$$\begin{cases} \Delta t = T_{到达} - T_{传播} \\ T_{传播} = T_{询问} - T_{回答} + \Delta t \end{cases} \tag{2.11}$$

$T_{询问}$ 在询问成员处测出,$T_{回答}$ 和 $T_{到达}$ 在被询问成员发回的消息中告知其数
值。因此,从以上两式中消去 $T_{传播}$,即可得到两成员时钟的钟差测量值为

$$\Delta t = \frac{T_{到达} + T_{回答} - T_{询问}}{2} \tag{2.12}$$

询问成员按式(2.12)解算出 Δt 后,即可对其时钟进行校正,使之和被询问成
员的时钟一致。

无源校时同步中成员之间无需辐射信号,只要接收选定的欲与之进行时间同
步的网络成员的信号就可完成。接收到这一成员的辐射信号,并以自己的时钟作
为度量标准,测出被选的校时成员的信号到达时间相对自己时隙起点的滞后时间
$T_{到达}$,由于校时成员与被同步成员时钟间存在时差 Δt,因此所测出的滞后时间
$T_{到达}$,并非真正的电磁波在两者之间的传播时间,而是相差一个时间 Δt。无源校
时同步示意图如图 2.13 所示。

被校时成员辐射的信息中含有本身的位置信息 (X_s, Y_s, Z_s),要进行无源校时

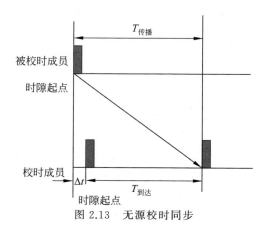

图 2.13　无源校时同步

同步的网络成员采用自身的位置数据 (X_u, Y_u, Z_u)，则可计算出二者之间的距离 R_c：

$$R_c = [(X_s - X_u)^2 + (Y_s - Y_u)^2 + (Z_s - Z_u)^2]^{1/2} \quad (2.13)$$

由 R_c 计算电磁波在这段距离上传播的时间为

$$T_{计算} = R_c / c \quad (2.14)$$

在准确一致用户位置的条件下，计算距离 R_c 误差很小（或误差可忽略），则 $T_{计算} = T_{传播}$ 代入前式则有：

$$\Delta t = T_{传播} - T_{到达} = T_{计算} - T_{到达} \quad (2.15)$$

一般作为普通用户的成员无法获得自身准确的位置数据，因而无源校时通过滤波定位解算，得到钟差 Δt，校时成员即可用 Δt，对自己的时钟进行校正，从而实现了与网络成员的时间同步。

（5）相对导航定位。

在各成员间时钟完全同步的前提下，当一个用户接收到另一个作为源的成员辐射的信号时，传播时间 τ 由这两个成员间的直线距离 R 所决定[232]。同时，在用户接收这一源的信号时，在其信息段内传送有这一源的位置数据。这样，用户根据源的位置数据和测出的距离 R，可以确定出自己处在的以源为中心、R 为半径的球面，对三个不同的源各自进行一次电波传播时间 τ 的测量，则可确定三个具有不同球心和半径的圆球位置面，三个位置面的交点就是用户在三度空间中的位置。

然而，这只有在作为位置面球心的源位置准确已知，并能同时确定出用户到源的距离的情况下，才能准确地确定出用户与这些源间的相对位置，但是在时分多址工作的情况下，各源是按一定的时间顺序轮流辐射的，并且源和用户都是在运动着的，不可能在同一时刻同时测出三个源的距离，因此经典的导航定位方法难以得到准确的位置数据[233]。

为了能准确地确定出运动用户的实时位置，可采用卡尔曼滤波技术。JTIDS

实际运用中,各成员间时钟不可能完全同步,因此卡尔曼滤波中测定和估算的均应是伪距。用户用自己的估算位置坐标(X_u,Y_u,Z_u)和钟差估计值$c\Delta t_u$以及接收到的任一源报告的位置坐标(X_s,Y_s,Z_s),求出两者之间的计算伪距ρ_c:

$$\rho_c = \left[(X_S-X_u)^2+(Y_S-Y_u)^2+(Z_S-Z_u)^2\right]^{1/2}+c\Delta t_u \qquad (2.16)$$

同时,根据测定的这一源信号的到达时间τ,求出用户到源间的测量伪距$\rho^* = c\tau$,而ρ_c是由估算位置确定出来的,二者之差代表了用户估算位置与真实位置的偏差,用此差值对估算的用户位置坐标进行修正,使其趋近于用户真实位置,即得到滤波估计值;按照用户运动规律外推到下一滤波时刻,再次测量,再次修正,经过多次测量,逐步修正,就可得到精度较高的用户实时位置。

另外,为了提高相对导航的定位精度,特别是在成员个数较少(如两个)且成员间相对运动不明显的情况下,可以采用相控阵雷达技术等测得信号来向以获取成员位置坐标。DOA的定义为用户测得的信号来波方向在用户的载体坐标系下的方位角和俯仰角。其中,载体坐标系如图 2.14 所示,坐标原点位于载体的重心,y_b轴沿载体纵轴指向前,x_b轴沿载体横轴指向右,z_b轴垂直于平面指向上。方位角即为用户和源之间的连线在x_bOy_b平面的投影与y_b轴之间的夹角,俯仰角即为该连线与x_bOy_b平面之间的夹角。

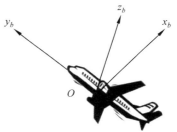

图 2.14　载体坐标系示意图

与 TOA 类似,同样可以采用卡尔曼滤波技术利用 DOA 观测量对用户的位置和姿态等信息进行修正,实现相对定位。

2. 数据链/惯导/高度计组合滤波器设计

由于组合系统中包含惯性导航系统,因此可以采用惯导的误差传播方程作为系统的状态模型。采用间接滤波方式进行滤波估计可以使系统方程为线性方程,便于用卡尔曼滤波方法进行滤波,系统校正方式采用误差累加校正方法。

为了防止惯导高度通道发散和 JTIDS 垂向观测质量差对垂直方向定位结果的影响,将六维的位置速度误差状态量分解为平面的四维和垂向的两维,分别对应平面位置时钟滤波器和高度滤波器。平面位置时钟滤波器的观测为 JTIDS 端机测得的 TOA 以及有源校时测得的钟差,而高度滤波器的观测则为气压高度表测得的高度。各成员首先进行高度滤波,然后进行地理滤波。

下面分别介绍各滤波器的状态量、观测量、状态方程和观测方程,并给出不同等级成员的操作流程。

1) BA/INS 高度滤波器

BA/INS 高度滤波器的状态量为 INS 输出的高度误差Δh和天向速度误差ΔV_u;观测量为 INS 输出高度h_{INS}与气压高度表的输出高度h_{BA}之差:$Z_{jv}=h_{BA}-h_{INS}$。

　　根据 INS 误差传播方程中经过二阶阻尼后的高度通道输出的高度和天向速度的误差传播方程,可以得到高度滤波器连续状态方程为

$$\begin{bmatrix} \Delta \dot{h} \\ \Delta \dot{V}_u \end{bmatrix} = \begin{bmatrix} -k_1 & 1 \\ \dfrac{2g_0}{Re} - \dfrac{V_e^2}{R_1^2} - \dfrac{V_n^2}{R_2^2} - k_2 & 0 \end{bmatrix} \begin{bmatrix} \Delta h \\ \Delta V_u \end{bmatrix} + \begin{bmatrix} 0 \\ w_v \end{bmatrix} \tag{2.17}$$

　　将其简化表达为 $\dot{\boldsymbol{X}}_v(t) = \boldsymbol{A}\boldsymbol{X}_v(t) + \boldsymbol{W}_v(t)$。将上面的连续状态方程离散化,便可得到高度滤波器的离散状态方程:

$$\boldsymbol{X}_v(k) = \boldsymbol{\Phi}_v(k, k-1)\boldsymbol{X}_v(k-1) + \boldsymbol{W}_v(k-1) \tag{2.18}$$

其中,$\boldsymbol{X}_v(k) = [\Delta h(k) \quad \Delta V_u(k)]^T$,$\boldsymbol{\Phi}_v(k, k-1)$ 为状态转移矩阵,$\boldsymbol{W}_v(k-1)$ 为驱动噪声阵。BA/INS 高度滤波器的观测量为

$$Z_{jv} = h_{BA} - h_{INS} = (h_T + \Delta h_{BA} + v_2) - (h_T + \Delta h_{INS} + v_1) = -\Delta h + vn \tag{2.19}$$

其中,h_{INS} 为惯导输出的高度数据,h_{BA} 为气压高度表的输出高度,h_T 为用户的真实高度,v_1,v_2 分别为 INS 和 BA 的测量噪声,$\Delta h = \Delta h_{INS}$,$v = v_2 + \Delta h_{BA} - v_1$,于是得到观测方程的矩阵形式:

$$\boldsymbol{Z}_{jv} = \begin{bmatrix} -1 & 0 \end{bmatrix} \begin{bmatrix} \Delta h \\ \Delta V_u \end{bmatrix} + \boldsymbol{v} \tag{2.20}$$

　　观测方程的观测阵为 $\boldsymbol{H}_{jv} = \begin{bmatrix} 1 & 0 \end{bmatrix}$。测量噪声方差为 $\boldsymbol{R} = E[\boldsymbol{v}\boldsymbol{v}^T] = \boldsymbol{R}_{jv}$。高度滤波器的测量噪声应包含高度表的测量噪声、高度表的误差和惯导高度测量噪声三部分。

　　2) JTIDS/INS 平面位置时钟滤波器

　　JTIDS/INS 平面位置时钟滤波器选取九维状态量:平台东向误差角 φ_e,平台北向误差角 φ_n,平台天向误差角 φ_u,经度误差 $\Delta\lambda$,纬度误差 ΔL,东向速度误差 ΔV_e,北向速度误差 ΔV_n,由 JTIDS 端机的钟差转换为距离得到的 $c\delta t$ 和由 JTIDS 端机的频差转换为距离变化率得到的 $c\delta f$,即

$$\boldsymbol{X}_{ht} = [\phi_e, \phi_n, \phi_u, \delta\lambda, \delta V_e, \delta V_n, c\delta t, c\delta f]^T \tag{2.21}$$

　　JTIDS/INS 平面位置时钟滤波器在不同的时隙内有不同的观测量,当该时隙为 P 消息时隙,用户接收到其他成员播发的 P 消息且选中其作为源时,观测量为相对导航用户端机提供的 TOA 测量伪距与计算距离之差,用户端机提供的 DOA 方位角与计算方位角之差以及用户端机提供的 DOA 俯仰角与计算俯仰角之差共三维,即:

$$\boldsymbol{Z}_j = [\Delta\rho, \Delta\beta, \Delta\varepsilon]^T = [\rho_{TOA} - \rho_c, \beta_{DOA} - \beta_c, \varepsilon_{DOA} - \varepsilon_c]^T \tag{2.22}$$

其中,ρ_{TOA}、β_{DOA} 和 ε_{DOA} 分别为端机测得的 TOA 及用户在自身载体坐标系下测得的方位角和俯仰角,ρ_c、β_c 和 ε_c 分别为由预测状态计算得到的 TOA、DOA 方位角和 DOA 俯仰角。

　　当该时隙为该用户 RTT 时隙时,观测量为 RTT 测量值:$Z_{rtt} = c\delta t - c\delta t_s +$

v_{rtt}，其中，c 为光速，δt 为用户时钟相对于系统时的误差，δt_s 为源的时钟相对于系统时的误差，v_{rtt} 为 RTT 测量噪声，它的方差等于 TOA 测量噪声方差的一半。

其他时隙内 JTIDS/SINS 平面位置时钟滤波器不进行滤波，只进行预测。

连续状态方程为：$\dot{\boldsymbol{X}}_{\text{ht}} = \boldsymbol{A}_{\text{ht}} \boldsymbol{X}_{\text{ht}} + \boldsymbol{G}_{\text{ht}} \boldsymbol{U}_{\text{ht}}$，$\boldsymbol{A}_{\text{ht}} = [\boldsymbol{A}_h \quad 0; \quad 0 \quad \boldsymbol{A}_t]$ 为 9×9 维的状态系数矩阵，其中，$\boldsymbol{A}_h$ 阵为 7×7 维状态系数矩阵，它是由 SINS 的位置、速度、姿态误差传播方程得到的。将连续状态方程离散化，可得到平面位置时钟滤波器的离散状态方程。

接收 P 消息时隙时，在 TOA/DOA 联合观测的情况下，JTIDS/SINS 平面位置时钟滤波器的观测方程为

$$\boldsymbol{Z}_k = \begin{bmatrix} \Delta\rho \\ \Delta\beta \\ \Delta\varepsilon \end{bmatrix} = \begin{bmatrix} \rho_{\text{TOA}} - \rho_c \\ \beta_{\text{DOA}} - \beta_c \\ \varepsilon_{\text{DOA}} - \varepsilon_c \end{bmatrix} + \begin{bmatrix} \Delta t_u + v_\rho \\ v_\beta \\ v_\varepsilon \end{bmatrix} \tag{2.23}$$

其中，

$$\rho_c = \sqrt{(x_s - x_u)^2 + (y_s - y_u)^2 + (y_s - y_u)^2} \tag{2.24}$$

$$\beta_c = \arctan \frac{X_s}{Y_s} \tag{2.25}$$

$$\varepsilon_c = \arctan \frac{Z_s}{\sqrt{X_s^2 + Y_s^2}} \tag{2.26}$$

(x_u, y_u, z_u) 为由预测状态量计算的用户在地心地固坐标系下的坐标，(X_s, Y_s, Z_s) 为源的位置转换到用户载体坐标系中的坐标，该载体坐标系的转换矩阵是由预测状态量计算得到的，Δt_u 为用户和源之间的时钟偏差转换为距离后的量。

3）各成员操作流程

由于导航控制者（NC）作为整个系统的基准建立相对坐标系，因此 NC 接收到其他成员播发的 P 消息后不进行定位滤波。但是考虑到 INS 的高度通道是发散的，且高度表可以提供一个高度观测量，因此 NC 只进行高度滤波。其他成员需要进行 JTIDS/SINS 平面位置时钟滤波和高度滤波。图 2.15 为 JTIDS/SINS 组合时导航控制者的操作流程图，图 2.16 为 JTIDS/SINS 其他成员的操作流程图。

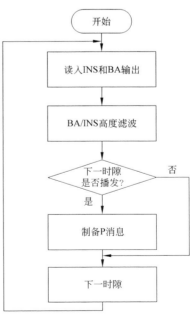

图 2.15　JTIDS/SINS 组合时导航控制者（NC）的操作流程

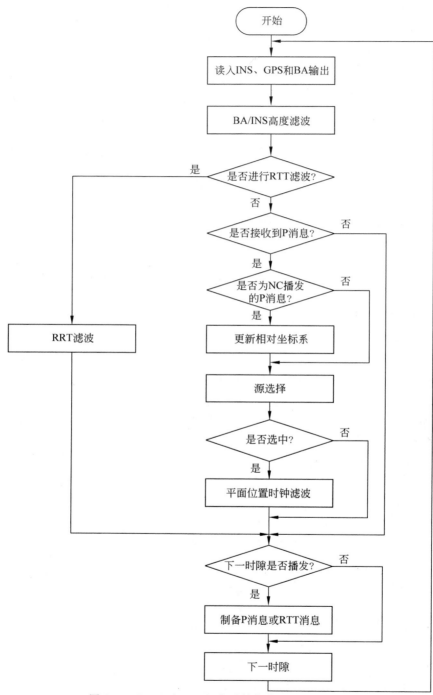

图 2.16　JTIDS/SINS 组合时其他成员的操作流程

3. 数据链/惯导/卫导/高度计组合导航滤波算法

与 JTIDS/INS 组合情况下相同,采用惯导的误差传播方程作为系统的状态模型并采用间接滤波方式进行滤波估计[234]。考虑系统的容错性能和计算量问题,GPS/JTIDS/INS/BA 组合滤波器采用有重置的两级联合滤波器结构,其整体结构图如图 2.17 所示。其中,第一级分为两个子滤波器,即 JTIDS/INS 子滤波器和 GPS/INS 子滤波器。JTIDS/INS 子滤波器的设计与上文中介绍的相同,这里不予重复介绍。与 JTIDS/INS 子滤波器一样,GPS/INS 子滤波器也分为高度滤波器和平面位置滤波器两部分。下面介绍 GPS/INS 高度滤波器、GPS/INS 平面位置滤波器和融合主滤波器的设计。

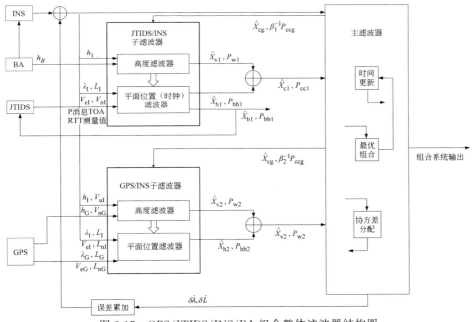

图 2.17　GPS/JTIDS/INS/BA 组合整体滤波器结构图

1) 卫导/惯导高度滤波器

与 BA/INS 高度滤波器相同,GPS/INS 高度滤波器的状态量也为 INS 输出的高度误差和天向速度误差(二维),因此状态方程也与 BA/INS 高度滤波器相同,这里不再重复给出。观测量为 INS 输出高度和天向速度与 GPS 接收机输出高度和天向速度之差,因此引入 GPS 垂向观测数据后,观测方程为

$$\boldsymbol{Z}_{\mathrm{gv}} = \begin{bmatrix} \boldsymbol{Z}_{\mathrm{gv}}^{P} & \boldsymbol{Z}_{\mathrm{gv}}^{V} \end{bmatrix}^{\mathrm{T}} = \begin{bmatrix} h_{I} - h_{G} \\ V_{uI} - V_{uG} \end{bmatrix} = \begin{bmatrix} \delta h \\ \delta V_{u} \end{bmatrix} + \begin{bmatrix} N_{pu} \\ N_{vu} \end{bmatrix} = \boldsymbol{H}_{\mathrm{gv}} \boldsymbol{X}_{v} + \boldsymbol{v}_{\mathrm{gv}} \quad (2.27)$$

其中,观测矩阵 $\boldsymbol{H}_{\mathrm{gv}} = \mathrm{diag}[1,1]$,$\boldsymbol{v}_{\mathrm{gv}}$ 为观测噪声。

2）卫导/惯导平面位置滤波器

GPS/INS 平面位置滤波器选取七维状态量：平台东向误差角 φ_e，平台北向误差角 φ_n，平台天向误差角 φ_u，经度误差 $\Delta\lambda$，纬度误差 ΔL，东向速度误差 ΔV_e，北向速度误差 ΔV_n。观测量为 INS 输出平面位置 $(\lambda_I$、$L_I)$ 和速度 $(V_{eI}$、$V_{nI})$ 与 GPS 接收机输出平面位置 $(\lambda_G$、$L_G)$ 和速度 $(V_{eG}$、$V_{nG})$ 之差，即

$$Z_{gh} = \begin{bmatrix} Z_{gh}^P \\ Z_{gh}^V \end{bmatrix} = \begin{bmatrix} (\lambda_I - \lambda_G)R_N \cos L_u \\ (L_I - L_G)R_M \\ V_{eI} - V_{eG} \\ V_{nI} - V_{nG} \end{bmatrix} \tag{2.28}$$

GPS/INS 平面位置滤波器的状态方程为

$$\dot{X}_h = A_h X_h + G_h U_h \tag{2.29}$$

其中，A_h 为状态系数矩阵，G_h 为驱动噪声系数矩阵，U_h 为驱动噪声。

GPS/INS 平面位置滤波器的观测方程为

$$Z_g = \begin{bmatrix} Z_g^P \\ Z_g^V \end{bmatrix} = \begin{bmatrix} (\lambda_I - \lambda_G)R_N \cos L_u \\ (L_I - L_G)R_M \\ V_{eI} - V_{eG} \\ V_{nI} - V_{nG} \end{bmatrix} = \begin{bmatrix} R_N \cos L_u \delta\lambda \\ R_M \delta L \\ \delta V_e \\ \delta V_n \end{bmatrix} + \begin{bmatrix} N_e \\ N_n \\ N_{ve} \\ N_{vn} \end{bmatrix} = H_g X + v_g$$

$$\tag{2.30}$$

其中，观测矩阵 $H_g = [\mathbf{0}_{4\times3} \quad \cdots \quad \mathrm{diag}[R_N, \cos L_u, R_M, 1, 1]]$，$v_g$ 为观测噪声。

3）融合主滤波器

子滤波器将公有的 INS 状态 $X_c = X_l$ 的估计结果送入主滤波器进行融合，子滤波器公有的 INS 状态的估计结果 $\hat{X}_{ci}(k)$ 和 $P_{cci}(k)$ 由两部分组成：一是高度滤波器给出的状态估计 $\hat{X}_{vi}(k)$ 及其协方差矩阵 $P_{vvi}(k)$；二是平面位置（时钟）滤波器给出的状态估计 $\hat{X}_{hi}(k)$ 及其协方差矩阵 $P_{hhi}(k)$。

对于公有的 INS 状态估计的两个组成部分，主滤波器分别进行融合，并以融合结果作为初值，在融合间隔内由外推得出公有的 INS 状态两个组成部分的全局估计结果。

按协方差矩阵加权的最优融合算法为

$$\hat{X}_g(k) = P_g(k) \sum_{i=1}^{N} P_{ii}^{-1}(k)\hat{X}_i(k) \quad P_g(k) = \Big(\sum_{i=1}^{N} P_{ii}^{-1}(k) \Big)^{-1} \tag{2.31}$$

子滤波器 i 协方差分配系数为

$$\beta_i(k) = \frac{\mathrm{tr} P_{ii}(k)}{\sum\limits_{q=1}^{N,m} \mathrm{tr} P_{qq}(k)} \tag{2.32}$$

由子滤波器合成的全局状态估计及其协方差阵被放大为 $\beta_i^{-1}(k)\boldsymbol{P}_g(k)(\beta_i \leqslant 1)$ 后再反馈到子滤波器,以重置子滤波器的估计结果,即

$$\hat{\boldsymbol{X}}_i(k) = \hat{\boldsymbol{X}}_g(k), \boldsymbol{P}_{ii}(k) = \beta_i^{-1}(k)\boldsymbol{P}_g(k) \tag{2.33}$$

4)各成员操作流程

同 JTIDS/INS 组合时类似,由于 NC 作为整个系统的基准建立相对坐标系,因此 NC 接收到其他成员播发的 P 消息后不进行定位滤波。因此对于 NC 而言,JTIDS/INS 子滤波器只进行高度滤波,而 GPS/INS 子滤波器正常工作。图 2.18 为 JTIDS/GPS/INS 组合时 NC 的操作流程图,图 2.19 为 JTIDS/GPS/INS 组合时其他成员的操作流程图。

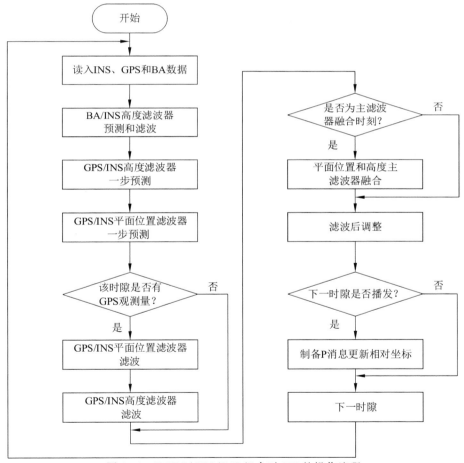

图 2.18　JTIDS/GPS/INS 组合时 NC 的操作流程

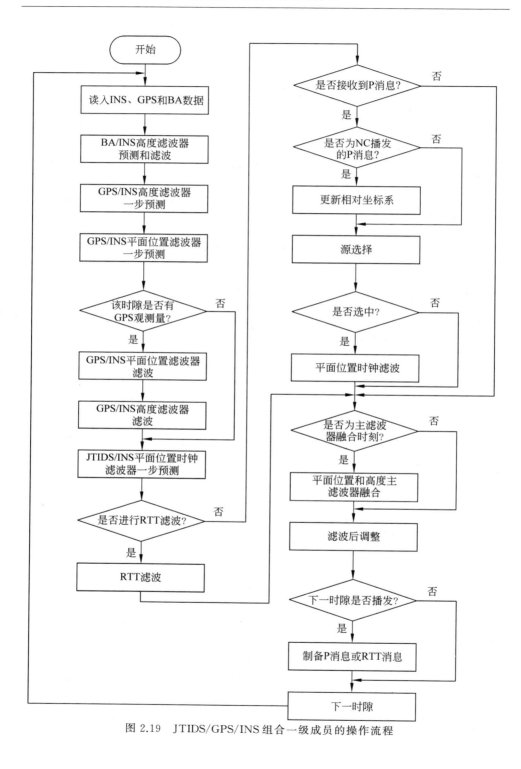

图 2.19　JTIDS/GPS/INS 组合一级成员的操作流程

2.3.3　航空集群全源融合相对导航原理

1. 航空集群全源相对导航系统需求分析及架构设计

为了弥补卫星导航系统易被干扰的缺点,美国国防高级研究计划局于 2010 年提出了"全源定位与导航系统(All Source Positioning and Navigation,ASPN)"计划,试图在 GPS 拒止的条件下,提供一种实现低成本、强大而无缝的导航解决方案,为美军增加新的定位手段。ASPN 包括绝对导航和相对导航两种模式,作为一种基于多传感器协同的全新的导航技术,也是未来发展研究的重要方向[235]。

全源相对导航应具有可以重新配置任意导航传感器和敏感元件的系统架构,并采用相应的滤波算法,通过自适应地实时融合量测信息,为航空集群提供多种应用场合下的高精度、高可靠性的相对导航方案,从而大大提高航空集群在相对制导、目标的发现与跟踪等多方面的效能。所述的全源,是指利用一切可以用于相对导航的信息要素。

在传感器的选择方面,有源传感器和无源传感器具有先天的优势。它们通过电磁波、可见光等多种形式直接获得无人机与目标之间的方向角度、径向距离、径向距离的速度等多种相对量测,从而解算得到相对导航信息。本书讨论的全源相对导航系统主要采用有/无源传感器进行配置。图 2.20 为全源相对导航方案示意图。

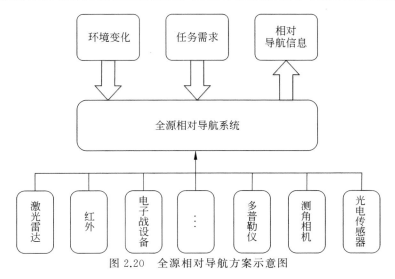

图 2.20　全源相对导航方案示意图

为了实现全源相对导航,系统需要具备如下几个要求。首先,系统架构需具备兼容大范围、多样化的传感器的能力;硬件上能够快速地集成多种可用的传感器,算法整体的体系架构需要具备可重构性;具备对异常数据的剔除能力,具有较强的容错性。

多传感器信息融合系统的架构设计是多源信息融合的关键问题,直接决定了融合算法的结构、性能以及系统的规模。对于相对导航系统而言,多传感器融合系统的结构主要分为两大类:集中式融合结构和分布式融合结构。

图 2.21 给出了全状态集中式融合结构的实现。在集中式结构中,滤波器需要对所有导航传感器的系统误差和噪声源进行建模,以确保所有相关的误差都已经考虑,所有的量测都已经根据权值优化,并使用尽可能多的信息标定每个误差。集中式滤波结构利用一个全局滤波器集中地处理所有导航子系统的信息,由于利用了全部的信息,从精度和鲁棒性上来说,在理论上可给出误差状态的最优估计,为组合导航系统提供最优导航参数。但由于所有的误差源建模在同一个地方,集中式架构在现实系统中存在一些缺点:处理器负荷高,滤波器的状态维数高,计算负担重,不利于滤波的实时运行;容错性能差,不利于故障诊断[236]。

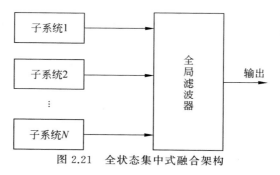

图 2.21 全状态集中式融合架构

分布式融合结构为每个导航子系统提供了局部滤波器,并设置有全局滤波器,如图 2.22 所示。其基本思想是将子系统的数据先进入各局部滤波器进行并行滤波,全局滤波器将各局部滤波器输出的估计信息进行融合,获得建立在所有量测信息基础上的全局估计。这类系统,不仅具有局部独立的工作能力,也具有全局特性。

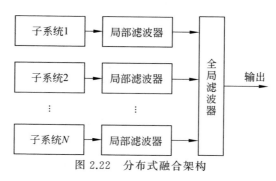

图 2.22 分布式融合架构

与集中式滤波相比,分布式融合结构具有计算量小、容错性强,并且对通信带宽要求低等优点。但理论上,分布式系统并没有使用到所有传感器的量测信息,因而估计精度没有集中式高。分布式架构基于单一模型的滤波方法,当系统或外部环境发生变化时,状态估计的误差会增大甚至发散。

集中式融合架构和分布式融合架构是目前使用最为广泛的两种架构。从上面的分析可以看出,尽管这两种方式可以有效地融合多传感器的信息,但其无法满足全源导航系统需要具备的功能。对于设计阶段,系统必须根据无人机的实际传感器配置进行架构搭建,如若后期有传感器的增加或替换,需要对相对导航算法进行大规模修改,这样的定制化大大减弱了系统的通用性。同时,在实际的导航过程中,传感器的组合情况随着架构的确定而固定不变。如果想要实现传感器的其他组合模式,则需要在系统中事先设置好该种组合方式,并在多种组合算法中完成复杂的切换与启动。这种硬切换很难满足相对导航信息的连续性。同时,如果有传感器出现部分野值或者失效故障,传统架构也无法实时地进行隔离,这必将导致输出精度的严重下降。

通过以上分析,对于多传感器协同的相对导航系统而言,集中式融合架构更适合于单平台的多传感器融合,因为传感器规模相对较少,对计算、通信要求较低。分布式融合架构更适合于多平台的多源信息融合系统,可以有效地并联多种传感器。因此,航空集群全源相对导航系统在设计时一方面需要满足对不同种类传感器的兼容性,另一方面需要具有实时自适应重构的能力。

2. 集中式融合架构下的全源自适应融合算法

传统的相对导航系统采用架构与传感器一一对应的定制化设计方法,集中式融合架构下,量测为所有传感器输出的集合。为了让系统具有良好的兼容性,尽可能地包括所有常用的传感器,因此采用量测模块化的分类方法,即将以传感器为中心的设计方法转换为以量测类型为中心的设计方法。

目前常用传感器量测类别可以分为多种,如视觉传感器、光电传感器、红外传感器等以 DOA 为量测。激光雷达、SAR 不仅可以提供 DOA,还能够测量波达强度(Range of Arrival, ROA)信息。对于 ESM、ELINT 或其他电子战类传感器,可以提供波达时间 TOA;对于声呐或基于多普勒原理的无线电设备,可以为相对导航系统提供波达频率(Frequency of Arrival, FOA)等信息,针对航空集群可以提供波达时间差 TDOA 和波达频率差 FDOA 等信息[237]。

将无人机的绝对位置坐标记为 $\boldsymbol{X}_u = (x_u, y_u, z_u)^{\mathrm{T}}$,目标的绝对位置坐标记为 $\boldsymbol{X}_t = (x_t, y_t, z_t)^{\mathrm{T}}$。相对导航的目的就是利用无人机上配置的传感器测量得到距离和角度信息(ρ, α, β),计算出目标与无人机间的相对位置 $\Delta \boldsymbol{X} = \boldsymbol{X}_t - \boldsymbol{X}_u$。

TOA 类传感器采用无(弱)方向性天线接收目标辐射的电磁波脉冲,以波达时间为量测,通过将时间信息转换成距离信息实现高精度的相对定位,ESM、ELINT 等多种电子战设备是典型的 TOA 类传感器。FOA 类传感器利用相对运动引起的多普勒频移,通过测量目标辐射源信号到达的频率信息来确定无人机与目标之间的相对状态,声呐和多普勒计程仪等是典型的 FOA 类传感器。图 2.23 为三架无人机协同的 TOA/FOA 联合型相对导航示意图。

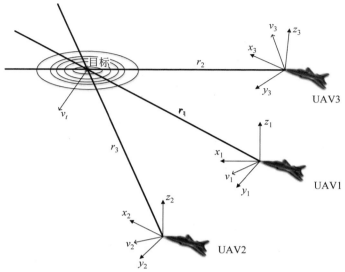

图 2.23　TOA/FOA 联合型相对导航示意图

3. 并行分布式融合架构下的全源自适应融合算法

在航空集群系统中,为了实现多源异类传感器的信息融合,针对全并行的分布式滤波模型采用基于异步航迹融合的多模型滤波算法实现相对导航。

考虑到航空集群对于"去中心化"的要求,区别于传统的指定某一架无人机为全局融合中心,采用全并行分布式的融合架构,如图 2.24 所示。这样一来,每一架无人机不仅有局部融合中心,而且设置有全局融合中心。通过通信链路,可以获得其他平台上的当前信息,因而每个平台都可以独立地完成全部运算任务。

假设全源相对导航系统包含 n 个独立工作的传感器,每个子平台局部融合中心的状态方程和量测方程分别表示为

$$\boldsymbol{x}_k = \boldsymbol{\Phi}_{k|k-1} \boldsymbol{x}_{k-1} + \boldsymbol{\Gamma}_{k-1} \boldsymbol{w}_{k-1} \tag{2.34}$$

$$\boldsymbol{z}_k^i = \boldsymbol{M}_k^{Ti} \boldsymbol{z}_k^{AS} = \boldsymbol{M}_k^{Ti} \boldsymbol{H}_k^{AS} \boldsymbol{x}_k + \boldsymbol{M}_k^{Ti} \boldsymbol{v}_k^{AS}$$
$$= \boldsymbol{H}_k^i \boldsymbol{x}_k + \boldsymbol{v}_k^i, \quad i = 1, 2, \cdots, n \tag{2.35}$$

其中,$\boldsymbol{\Phi}_{k|k-1}$ 为状态转移矩阵,$\boldsymbol{\Gamma}_{k-1}$ 为噪声输入矩阵,$\boldsymbol{z}_k^i$ 为第 i 个子平台传感器的量测序列,$\boldsymbol{M}_k^{Ti}$ 为第 i 个子平台设置的模式因子,$\boldsymbol{H}_k^{AS}$ 为全源系统不同量测参量的观测矩阵。

以传统的扩展卡尔曼滤波算法为例,则局部融合中心解算得到的局部航迹为

$$\hat{\boldsymbol{x}}_{k|k}^i = \hat{\boldsymbol{x}}_{k|k-1}^i + \boldsymbol{K}_k^i (\boldsymbol{z}_k^i - \boldsymbol{H}_k^i \hat{\boldsymbol{x}}_{k|k-1}^i)$$

$$\boldsymbol{P}_{k|k-1}^i = \boldsymbol{\Phi}_{k|k-1} \boldsymbol{P}_{k-1|k-1}^i \boldsymbol{\Phi}_{k|k-1}^T + \boldsymbol{\Gamma}_{k-1} \boldsymbol{Q}_{k-1} \boldsymbol{\Gamma}_{k-1}^T$$

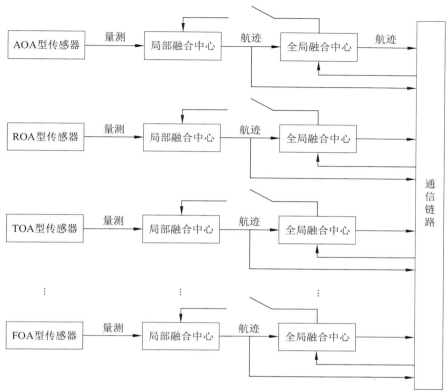

图 2.24　全并行分布式全源相对导航系统融合架构

$$\boldsymbol{K}_k^i = \boldsymbol{P}_{k|k-1}^i \boldsymbol{H}_k^{iT} (\boldsymbol{H}_k^i \boldsymbol{P}_{k|k-1}^i \boldsymbol{H}_k^{iT} + \boldsymbol{R}_k^i)^{-1}$$

$$\boldsymbol{P}_{k|k}^i = (\boldsymbol{I} - \boldsymbol{K}_k^i \boldsymbol{H}_k^i) \boldsymbol{P}_{k|k-1}^i, \quad i = 1, 2, \cdots, n \tag{2.36}$$

基于分布式架构的融合系统,量测经由各传感器的局部融合中心后形成局部航迹,再送往全局融合中心形成全局航迹。在实际的运行中,大多数传感器都是非同步工作的,并且采样速率不同,它们所给出的数据周期与各自的采样频率、工作模式或者通信延迟都有直接的关系。

在集中式融合架构下,最优的融合方法是将所有量测送至融合中心,在融合中心利用滤波器得到估计误差最小的全局估计结果。针对跨平台的分布式结构,考虑到计算量和通信量,全局融合中心利用各子系统的局部航迹进行航迹与航迹之间的融合。针对全源相对导航系统的异步航迹融合算法可以考虑到实际运行中传感器的"即插即用"以及故障情况下的及时隔离等问题,通过在各局部融合中心设置增益矩阵,使全源相对导航系统具有重构的能力,适应不同的传感器组合模型。

采用局部航迹与局部航迹融合的结构,信息流程如图 2.25 所示。图中的圆圈表示两个子传感器的异步量测值,矩形表示两个局部融合中心解算得到的局部航迹,三角形为全局融合中心生成的系统航迹,图中由左至右表示时间的前进方向。不同传感器的局部航迹在公共时刻点处,在全局融合中心生成系统航迹。从图中可以看出,该融合结构在航迹融合的过程中,利用到上一时刻的系统航迹的状态估计值,因此融合结果既包括各局部航迹信息,也包括系统航迹的先验信息。

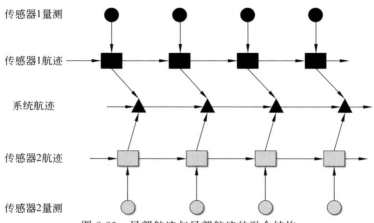

图 2.25　局部航迹与局部航迹的融合结构

假设全源相对导航系统有 n 个传感器对同一目标进行分布式相对定位,传感器 i 的采样周期为 T_i,每个局部融合中心航迹更新时刻为 k_i。各传感器通过局部融合中心可以提供当前时刻的状态变量的估计值 $\hat{\boldsymbol{x}}_{ki}^i$ 和相应的协方差阵 $\boldsymbol{P}_{ki}^i$。全局融合中心上一次更新系统航迹的时刻为 $k-1$,下一次更新后的系统航迹的时刻为 k,系统航迹的更新周期为 T。全局融合中心在接收到局部航迹后进行融合,如图 2.26所示,融合后得到的状态变量的估计值为 $\hat{\boldsymbol{x}}_k^f$ 和相应的协方差阵 $\boldsymbol{P}_k^f$。

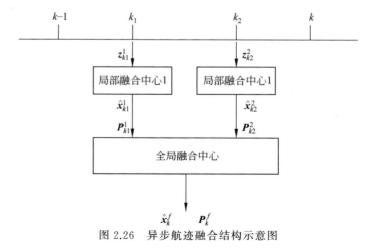

图 2.26　异步航迹融合结构示意图

全局融合中心解算得到的融合状态为

$$\hat{\boldsymbol{x}}_k^f = \boldsymbol{L}_0 \hat{\boldsymbol{x}}_{k|k-1}^f + \boldsymbol{L}_1 \hat{\boldsymbol{x}}_{k1}^1 + \boldsymbol{L}_2 \hat{\boldsymbol{x}}_{k2}^2 \tag{2.37}$$

其中,$\boldsymbol{L}_0$,$\boldsymbol{L}_1$ 和 $\boldsymbol{L}_2$ 为各局部融合中心的增益矩阵。

为保证状态估计无偏,有:

$$\boldsymbol{L}_0 = \boldsymbol{I} - \boldsymbol{L}_1 \boldsymbol{\Phi}_{k|k1} - \boldsymbol{L}_2 \boldsymbol{\Phi}_{k|k2} \tag{2.38}$$

根据全局融合中心误差协方差阵迹最小的原则,$\boldsymbol{L}_1$ 和 $\boldsymbol{L}_2$ 应满足:

$$\frac{\partial \mathrm{tr}(\boldsymbol{P}_k^f)}{\partial \boldsymbol{L}_1} = 0, \quad \frac{\partial \mathrm{tr}(\boldsymbol{P}_k^f)}{\partial \boldsymbol{L}_2} = 0 \tag{2.39}$$

由该条件可以得到:

$$\boldsymbol{L}_1 = (\boldsymbol{I} + \boldsymbol{\Phi}_{k|k1}^{-1} \boldsymbol{M}_{21} \boldsymbol{D}^{-1} \boldsymbol{M}_{12}) \boldsymbol{\Phi}_{k|k1}^{-1}$$

$$\boldsymbol{L}_2 = (\boldsymbol{I} - \boldsymbol{\Phi}_{k|k1}^{-1} \boldsymbol{M}_{21}) \boldsymbol{D}^{-1}$$

$$\boldsymbol{D} = \boldsymbol{\Phi}_{k|k2} - \boldsymbol{M}_{12} \boldsymbol{\Phi}_{k|k1}^{-1} \boldsymbol{M}_{21}$$

$$\boldsymbol{M}_{12} = \boldsymbol{P}_{k2}^2 (\boldsymbol{H}_{k2}^2)^T \boldsymbol{R}_2^{-1} \boldsymbol{H}_{k2}^2 [\boldsymbol{I} - \boldsymbol{Q}_k^2 (\boldsymbol{P}_{k|k-1}^f - \boldsymbol{Q}_k^1)^{-1}]$$

$$\boldsymbol{M}_{21} = \boldsymbol{P}_{k1}^1 (\boldsymbol{H}_{k1}^1)^T \boldsymbol{R}_1^{-1} \boldsymbol{H}_{k1}^1 [\boldsymbol{I} - \boldsymbol{Q}_k^1 (\boldsymbol{P}_{k|k-1}^f - \boldsymbol{Q}_k^2)^{-1}] \tag{2.40}$$

式(2.40)构成了基于异步航迹融合的滤波方法。在实际相对导航过程中,根据传感器的增加与删除,只需修正各局部融合中心的增益矩阵,便可以实现不同模型下的滤波算法。可以利用残差检测法进行传感器的故障诊断,同时也用于判断单平台的航迹是否进入稳定阶段。残差检测法通过对残差进行实时监测来评估局部航迹的质量,如果残差大于设定好的阈值,则将该时刻的传感器量测和局部航迹自动隔离,避免污染解算结果。

小结

本章将互为主体理论引入航空集群技术与作战运用中,提出了互为主体在航空集群作战中的理论内涵,分析了基于互为主体的航空集群作战特点;针对航空集群的分布式特点和互为主体任务决策的灵活性特点,从资源柔性聚合、信息交互流程和航空集群体系架构总体设计三方面开展研究,提出基于互为主体的航空集群体系架构模型,从而为互为主体任务决策提供航空集群体系架构支撑。

第 3 章　航空集群作战任务决策理论及应用

由第 2 章分析可得,在体系化、分布式、开放架构的作战发展趋势下,航空集群可以看作一个由诸多泛在节点有机构成的力量整体,作战运用以一体化多功能簇的形式体现出来,通过运用互为主体进行任务决策,实现集群资源的灵活聚合和解聚、泛在节点间的深度协同以及作战角色的选择和转换。因此,航空集群作战可以突破传统作战样式的限制,作为一个具有多种硬件资源、软件资源和关联资源的一体化系统,并发遂行侦察、干扰、探测、通信、攻击、管理和评估等多项任务,达到任务层面和系统层面的一体化运用效果。

因此,本章在第 2 章的基础上,首先,针对航空集群作战典型任务展开研究,对任务时序及典型战术进行分析,给出典型任务作战场景,并提出航空集群作战远景目标;其次,针对主体重构方法进行研究,划分主体重构的类型,归纳主体重构的触发机制,提出主体重构的原则和目标,从而增强航空集群主体选择与转换的灵活性和鲁棒性;然后给出互为主体在航空集群典型任务中的三种运用方式,分别为同层、跨层和混合任务决策;最后,提出航空集群作战互为主体任务决策流程。

3.1　航空集群作战典型任务

航空集群作战任务包括侦察、干扰、探测、通信、攻击、管理和评估等多项任务,在实际运用中更为复杂和具体,是无法穷举的。因此,有必要首先对航空集群作战典型任务展开研究。本节对作战任务时序及典型战术进行分析,对典型任务作战场景进行描述,从而提出航空集群作战远景目标,建立起对航空集群作战的宏观认识。

3.1.1　航空集群任务时序及典型战术分析

依据航空集群典型作战任务,可以将航空集群作战过程按照时序先后划分为战前准备与起飞、集群集结与前出、集群协同感知、集群协同电子对抗、集群协同打击以及退出返航 6 个阶段。

1. T0：战前准备与起飞

如图 3.1 所示,根据航空集群任务与战术目标,确定集群规模,在进行传感器/武器载荷、燃油/电池挂载、任务规划与行动计划加载、地形/任务数据注入、平台检查等准备步骤后,进入起飞待命状态,在收到命令后按序起飞。

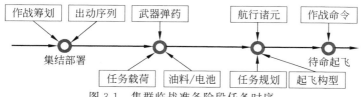

图 3.1 集群临战准备阶段任务时序

2. T1：集群集结与前出

如图 3.2 所示,航空集群平台起飞后,通常需要在预先确定的区域进行集结,从而确保集群平台运动状态的相对"一致性"。集结的方式可以是执行任务的平台全部集结在一个空域,也可以按照划分子群的方式集结在不同的空域。在抵达集结空域后,各个子群根据子任务的不同,生成不同的战术构型,按照航路规划结果前出至任务空域。

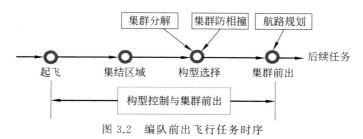

图 3.2 编队前出飞行任务时序

3. T2：集群协同感知

航空集群协同感知是获取战场信息的关键手段,其主要目的是利用航空集群分布式和高机动性特点,一方面快速获取战场上敌方目标数量、类型、分布以及动向等信息,生成战场态势图;另一方面通过当前战场态势为我方行动提供信息与决策支撑,明确目标分配方案与行动计划。

航空集群协同感知主要包括集群侦察与集群探测。如图 3.3 所示,从作战时序上,通常采取先集群侦察后探测的方式。集群侦察多利用无源定位、光学测量等方式实现对陆/海/空目标实施隐蔽侦察,其作用是尽可能借助无源的手段,对目标的电磁信号、光学信号进行侦收处理,进而对目标进行定位与识别,以较低的代价实现对目标多方位、多源信息的获取。当敌方目标进入电磁静默或光学伪装时,我方集群也可以采取有源探测的方式,该方式摆脱了对目标自身电磁辐射的依赖,且精度较高。在实际作战中对侦察与探测手段进行综合灵活运用,基于任务决策机制进行集群构型优化和传感器管理,可以进一步扩大集群感知范围,增强感知效果,为后续作战行动提供战场态势关键支撑。

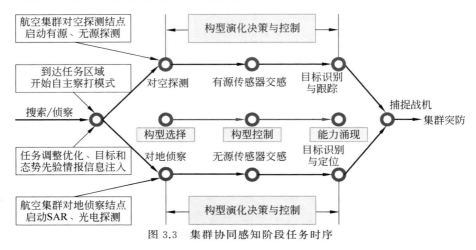

图 3.3 集群协同感知阶段任务时序

4. T3:集群协同电子对抗

航空集群协同电子对抗具有电子侦察能力强、电子干扰能力强、动态自愈能力好的优势,是作战中夺取制电磁权的有力方式。如图 3.4 所示,在集群感知的基础上,航空集群结合电子侦察对任务区域内的空中、海面以及地面辐射源进行目标识别与威胁等级排序,结合目标位置情况,对集群平台进行任务规划与构型选择,确定相应的欺骗、压制等干扰策略,并综合考虑目标特性,自适应生成对抗策略。

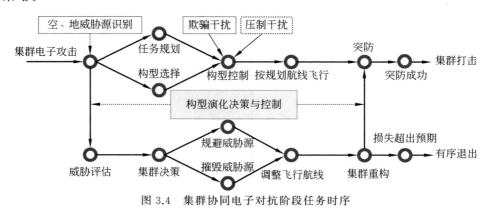

图 3.4 集群协同电子对抗阶段任务时序

5. T4：集群协同打击

航空集群协同打击是集群作战任务的核心环节。集群打击效果直接反映出该作战任务的成败,在运用中可以采取集群饱和打击、消耗打击以及协同增效打击等形式。如图 3.5 所示,航空集群一方面按照既定打击目标清单,进行目标分配、航迹规划、打击武器选择与打击构型控制,按照计划展开打击,另一方面在尽可能短的时间内实现目标毁伤效果评估,为补充攻击提供信息支撑。在打击过程中,面对战场可能的突发威胁,集群需要对该威胁进行快速识别,在线决策与平台重构,调整攻击计划,再次评估打击效果并有序退出。

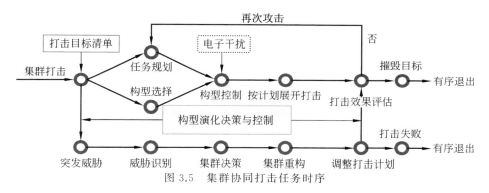

图 3.5　集群协同打击任务时序

6. T5：退出返航

航空集群在完成既定任务或者出现飞行故障、传感器失效、武器弹药耗尽、平台损失超出预期等情况时,进行有序返航,如图 3.6 所示。

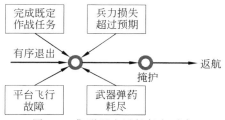

图 3.6　集群退出返航任务时序

3.1.2　集群作战典型任务作战场景简介

航空集群一体化作战是指在空中作战体系顶层一体化设计要求下,将航空集群资源进行面向能力的聚合和集成,以完成特定的作战任务。作战任务包括目标搜索、定位、欺骗干扰等,通过地面滑跑/弹射起飞或空中运载机抛撒投放等方式,可以迅速部署大规模航空集群节点平台,不同平台可搭载不同的任务载荷和传感器,从而满足集群整体的搜索、定位、干扰等多种任务一体化遂行的需求,集群节点之间通过交感网进行信息交互。在抵达任务区域后,集群节点间通过深度协同完成各项任务。首先根据战术任务进行目标搜索,在发现目标和获得的目标信息后,由搭载了相应传感器的节点以最优空间构型对目标进行定位和跟踪,然后通过协同干扰对敌方进行干扰,同时基于我方态势感知信息,集结位于最优攻击阵位的节点对目标进行火力打击。在一体化任务遂行过程中,通过航空集群节点间的自主协同和灵活的任务决策机制,完成对敌方高价值群目标和零散目标等的侦察和精确打击。

航空集群在作战运用上能够发挥出多任务一体化的效果,是契合分布式空战的典型应用,如图 3.7 所示。

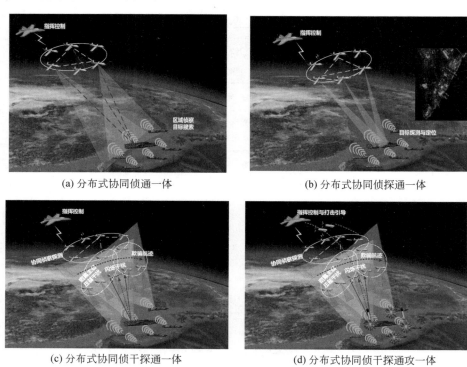

(a) 分布式协同侦通一体　　　　　　　(b) 分布式协同侦探通一体

(c) 分布式协同侦干探通一体　　　　　(d) 分布式协同侦干探通攻一体

图 3.7　典型一体化作战场景

1. 侦通一体

航空集群执行侦察通信一体化任务,可以通过多节点自主协同提供高精度的侦察定位信息,利用分布式节点的动态性与灵活性进行空间构型优化与演进,增大侦察距离,进一步提升定位效果。

2. 侦探通一体

航空集群执行侦探通一体化任务,可以通过多节点自主协同获得侦察定位信息和主动探测信息,充分利用节点的机动性能与空间大范围协同,实现对敌目标的发现、定位、跟踪乃至锁定。

3. 侦干探通一体

航空集群执行侦干探通一体化任务,可以通过节点拓扑构型、航迹优化以及对电磁载荷的协同控制,实现对组网雷达的欺骗干扰,形成连续的虚假航迹,也可控制部分节点抵近敌方关键目标进行压制干扰。

4. 侦干探通攻一体

航空集群执行侦干探通攻一体化任务,可以基于多节点协同作战模式和高精度定位识别结果,对反辐射攻击或其他火力打击武器平台提供实时目标指示与攻击引导,提高打击精度,同时有效对抗敌方辐射源静默、设置诱骗点等保护措施。

综上所述,航空集群正是契合分布式空战发展趋势的新型作战力量,通过集群内部节点的深度协同,能够实现多种任务一体化的运用效果。

3.1.3　航空集群作战远景目标发展

在上述典型任务场景、任务时序和战术分析的基础上,分析一体化任务能力需求,本节提出航空集群作战远景目标,如图 3.8 所示。

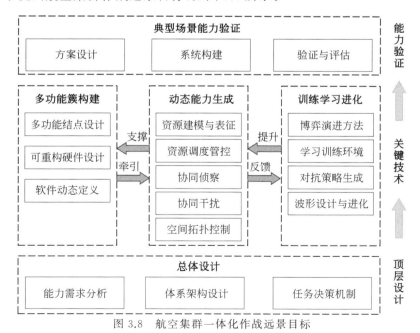

图 3.8　航空集群一体化作战远景目标

1. 远景目标

基于航空集群的技术和运用特征,通过典型作战场景描绘任务决策机制远期目标图像,分析航空集群一体化作战的整体能力需求,开展基于互为主体的任务决策机制研究,牵引关键技术研究,支撑系统构建与能力验证。

2. 集群多功能节点构建

面向一体化任务需求,基于标准化核心单元能力,研究面向不同任务和应用的多功能节点标准化、模块化、可重构的设计方法,实现集群内多功能节点的构建以及节点间的高效协同互联。

3. 基于"任务-能力-资源"解聚聚合的集群能力动态生成

研究航空集群系统资源虚拟化建模与统一表征,突破分布式侦通一体、侦探通一体、侦干探通一体等能力动态生成与一体化应用等技术,实现系统资源运用的即时聚优,能力按需生成。

4. 集群能力进化

开展集群能力学习训练进化机制、认知进化技术和深度强化学习对抗技术等方面研究,构建虚拟博弈对抗环境,迭代提升集群能力。

5. 集群一体化作战能力验证

结合典型应用与战场想定,设计系统能力实验验证方案,构建开放式的实验验证系统,在仿真环境、半实物环境和实际对抗环境下验证系统能力,评估系统的作战效能。

3.2　主体的重构方法

互为主体任务决策的核心环节就是主体的选择与转换,主体转换和更新的过程称为主体重构。当主体工作状态正常时,通过主体重构优化主体的选择与更新,实现对作战任务的最佳响应;当主体损坏或遭受攻击时,通过主体重构实现作战能力的快速恢复,提高集群整体的抗毁性。

3.2.1　主体重构的类型

主体重构旨在突显主体的灵活扩展性、鲁棒性、可控性等,提高在战场对抗环境中主体的选择与转换、增强系统的鲁棒性和遭受攻击时的自修复性,从而提升作战系统的生存能力和任务执行能力[238]。本节按照主体重构的不同对象,将主体重构分为以下三类。

（1）物理重构。

主体需要引入新的平台或从系统中移出已有平台，或用一个平台替换另一个平台等涉及平台物理变换的系统重构，称为物理重构。

（2）逻辑重构。

保持已有系统结构不变而改变组合方法、联接方式等的主体重构，称为逻辑重构。

（3）算法重构。

根据当前任务特性，在算法库中重新选择可执行的、效能最优的算法运行，称为算法重构。

物理重构、逻辑重构和算法重构是主体最基本的重构形式。同时，根据主体所处的激励形式可分为执行预设战场任务的主动重构和遭受敌方攻击时所及时进行的应激重构。

（1）主动重构。

当执行预设战场任务时，如侦察、攻击、电子战、协同制导、协同搜索时，为实现各级主体对战场任务的最佳响应，在综合考虑重构代价和重构效能的情况下，对主体进行功能重新组合、联接方式改变等一系列的重构动作称为主动重构。

（2）应激重构。

当主体遭受攻击时，主体受到一定程度的损毁，为保证系统关键能力和最大化修复相关性能，此种情况下对系统进行的一系列重构动作称为应激重构。

3.2.2　主体重构的触发条件

主体重构的触发机制以执行预设任务和攻击激励响应为两条研究主线，分别从触发行为和触发事件两个层面进行研究[239]。

触发行为包括任务指令触发和战场态势触发，指令触发主要是依据上级作战意图及战场指令；战场态势触发则是根据战场态势变化、具体作战模式产生的适应性触发行为。一般而言，预设战场任务属指令触发行为，遭受攻击属战场态势触发行为。

确定触发行为后，即进入相应的触发事件判断，对于战场预设任务的指令触发行为，主要依据任务属性分析（包括任务类型、规模、难度等）和能力需求分析（需要的能力类型、具体能力性能等）确定主体的响应规模（全系统、部分子系统或单个子系统响应等），而后判断相应的系统是否处于最佳组合状态，即是否需重构，若需要则进行重构代价评估，而后依据评估结果进入系统或子系统的主动重构，即面向任务执行的主体重构的触发事件。

对于遭受攻击的战场态势触发行为，首先从系统被毁伤规模、能力缺失分析、性能衰减分析、能力和性能的重要度分析等方面进行系统毁伤评估，并重构代价评估，进而确定主体的响应规模，之后进行系统或子系统的应激重构，即面向敌方攻击的主体重构的触发事件。

3.2.3　主体重构的基本原则

1. 松耦合原则

可重构系统中任务和系统能力关系是松耦合,系统构建与重构不再依据特定任务需求提供系统结构,而是依据重构后涌现出的能力来执行相应任务。

2. 兼容融合原则

可重构系统体现了多功能平台、多种交感通信机制、多种行为方式相互融合的发展趋势,其目标是实现各种开放、异构资源支持下的能力融合、子系统互连和优势互补。

3. 可扩展性原则

在兼顾了现有系统体系结构的基础上对未知系统也具有较强的可扩展性,对于传统集群系统中的信息传播途径和标志节点进行相应的改造,将其中各能力单元进行组合并预留扩展通道。

4. 隔离原则

为了防止对不同任务或遭受敌方攻击时,系统重构产生的能力单元交叉干涉,应在重构中选用适宜的技术、方法和机制来分隔各能力单元,尽量保证将不同能力单元的功能、适应执行的任务从逻辑上进行分离,从实现上做到解耦。

5. 不断积累重构经验

通过预设不同属性的战场任务和不同攻击情况下的主体重构仿真,不断积累系统重构经验,以提升战场适应和生存能力。

6. 涌现出强适应性的系统能力

基于系统重构经验,进而可促进系统对战场任务和敌方攻击的快速响应,触发更具适应性的能力涌现。

3.3　互为主体在航空集群典型任务中的运用模式及内涵

在 2.1.2 节中,将主体划分成了不同层级,因此根据互为主体理论在运用时涉及的主体层级情况,可以分为三种运用方式,分别为同层任务决策、跨层任务决策和混合任务决策。其中,同层任务决策指的是仅 R^k 内部、I^k 内部、F^k 内部、M^k 内部、$\boldsymbol{P}^k$ 元素内部的互为主体运用;跨层任务决策运用指的是 $\boldsymbol{R}^k$、$\boldsymbol{I}^k$、$\boldsymbol{F}^k$、$\boldsymbol{M}^k$、$\boldsymbol{P}^k$ 之间的互为主体运用;混合任务决策指的是同时具有同层和跨层互为主体运用。本节分别对同层任务决策、跨层任务决策和混合任务决策展开研究。

3.3.1　同层任务决策模式

同层任务决策是最基础的互为主体运用方式,指在执行单个任务时,对航空集群内部平台、功能或资源中某一个层级内部元素的调度和协同,举例如下。

1. 功能之间的同层决策

航空集群平台所搭载的载荷不同,可能同时具有多种功能,例如,信号接收和信号发射,则需要根据当前时刻的具体情况进行功能的选择和转换。在航空集群协同定位中,随着定位体制的变化、航空集群平台与目标之间相对位置或战术意图的变化,同一个平台往往需要进行信号接收和信号发射功能的同层决策。

2. 平台之间的同层决策

航空集群平台作为执行作战任务的实体单元,平台之间的同层决策是最为常见和广泛的。例如,平台空间位置构成的空间构型往往会影响到侦察效率、定位精度、电子干扰和火力打击效果,因此对平台空间构型的优化就是平台间同层决策的典型运用。

3. 任务之间的同层决策

典型的航空集群任务转换关系[240]如图 3.9 所示。

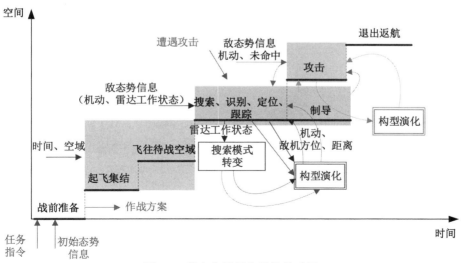

图 3.9　航空集群任务转换关系图

当集群抵达待战区域后,首先进行目标搜索与探测任务,一旦发现目标即对该目标进行定位跟踪。当定位跟踪精度满足需要时,可以依据战术需要进行干扰或者攻击;如果目标丢失,则重新进行搜索与探测[241]。任务级互为主体应用贯穿于整个集群作战侦察、干扰、探测、通信、攻击、管理和评估的任务转换之间,依据每个时刻的战场态势,集群不断进行着作战任务和对抗措施的决策和转换。例如,在侦察探测阶段,我方集群主要对敌方目标进行协同搜索和定位跟踪;当集群感知到敌方雷达开机,对我方平台处于跟踪乃至锁定模式时,我方战机的生存受到较大威胁,此时我方平台应立即采取自卫干扰等措施,集群任务就发生了转换[242]。

3.3.2 跨层任务决策模式

跨层任务决策比同层任务决策在复杂性上更进一步,指在执行单个任务时,对航空集群内部平台、功能、资源的调度和协同,举例如下。

1. 有源定位跟踪

在执行定位跟踪任务时,为获得更优观测,可以发挥集群分布式平台的优势,通过对定位构型和发射波束进行联合优化,提高定位跟踪的精度[95],如图 3.10所示。

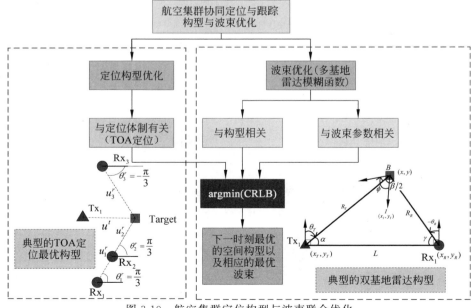

图 3.10　航空集群定位构型与波束联合优化

其中,在功能级层面,可以基于互为主体思想来确定每个时刻平台的功能是发射波束还是接收目标回波;在信息级层面,波束的优化既涉及定位构型又涉及波束参数,需要异质信息的联合处理;在资源级层面,软件资源要实时处理以最小化克拉美罗界(CRLB)为优化准则的最优构型和波束参数的计算更新,硬件资源要实时根据软件资源的处理结果进行构型调整和波束发射,关联资源和泛在节点也在这样的迭代更新中不断地进行分配调度,以达到航空集群定位构型与波束的联合优化,从而大幅度提升集群整体的态势感知能力和作战效能。

2. 闪烁探测

运用航空集群对目标进行闪烁探测是一种既提高定位精度又保护自身安全的探测方法,在每个时刻选择哪部机载雷达开机工作、如何有效处理和融合各部雷达的数据、如何根据布站的几何关系进行波形选择和优化、如何分配每部雷达所探测跟踪的辐射源等都是需要考虑的问题。从互为主体角度出发,可以为上述问题的解决提供思路。

航空集群机载雷达在空中可以形成分布式雷达组网,采取一发多收的闪烁探测形式,每部雷达可以工作在主动/被动工作模式,如图 3.11 所示。

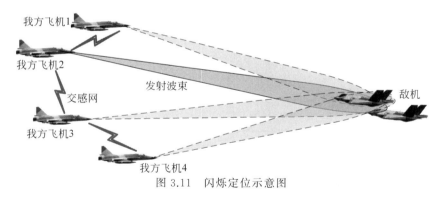

图 3.11　闪烁定位示意图

在进行闪烁探测时,由发射机与接收机平台共同组成,角色分工不同:发射机作为发射主体通常位于战场的后方,处于较安全范围,起到主动发射、数据处理与指挥控制中心的作用;多个接收机平台作为接收主体处于战场前方,与发射机保持一定距离,主要负责接收从目标反射的回波信息,接收机不主动发射电磁波,隐蔽性好,从而保证平台的安全性。闪烁探测在性能上优势互补,分工协作,充分发挥各自能力,进一步扩大空中的纵深探测范围,延伸作战半径。同时各个平台之间通过交感网达到信号/信息实时共享能力,为闪烁探测提供基础支撑。

在实际的闪烁探测过程中,不同时刻雷达与目标之间的构型、发射机与发射波束的选择不同,则直接影响到对目标的跟踪精度。因此在闪烁探测的过程中,为了提高探测精度,需要从三方面进行优化:在功能层面,需要对发射机和接收机进行选择,即发射主体和接收主体,是实现闪烁探测的关键;在资源层面,发射机根据目标环境的感知,对发射波束进行优化选择;在平台层面,需要优化发射机、接收机和目标之间的空间构型,从而进一步提升探测精度。以上三方面分别对应不同层面主体的选择与转换,闪烁探测就是功能、资源和平台级跨层任务决策的过程。

3.3.3　混合任务决策模式

混合任务决策是指涉及两项或两项以上作战任务时,既有同层任务决策,又有跨层任务决策的运用方式。此时任务之间存在选择与转换关系,航空集群执行每项任务时又对集群内部平台、功能、资源进行选择与转换,既有任务的合作与竞争,又有平台、功能与资源的合作与竞争,是互为主体在航空集群任务决策中的综合运用。

美军小精灵和忠诚僚机等作战构想中,未来无人机集群可搭载在运输平台上,从高空直接抛撒至作战区域上空执行任务。对地面高价值目标的定位和干扰是集群作战的主要任务之一。如图 3.12 所示,是协同侦察与干扰过程中的作战事件示意图。该实例涉及多个层面的互为主体运用,具体如下。

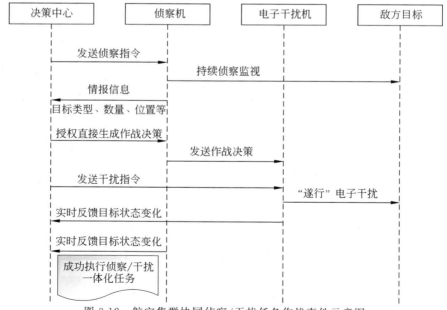

图 3.12　航空集群协同侦察/干扰任务作战事件示意图

（1）在资源层面，软件资源涉及信号分选、参数估计、波形优化等算法和软件；硬件资源如 DRFM、发射机、接收机、干扰机等相关硬件；关联资源如计算资源；泛在节点如搭载了不同载荷的多种无人机平台。

（2）在功能层面：涉及波束发射、信号延时转发、信号接收、信号参数估计等多种功能。

（3）在信息层面：涉及无人机间通信、目标定位、电子干扰信息等。

（4）在任务层面：涉及目标定位任务和电子干扰任务的转换，其中，电子干扰任务又可以分为压制干扰任务和欺骗干扰任务。

认知电子战是建立在具备自主学习能力与智能处理能力的电子战装备基础上，具有认知能力的电子战新形态。相比传统电子战，认知电子战的新特点主要在于"认知"能力贯穿于作战全过程全要素，其本质可看作人工智能与电子战的应用结合，装备对电磁环境的实时感知能力、应对干扰的快速反应能力大幅提升，关键技术和主要优势主要可以归纳为以下几点。

1. 认知侦察和判断

能够进行对战场电磁环境的自主学习和训练，建立持续更新的雷达情报知识库，自动存储和智能化判定目标的状态信息，有效感知和识别未知辐射源信息和状态，为后续的威胁等级排序、对抗措施制定、干扰资源分配和作战效能评估提供先验信息和数据支撑。

2. 认知决策和资源调度

不同于传统电子战事先加载对抗策略和资源调度方案的固化模式，认知电子战具备自主制定和生成对抗措施的能力，合理分配和调度电子资源，系统自身不断学习和进化，最大化作战效能。

3. 认知评估

根据目标状态的转换等信息，实现自主作战效能评估，形成实时更新的闭环反馈，指导系统在作战过程中的不断完善和进化。

为了对抗雷达组网，电子战也从单一平台转向多平台协同工作模式。侦察是电子战的前端环节，也是为后续态势感知、资源管控、干扰策略制定、干扰效果评估等环节提供情报支持、先验知识和数据支撑的基础和关键。相比单一平台侦察，多平台协同侦察能够获得时域、频域、空域上更为全面的目标信息，特征更为完备，并且在增强系统容错能力和生存能力的同时降低信息获取的时间代价。为获得较好的侦察效果，需要根据目标位置、状态等情况动态调整侦察平台的空间构型，指定不同时刻的平台作为发射机或接收机，选择发射信号波形，制定平台间信息融合规则等,即侦察平台间在信息级的互为主体,如图 3.13 所示。

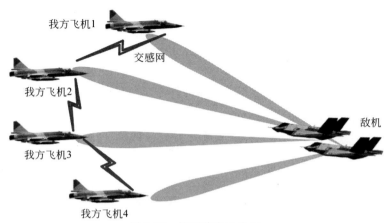

图 3.13　协同侦察示意图

雷达和电子战技术自诞生以来就是动态博弈的"矛"与"盾",在相互对抗中促进双方的作战技术发展。从非合作双方来讲,雷达和电子战是处于对立的两方,但是对于航空集群和一体化电子战而言,在作战一方中的雷达和电子战是有机整体,根据敌我态势进行动态调整。在这种情况下,雷达和电子战共享电子资源,在不同任务阶段和作战平台间互为主体。如何处理好共享孔径功能间的协调、隔离和控制,并在适当的时机选择合理的共享波形,是重点和难点问题。互为主体的思想可以为解决该问题提供思路和指导。根据不同任务的优先级和需求特点,对现有的电子资源进行合理调度。

雷达和电子战结合,可以充分发挥各自的优势,互相弥补不足,大幅提升作战效能。电子对抗设备的目标探测距离远大于雷达,目标识别能力更强,可对目标进行跟踪识别、威胁告警并引导雷达的探测方向,使雷达以最短时间工作,并能在雷达受到干扰的情况下对目标探测和跟踪。雷达能够主动探测目标,准确测定距离和方位并进行跟踪,但是一旦开机很容易暴露自己进而遭受打击。在雷达-电子战一体化中,侦察干扰一体化是目前的研究热点,其中,在硬件上实现模块和孔径共享、在信号层面实现波形共享是两大关键技术,能够大幅度节省软件和硬件资源。

如图 3.14 所示,随着空战任务阶段的变化,依据对敌方的态势感知,我方战机不断进行着雷达和电子对抗措施之间的转换,即任务级的互为主体。例如,在远距搜索和探测阶段,我方进行闪烁定位和协同探测;敌方雷达处于跟踪或锁定模式时,对我方战机构成了较大威胁,我方采取自卫干扰措施。

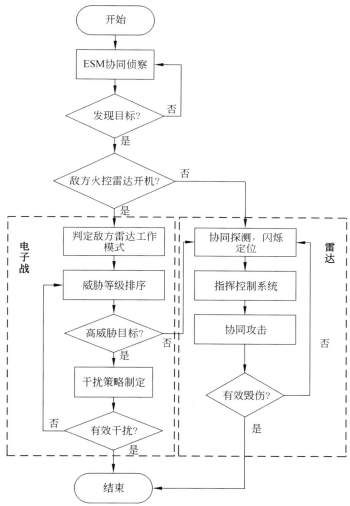

图 3.14　雷达与电子战互为主体示意图

3.4　航空集群作战互为主体任务决策流程详解

如图 3.15 所示是航空集群一体化任务过程的互为主体实现流程。任务级层面需要根据集群当前的任务活动以及作战目标,基于互为主体思想分析并提取下一时刻任务对集群节点的任务需求,形成任务列表,该列表可以是预先规划的,也可以是根据战场态势实时调整的。对于需要多节点协同才能完成的任务,基于互为主体思想选择出每个时刻的任务主体,从资源层面、信息层面和功能层面以最大化作战效能为原则,在集群总体资源的约束下,进行任务决策和资源调度。当集群任务发生转换时,部分资源和功能可以进行瞬变调整,而空间构型、节点位置等受到节点物理属性约束的因素不能瞬变,此时可以分析任务之间的互牵引情况,从而实现不同任务下的主体切换。

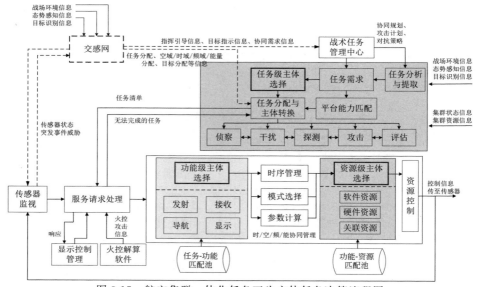

图 3.15　航空集群一体化任务互为主体任务决策流程图

如图 3.16 所示,是兰德公司给出的多域作战指挥控制总体流程图,分为任务决策、资源选择和任务执行三个层级。其中,任务决策由分布式通用系统战斗序列指导智能行动,进行动态目标决策,并给出多域行动规划。资源层包括信息搜集、战斗支援、目标打击等部分,根据任务需求进行资源选择,即考虑是否具有完成任务需要的能力,这一步骤也是多域行动规划的首要环节。资源选择的原则是最小化代价,依据该原则从所有备选方案中进行选择和决策,确定要执行的方案。任务执行层涉及多个作战域,一旦执行了选定方案,ISR 系统指挥控制系统就根据执行效果进行下一步资源选择的重新规划,同时战斗管理系统开始打击行动,并支持任务重规划,得到决策中心许可后进入下一轮流程迭代。此外,行动的效果要进行效能评估,从而为完善提高指挥控制系统提供反馈,也可用于事后分析。图 3.15 中的任务级主体、功能级主体和资源级主体可运用人工智能(Artificial Intelligence,AI)算法进行选择。

可以看出,虽然用词不同,但是兰德公司提出的该流程完全契合互为主体思想。尤其是多域行动规划对应了任务决策方法,基于最小化代价的资源选择对应互为主体中的主体选择,指挥控制系统重新规划对应了任务决策随着态势变化进行的自适应调整。此外,"可运用 AI"表明了决策过程对灵活性和智能化的需求,而互为主体思想的优势就在于其灵活性和认知过程,实施过程中通过集群智能算

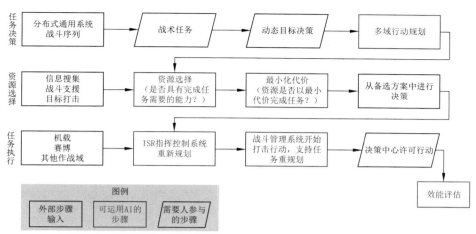

图 3.16 现代化指挥与控制系统用于多领域压制敌方防空

法的运用也可以进一步加强这种特点。综上所述,本书所提出的基于互为主体思想的任务决策方法在发展方向和问题认知上与前沿理念基本一致,能够进行对照分析和研究。

如图 3.17 所示,是主体转换与运用的总体流程。在收到作战任务或目标信息时,首先分析任务需求对应的集群能力和资源,建立任务-资源-能力匹配池,这也是实现集群作战运用中资源的灵活聚合解聚、即时聚优的基础。

集群内各个节点收到任务需求后,从匹配池中选出具备相应能力或资源的节点,成为主体候选人,其余不具备节点则保持原状态不变,其节点资源或能力用于其他任务。其次,综合考虑节点能力、空间构型、控制难度等多种因素,从主体候选人中选择出最优匹配,最适合该时刻执行该任务的节点和相应资源,赋予其领导权成为执行任务的主体,注意这里的主体含义包括资源级、信息级、功能级、任务级等多个层级。然后,主体遂行任务,并通过战场态势感知判断是否产生态势变化或任务状态变化,若无则继续遂行任务,若产生变化则重新发布任务需求和目标信息,重新进行能力匹配和主体选择。除了任务主体之外的其他集群节点和资源服从任务主体的领导,领受任务并进行全局资源调度。若资源能够继续满足任务需求则正常遂行任务,若不能则进行信息报告和反馈,促使集群进行调整。

假设 k 时刻当前的主体为 $\boldsymbol{S}^k = \{\boldsymbol{R}^k, \boldsymbol{I}^k, \boldsymbol{F}^k, \boldsymbol{M}^k, \boldsymbol{P}^k\}$,对应的主体构建与重构准则为 $f(\cdot)$,环境约束集为 $\boldsymbol{C}^k = \{\boldsymbol{R}^k, \boldsymbol{I}^k, \boldsymbol{F}^k, \boldsymbol{M}^k, \boldsymbol{P}^k\}$,可以得到 $k+1$ 时刻主体选择通用结果为

$$\begin{cases} \boldsymbol{S}^{k+1} = \text{optimize} \quad f(\boldsymbol{S}^k) \\ \text{s.t. } \boldsymbol{C}^k = \{\boldsymbol{R}^k, \boldsymbol{I}^k, \boldsymbol{F}^k, \boldsymbol{M}^k, \boldsymbol{P}^k\} \end{cases} \tag{3.1}$$

因此,本书重点针对不同层级主体选择、主体构建与重构准则、决策流程等方面进行研究。如图 3.18 所示,基于互为主体的决策机制实现步骤如下。

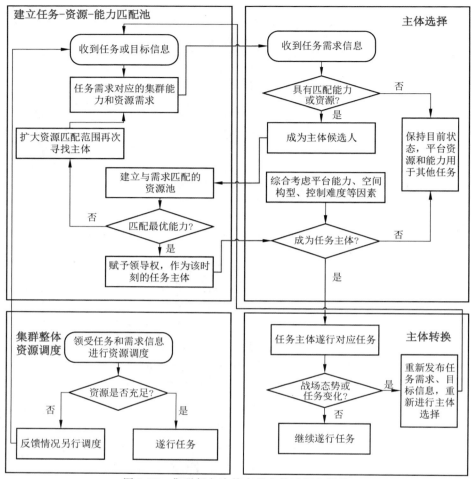

图 3.17　集群任务决策中的主体选择和转换

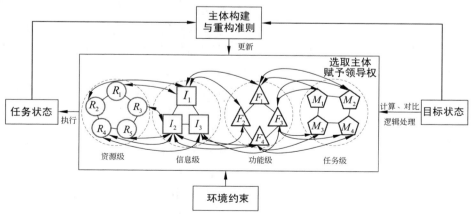

图 3.18　互为主体的决策机制

步骤 1：按照任务、环境、目标的多项约束，根据系统论、信息论、控制论等相关理论知识，以最大化系统效能为目标，通过计算、对比和逻辑处理，选取 k 时刻在资源层、信息层、功能层和任务层等不同层级中的初始主体。

步骤 2：赋予初始主体在 k 时刻的领导权，选取 k 时刻的算法主体，执行在 k 时刻环境和目标约束下的任务，得到 $k+1$ 时刻任务的新状态。

步骤 3：将 $k+1$ 时刻的任务新状态与目标状态进行比较，根据状态差异的变化，重新选取 $k+1$ 时刻的各层级新主体，新主体可能与 k 时刻相同也可能不同，这时领导权可能产生变化，但不变的是主体选取原则，即最大化系统效能。

步骤 4：按照上述流程迭代计算，任务过程中每个时刻都选取最适合当前任务和目标状态的主体赋予领导权并遂行任务，直至解决问题。

综上所述，归纳出互为主体决策机制的优势在于以下几方面。

（1）形成一种新的决策权力分配方式，系统自主规划和治理，领导权因时因地而变。

（2）弥补单一平台在观测时间、位置、数据等方面的不足，使获取的信息更为完备，互为补充，并且当其中某个节点受到打击和毁伤时，整个系统仍能继续工作。

（3）弥补单一平台与对方单个平台或集群的能力差距，通过互为主体的运行机制实现能力涌现。

小结

本章首先针对航空集群作战典型任务，分析了任务时序、典型战术和作战场景，提出了航空集群作战远景目标；其次针对主体的重构方法，划分了重构类型和触发机制，提出了主体重构的原则和目标；然后给出互为主体在航空集群典型任务中的三种运用方式，分别为同层、跨层和混合任务决策；最后提出航空集群作战互为主体任务决策流程，为运用互为主体决策机制解决具体问题提供理论和机制支撑。

第4章 航空集群典型同层
任务决策——协同搜索

同层任务决策指的是对相同层级主体之间协同行为的决策。航空集群作战运用中,任务决策以最大化作战效能为目标,其准则就是从任务需求出发,在满足任务约束的前提下对主体的协同方式进行优化。在同层互为主体中,集群内作战平台作为执行任务的物理实体,是最常见和最易实现的主体之一。在航空集群典型作战任务中,侦察任务位于 OODA 环的首要环节,通过侦察可以得到敌方目标的部署情况,摸清敌方军事意图,为我方军事行动提供情报支撑和决策依据。同时,当前战争中的地面目标往往以群的形式出现,目标之间通常相互关联或具有组织关系,侦察需求更为复杂。

多无人机执行侦察任务具有如下优势:①可以利用相互协作完成更大区域的搜索任务;②可以避免因个别无人机出现问题导致任务无法完成;③可以并行执行任务,缩短任务执行时间,适合时间紧迫的任务场景等。但是使用多架无人机共同执行搜索任务,如何合理地分配任务,如何降低对一个区域的重复搜索以及如何保障无人机在执行任务过程中的安全性,这些问题都亟待解决。因此,本章针对协同搜索进行航空集群典型同层任务决策研究,以无人机平台为主体,给出了面向打击任务、面向监视任务和面向精细侦察任务这三种作战需求时主体的选择和转换。

4.1 航空集群协同搜索中的主体选择与转换方法及流程

4.1.1 协同搜索问题分析

随着无人机在军事和民用领域应用越来越广泛,在搜索侦察任务场景下单个无人机因机载传感器感知范围有限等原因不能完全胜任这一任务,故需要使用多架无人机进行协同搜索。如何控制多架无人机相互协作高效完成对任务区域的侦察搜索任务,此研究具有重要的现实意义。

随着现代信息化战争不断推进,信息就是资源,想要夺取制胜先机,准确及时地侦察情报是关键。因此,各国都将 ISR 能力建设作为重点发展的军事目标之一。在 2019 年情报与国家安全联盟峰会上,美军提出现有 ISR 能力还不具备在灰色地带和高度对抗环境下支持作战的能力。为了加强 ISR 建设,美国空军推出了系列举措,例如,人工智能战略[243]、《下一代 ISR 优势飞行规划》、ISR 再平衡、协作传感网络等[244]。2020 年 6 月 CRS 发布的《大国竞争时代下的 ISR 设计》报告中指出,需要在军事现代化建设中优先考虑提升 ISR 能力,以便在未来跨域作战中能够将所有作战域的 ISR 传感器直接与指挥官和武器系统连接起来加速共享数据[245]。

面向战术任务的协同搜索是无人机集群侦察任务的重要组成部分,也是提高 ISR 能力的关键技术之一。无人机集群搭载任务载荷进行对任务区域的侦察工作,获取目标位置、数量、类型等目标情报,是无人机的典型作战应用。针对战场环境复杂、非预知、时变等特点,在感知信息有限的情况下,将集群智能方法应用到协同搜索问题中,是提高集群侦察和战场感知能力的有效途径和可行方向。

为实现信息和资源的灵活聚合和作战节点间的深度协同,未来作战的集群化发展趋势明显,不仅对于进攻方如此,被打击的地面目标也常以群的形式出现[246,247]。目前,国际上尚未对群目标形成统一的定义[248],但是相关研究给出了关于“群”的概念和描述。文献[249]将群的特点表述为目标间距满足一定的约束条件,并且在一段时间内目标之间的相对位置比较固定;文献[250]指出群的特点在于其保持相对确定的运动模式,并根据目标数量、传感器是否能获得所有个体信息以及是否能够对群的内部关系进行建模,将群目标分为大群和小群两类。文献[251]指出广义的群目标是一个有组织、相互关联的目标集合体,根据群内目标个体间的相互影响情况(例如是否会发生碰撞)划分为稠密目标群和稀疏目标群。本书将按照一定的方式协调运动或具有相似运动模式的多个目标组成的、以群的形式聚集的目标整体称为群目标[252,253]。

群目标搜索是作战应用的典型场景之一,常见的群目标有编队目标、阵群目标、密集多目标等,例如,装甲编队、车辆编队、装备阵群、驻扎点、人群等。群结构可分为外部结构和内部结构,其中,外部结构指的是群目标整体的空间分布情况,是快速侦察的重要关注内容;内部结构指的是群内目标间的相互关系,是精细侦察的重要内容。此外,不同的侦察搜索任务需求对搜索策略的要求不同,对侦察的精细程度、灵活程度等需求也不同。文献[254]提出了一种优化搜索区域划分的方法,并生成有效的扫描轨迹来完成对区域的覆盖搜索;文献[255]中将搜索任务区域转换为一个圆形区域,接着将该区域划分为几个子区域,这样就转换成了单无人机的覆盖搜索路径规划问题,最后由每一架无人机分别执行搜索任务以此来完成多无人机覆盖搜索路径规划问题;文献[256]提出了将多边形的任务区域进行分解,然后给每个子区域分配一架无人机,每架无人机通过扫描线的方式完成子区域的搜索,这个思路大大简化了多无人机的覆盖搜索,是一种有效的搜索策略。文献[257]针对单无人机的区域覆盖问题提出了基于生成树覆盖的方式,但是对环境区域有一定的要求,覆盖不够完全。当目标信息部分已知时,文献[258]通过建立搜索概率图来描述环境的不确定性,然后基于最大化信息增益进行决策,完成对多无人机协同实时目标搜索;文献[259]运用搜索理论完成了多无人机对任务区域中静止目标进行搜索,以搜索域上的回报率作为搜索路径选择的标准;文献[260]通过引入数字荷尔蒙机制的方式增强了多无人机之间的协作能力;文献[261]考虑了通信约束条件下的多无人机协同搜索问题,通过状态信息补偿的方式来弥补通信时延带来的问题;文献[262]以对运动的目标建立动态目标运动模型的方式解决了搜索区域中目标是否运动的情况。基于此,本书总结出无人机群侦察任务的三种典型战术任务:服务于打击任务的目标搜索,需要无人机群发现并找出目标聚集密度最大的区域,从而使得相同武器杀伤半径内的目标数量最多,最大化杀伤效能;对威胁程度较高的目标进行搜索,则需要无人机群搜索航迹尽量灵活机动,使得敌方无法摸清我方飞行规律,难以跟踪或锁定,从而在实现侦察的同时提高我方无人机群的生存率;针对高价值敌方目标进行精细侦察时,需要无人机群采用全覆盖搜索方式,提供精确的敌方目标位置和数量信息。

4.1.2 主体选择与转换方法

如图 4.1 所示,为协同搜索中的主体选择与转换流程。

当无人机间没有建立通信时,每架无人机都在进行独立搜索,此时每架无人机都是搜索主体;当无人机间满足通信距离约束产生信息交互时,面向不同战术任务的搜索策略对应不同的行为需求:面向打击任务的搜索策略需要无人机尽快找到目标密度最大的区域,建立通信的无人机会产生相互吸引的趋势,一方面加快搜索速度,另一方面也起到集结的作用;面向监视任务的搜索策略需要无人机灵活机动,通过多次快速穿越群目标上空收集目标信息,建立通信的无人机会产生相互排斥的趋势,一方面为了扩大搜索空间提高搜索效率,另一方面避免被敌方稳定跟踪或锁定;面向精确侦察的搜索策略需要对群内的目标进行全覆盖侦察,为了避免重复或遗漏,同时为了提高全局搜索效率,建立通信后每个目标群只留下已经发现较多目标的无人机继续搜索,其余无人机离开当前目标群,对区域内其他目标群开展搜索。对于每个目标群而言,搜索主体会依据上述过程进行自主选择和转换。

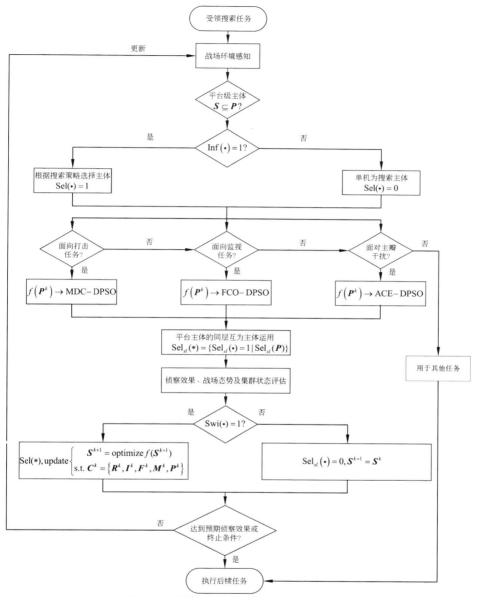

图 4.1　协同搜索中的主体选择与转换流程

4.2　协同搜索模型构建方法及实现

多无人机协同搜索目标是找到任务区域中目标的位置,精准定位目标,此时可以根据对目标位置信息的了解情况进行分类。当目标位置信息完全未知时,使用区域覆盖的方式进行搜索,将整个区域进行全方位覆盖,利用无人机的传感器去探测目标。当目标位置信息部分已知时,为节约成本,可以使用目标位置信息的先验信息给整个任务区域建立目标概率图模型。

本章主要研究无人机集群执行侦察任务,地面目标以目标群的形式出现,且无人机在无先验信息的情况下进行搜索路径规划。借助区域分割的思想,首先根据无人机的数量以及初始位置完成对任务区域的划分,给每架无人机单独划分一块区域,此时多无人机的区域覆盖搜索任务就转换成了单架无人机的区域覆盖问题,这样就降低了求解问题的复杂度。这里对区域分割有一定的要求,因执行任务的是同构无人机,每架无人机的性能基本相同,所以要保证划分的每个子区域面积大致相等并且子区域内部连续,这样有利于提高多架无人机覆盖搜索的效率。基于此,本章对搜索场景、无人机平台和搜索任务等建模如下。

4.2.1　侦察任务模型

无人机集群以群目标为侦察对象,以战场态势和前沿军情为宏观向导,执行集群协同自主侦察任务。任务目标是在没有先验信息的情况下对作战区域进行协同搜索,发现尽可能多的目标,以满足以下战术意图。

(1)为火力打击做准备的快速侦察。无人机需要在固定探测范围和火力打击范围内,搜索敌方区域,找到目标并集结到目标密度最大的区域,以最大化后续的毁伤效能。

(2)为提高生存率的快速侦察。无人机需要以灵活机动的方式搜索敌方区域,在侦察敌方目标的同时,使敌方设备难以跟踪我方无人机,提高己方生存力。

(3)高精度侦察。无人机需要对侦察区域进行全覆盖的精细搜索,对区域内所有目标实现精确发现。

无人机集群执行搜索任务场景如图 4.2 所示,做出以下相应假设。

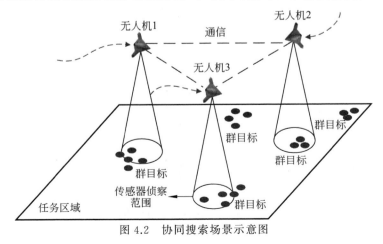

图 4.2　协同搜索场景示意图

（1）假设搜索区域的地形是相对平坦的，光学传感器探测范围在地面上的投影可以简化为固定形状，从而在二维空间中进行问题求解。

（2）在无人机进行目标搜索时，无人机与搜索区域采用相同的坐标系。

（3）目标以群的形式出现，区域内有若干随机分布的目标群。

（4）无人机集群没有关于目标群位置与分布的先验信息。

（5）在进行区域覆盖和目标搜索过程中各个无人机的通信形式采用拓扑结构，将无人机抽象为一个点，通信能力抽象为一条线，从而形成由点和线组成的几何图形的集群拓扑结构。

4.2.2　无人机运动模型

无人机作为遂行侦察任务的物理实体，其运动模型应该符合一定的平台性能约束。本章考虑无人机性能如下。

（1）无人机装备有短程无线通信设备，当无人机间距离小于通信距离上限时，能够建立机间通信链路并进行信息交互。

（2）无人机的机载光学传感器在地面上的探测范围投影近似为圆形。

（3）假设无人机在任务区域上空等高度飞行，将其视为在二维平面内的质点，则无人机运动方程为

$$\begin{bmatrix} x_i(k+1) \\ y_i(k+1) \end{bmatrix} = \begin{bmatrix} x_i(k) \\ y_i(k) \end{bmatrix} + v_0 \Delta t \begin{bmatrix} \cos\varphi_i(k) \\ \sin\varphi_i(k) \end{bmatrix} \tag{4.1}$$

其中，无人机在 k 时刻的位置为 $[x_i(k), y_i(k)]$，v_0 为无人机速度，Δt 为时间步长，φ_i 为航向角。

4.2.3　无人机传感器模型

无人机利用传感器对目标进行探测，常见的传感器有红外传感器、激光雷达等。传感器模型主要考虑以下几个因素：p_d、p_f、$d_{\max}$、$d_{\min}$，分别表示传感器准确探测到目标的概率、传感器误探测目标的概率、传感器探测的最大距离。传感器探测的最短距离，传感器的探测模型可以简化为式（4.2）表示。其中，$p(b(t)|d_t)$ 表示传感器探测到目标的概率；$b(t)$ 表示传感器的探测结果，当 $b(t)$ 为 0 时，传感器未发现目标，反之则发现了目标；$p_d, p_f \in [0,1]$。当无人机和目标位置小于 d_m 时，此时能够探测到目标，但是传感器存在精度问题，因此探测到目标的概率为 p_d，如图 4.3 表示了式（4.2）对于传感器探测到目标概率和传感器目标之间距离的关系。

$$p(b(t) \mid d_t) = \begin{cases} p_d & d_t < d_{\text{in}} \\ p_d - \dfrac{(p_d - p_f)(d_t - d)}{d_{\text{out}} - d_{\text{in}}} & d_{\text{in}} < d_t < d_{\text{out}} \\ p_f & d_t > d_{\text{out}} \end{cases} \tag{4.2}$$

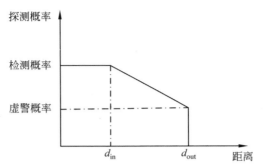

图 4.3 传感器探测到目标的概率和与目标距离之间的关系

4.2.4 无人机自身约束模型

在多无人机航迹规划过程中,无人机需要满足自身性能约束,包括:最大偏航角 $\Delta\phi_{\max}$,最大导航距离 $S_{\max}$,最小飞行速度 $v_{\min}$,最大飞行速度为 $v_{\max}$,最大航程 $L_{\max}$ 等。

(1)最大偏航角 $\Delta\phi_{\max}$:表示生成的无人机航迹以小于或等于预先设定的最大转弯角范围转弯,满足性能约束。

假设无人机沿 x 轴正方向飞行,无人机的当前节点是 (x_1,y_1),下一个节点是 (x_2,y_2),两个节点的坐标必须满足不等式(4.3)。

$$\left|\arctan\left(\frac{y_2 - y_1}{x_2 - x_1}\right)\right| \leqslant \Delta\phi_{\max} \tag{4.3}$$

(2)最大导航距离 $S_{\max}$:表示两个相邻轨迹匹配节点之间所允许的最大航迹长度。无人机的纠偏只有在经过轨迹匹配节点时才能进行,因此需对航迹上两个相邻轨迹匹配节点之间的最大距离进行限制。

(3)飞行速度 v:无人机在飞行过程中有速度要求,记当前无人机的速度为 v,最小飞行速度为 $v_{\min}$,最大飞行速度为 $v_{\max}$,则该约束可表示为式(4.4):

$$v_{\min} \leqslant v \leqslant v_{\max} \tag{4.4}$$

(4)最大航程 $L_{\max}$:由于无人机在飞行过程中受到能源供给或者飞行时间的限制,无人机的航迹总长度相应地也会受到限制,无人机需要在能源耗尽前安全返回,即无人机航程受到限制,表示为式(4.5):

$$L \leqslant L_{\max} \tag{4.5}$$

(5)最大转向率 $\omega_{\max}$:在保证生成的无人机航迹以小于或等于预先设定的最大转弯角基础上,无人机飞行还需满足最大转向率约束,表示为式(4.6):

$$|\omega_i| \leqslant \omega_{\max} \tag{4.6}$$

4.2.5 协同搜索约束模型

在多无人机协同搜索过程中,为实现对目标的搜索侦查,无人机飞行过程需要满足多种约束,除上述研究的无人机自身约束条件外,还需要满足目标数量、无人机数量、无人机资源及其无人机控制输入饱和约束等条件,具体约束如下。

1. 追踪目标数量约束

多无人机协同搜索过程中,要求搜索目标 j 所需无人机数量不能超过多无人机自身最大数量 M_m,具体约束为数学表达式(4.7):

$$\sum_{j=1}^{N_m} x_j \leqslant M_m, \forall i \in I \tag{4.7}$$

其中,N_m 表示搜索目标数量;x_j 表示有效搜索目标 j 所需无人机的数量。

2. 无人机数量约束

多无人机协同搜索过程中,部分搜索目标 j 需要指定数量的无人机 y_{ij} 协同,即无人机数量约束,具体约束表示为数学表达式(4.8):

$$\sum_{i=1}^{N_n} y_{ij} \geqslant L_j, \forall j \in J \tag{4.8}$$

其中,y_{ij} 表示搜索目标 j 的无人机数量;N_n 表示搜索任务总量;无人机数量需要满足任务所要求的无人机数量 L_j。

3. 无人机资源约束

对于无人机 i 和搜索目标 j,$x_j^i = 1$ 表示无人机 i 参与搜索目标 j;$x_j^i = 0$ 表示无人机 i 未参与搜索目标 j。c 表示搜索目标任务联盟,联盟中所有无人机 $u^j \subseteq U^j$ 的各项资源 r_{jl}^u 需满足待搜索目标 t_j 的追踪需求 r_{jl}^t,具体如式(4.9):

$$\sum_{i=1}^{N} x_j^i r_{jl}^u \geqslant r_{jl}^t, l = 1, 2, \cdots, N_r \tag{4.9}$$

4. 无人机控制输入饱和约束

在协同搜索过程中,无人机需要满足控制输入饱和约束,即速度最小最大控制输入、转向率最大控制输入等,上述约束可定义为式(4.10)与式(4.11):

$$u_{v_{\min}} \leqslant u_v \leqslant u_{v_{\max}} \tag{4.10}$$

其中,$u_{v_{\min}}$ 表示无人机的速度最小控制输入;$u_{v_{\max}}$ 表示无人机的速度最大控制输入。

$$|u_\omega| \leqslant u_{\omega_{\max}} \tag{4.11}$$

其中,$u_{\omega_{\max}}$ 表示无人机的转向率最大控制输入。

4.2.6　协同搜索性能指标

在多无人机协同搜索过程中,为满足精确搜索性能,往往期望无人机和目标的距离越短越好,但在实际的复杂战场环境中,障碍物及其环境威胁对无人机视线通常存在遮挡,距离最短作为性能指标并不是满足监控要求的合适指标,本章采用目标覆盖度作为指标函数。即以最大化目标覆盖度作为战场环境中对目标搜索的评价指标。

1. 多无人机观测覆盖度性能

在实际复杂战场环境中,无人机视线常常被部分环境障碍遮挡,仅考虑无人机与搜索目标相对距离作为侦察性能指标,无法合理表述多无人机协同搜索的实际优劣。基于此,本章使用目标覆盖度指标优化无人机协同搜索目标决策。

多无人机协同搜索目标观测覆盖度:当无人机处于目标可视域范围时,目标才有可能被检测到,当目标进入无人机传感器探测范围时,无人机传感器才有能力探测到目标。使用目标可视范围与传感器探测范围的交集来表示目标覆盖域,规避了环境障碍对于无人机视线的遮挡,确保多无人机编队对搜索目标的有效探测与侦察。

当部分环境障碍物遮挡下的目标覆盖域为不规则多边形时,取多边形的最大内切圆作为目标可视域,同时设定机载传感器探测范围为圆形,进行目标覆盖域确定。

图 4.4 为目标可视域和传感器探测范围交叉构成的目标覆盖区域图。由图可知,目标覆盖域半径与无人机传感器探测范围半径相同,当搜索目标处于无人机传感器探测范围内时,目标一定可以被探测到。由此给出无人机性能指标形式为式(4.12):

$$\max f_1^i = P_i \cdot P_T \tag{4.12}$$

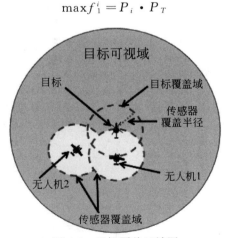

图 4.4　目标覆盖区域图

其中,P_T 为目标出现在预测位置的概率,当目标运动状态已知时,其值为 1。P_i 为目标被探测到的概率,计算式为式(4.13):

$$P_i = \eta \exp(-c((x_i - x_t) \wedge 2 + (y_i - y_t) \wedge 2)) \tag{4.13}$$

其中,(x_t, y_t) 表示目标的位置坐标,c, η 表示可调参数。

2. 多无人机避碰性能

为了避免无人机进入禁飞区、飞出任务区域以及无人机之间的碰撞问题,本章引入地理围栏进行边界处理。地理围栏用于描述无人机可飞区或者禁飞区的虚拟边界[263],本章运用的地理围栏分为静态和动态两种。动态地理围栏指的是以每架无人机为中心设置一定的安全距离,以防止无人机之间的碰撞,作为集群内部平台间的防相撞机制。静态地理围栏又分为禁入地理围栏和禁出地理围栏,作为无人机飞行过程中边界处理的有效机制,目的是保证无人机在授权空域内飞行。本章中,禁入区是需要避免无人机进入的危险空域,禁出区是待侦察区域对应空域的边界。

在本章的应用场景中,无人机需要尽可能快地发现目标,这也就要求无人机需要尽量扩大搜索。因此,引入一个随机折返方向作为无人机触发地理围栏的响应,如图 4.5 所示。

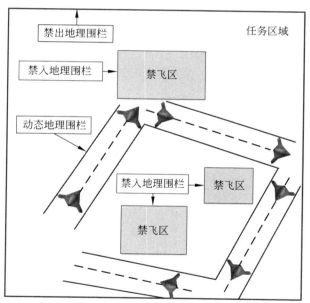

图 4.5　侦察任务中的地理围栏

1) 无人机之间的防碰撞性能指标

假定多无人机可以实时获取自己与其他无人机的距离,采用欧氏距离 $d_{ij}(k)$ 表示两架无人机间的距离,则无人机之间防碰撞性能指标表示为式(4.14):

$$d_{ij}(k) \geqslant 2R, \forall_{i \neq j} i, j \in \{1, 2, \cdots, N_v\} \tag{4.14}$$

2) 空间障碍防碰撞性能指标

设障碍 j 为以 o_{rj} 为半径的圆形,中心坐标为 (o_{xj},o_{yj}),障碍物集合为 $O_a=\{1,2,\cdots,N_o\}$,则防碰撞性能指标表示为式(4.15):

$$\sqrt{(x_i(k)-o_{xj})^2+(y_i(k)-o_{yj})^2}\geqslant o_{rj}+R$$
$$i\in\{1,2,\cdots,N_v\};j\in O_a \tag{4.15}$$

4.2.7 目标概率图初始化与更新

目标概率图由两部分组成,包括指定栅格存在目标的概率以及是否被无人机探测过是否存在目标。由于本章主要讨论的是具有目标位置的部分信息,因此需要对 $p(x,y,t)$ 进行初始化操作,假设已知任务区域中有 M 个目标,坐标分别为 $(x_1,y_1),(x_2,y_2),\cdots,(x_M,y_M)$,但是这个坐标可能不准确,此时栅格 C_k 处目标存在概率 $p(x_k,y_k,t_k)$ 可以使用公式(4.16)来计算,以此完成目标存在概率初始化的工作。此外,由于无人机还未开始搜索,因此环境不确定度初始值为1,表示对任务区域中的目标确定性的信息一无所知。

$$p(x_k,y_k,0)=\frac{1}{M}\sum_{i=1}^{M}\frac{1}{\sqrt{(x_k-x_i)^2+(y_k-y_i)^2}} \tag{4.16}$$

在搜索的过程中,无人机会使用传感器对走过的栅格进行探测,并利用所获得的信息对栅格存在目标概率基于贝叶斯准则进行动态更新,具体结果如式(4.17)所示。

$$p(x,y,t)=$$
$$\begin{cases}p(x,y,t-1)+\dfrac{(p_d-p_f)(1-p(x,y,t-1))p(x,y,t-1)}{p_dp(x,y,t-1)+p_f(1-p(x,y,t-1))},\\\qquad b(x,y,t)=1\\p(x,y,t-1)+\dfrac{(p_f-p_d)(1-p(x,y,t-1))p(x,y,t-1)}{(1-p_d)p(x,y,t-1)+(1-p_f)(1-p(x,y,t-1))},\\\qquad b(x,y,t)=0\end{cases}$$
$$\tag{4.17}$$

式(4.17)表示了下一时刻栅格中存在目标的概率与上一时刻以及传感器探测概率之间的关系,从中可以看出,当 $p_d>p_f$ 时,$b(x,y,t)=1$,$p(x,y,t)>p(x,y,t-1)$,而 $b(x,y,t)=0$ 时,$p(x,y,t)<p(x,y,t-1)$;当 $p_d<p_f$ 时,$p(x,y,t)$ 与 $p(x,y,t-1)$ 大小关系相反;当 $p_d=p_f$ 时,$p(x,y,t)=p(x,y,t-1)$。由此可见,$p_d>p_f$ 时,无人机的传感器能够提供有效且比较正确的信息,但是当 $p_d\leqslant p_f$ 时,无人机利用传感器获取的信息是无效的甚至是虚假的信息。因此本节选用 $p_d>p_f$ 的情况。

接下来对环境不确定度进行更新,因为无人机处于对任务区域不断搜索的过程中。这里的更新方法相比于栅格中目标存在概率简单了很多,使用式(4.18)进行更新,其中,$\alpha \in [0,1]$ 表示环境不确定度的衰减系数,当有 N 架无人机在 t 时刻对网格 C_k 进行搜索时,环境不确定度 $\chi(x,y,t)$ 使用式(4.19)进行更新。当栅格 (x,y) 被探测过,该栅格的环境不确定度就要减小,反之未被探测过就要不断增大,以此来引导无人机利用传感器对该栅格进行探测。当更新环境不确定度的衰减系数 $\alpha = 0.5$ 时,一个无人机对一个栅格重复搜索,该栅格的不确定度变化如图 4.6 所示。从图中可以看出,当无人机使用传感器对一个栅格探测 4 次后,该栅格的不确定度下将到了 0.0625,此时可以认为该栅格环境信息已经掌握了,但是问题就是搜索的次数过多,本节中设定 α 为 0.25,对同一个栅格搜索两次,环境的不确定度就下降到了 0.0625,这样更加符合实际的情况。

$$\chi(x,y,t) = \begin{cases} \alpha\chi(x,y,t-1), & (x,y) \text{ 被探测过} \\ \chi(x,y,t-1)+0.5\chi(x,y,t-1), & (x,y) \text{ 未被探测过} \end{cases} \tag{4.18}$$

$$\chi(x,y,t) = \alpha^N\chi(x,y,t-1),(x,y) \text{ 被探测过} \tag{4.19}$$

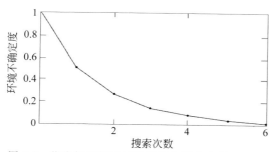

图 4.6　指定栅格环境不确定度与搜索次数的关系

由于栅格中存在目标的概率 $p(x,y,t)$ 在搜索过程中使用了贝叶斯方式进行更新,如式(4.17)所示,此时使用式(4.16)来判断栅格中是否存在目标就显得不合理了,因此使用 $\zeta(x,y,t)$ 来表示一个栅格中是否存在目标,如式(4.20)所示,其中,γ 表示发现目标的阈值,只有当大于这个阈值时,才表示在该栅格中找到了目标,并且这个值需要设定为接近 1 的常数。

$$\zeta(x,y,t) = \begin{cases} 1, & p(x,y,t) > \gamma \\ 0, & p(x,y,t) \leqslant \gamma \end{cases} \tag{4.20}$$

4.3　协同搜索算法的基础理论

自然界中蕴含极为丰富的自然规律和智慧,人类通过模拟自然界的进化过程、自然现象以及生物体的行为特征提出了启发式算法。元启发式算法是一种更高级且更具通用性的启发式算法,将仿生学思想融入了确定性启发式算法,增强了随机性的同时又确保了效果的稳定性。智能优化算法属于新型的元启发式算法,它借助生物体无意识的本能行为,优化自身的生存状态,最终达到适应自然环境的目的。这种随机搜索式优化方法,是对大自然中生物系统的行为模式进行模拟的技术,具有自适应调节的特点。目前智能优化算法已成为求解多目标优化问题主流并且有效的算法。当智能优化算法中使用多个交互智能体时,通常被称为群体智能算法,是一类以群体为基础,以生物系统自组织、自适应行为为特征的随机搜索智能算法。

1999 年,Bonabeau、Dorigo 和 Theraulaz 在他们撰写的著作中最早提出了"群体智能"(Swarm Intelligence)的概念。在书中,群体智能指的是蚁群优化算法,给出的群体智能的定义是:受到昆虫群体或者其他的动物群体的社会行为启发而开发的方法或者分布式策略。2001 年,Kennedy 和 Eberhart 出版的专著中,正式将粒子群优化算法纳入群体智能的范畴,这是群体智能发展的重要里程碑。

根据目前国内外研究表明,主要的群体智能优化算法有:蚁群优化算法(Ant Colony Optimization,ACO)、粒子群优化算法(Particle Swarm Optimization,PSO)、蜂群优化算法(Artificial Bee Colony,ABC)、灰狼优化算法(Grey Wolf Optimizer,GWO)、和声搜索(Harmony Search,HS)、布谷鸟搜索算法(Cuckoo Search,CS)、萤火虫算法(Firefly Algorithm,FA)、蝙蝠算法(Bat Algorithm,BA)、烟花爆炸算法(Fireworks Explosion Algorithm,FEA)、教学优化算法(Teaching Learning Based Optimization,TLBO)、生物地理学优化算法(Biogeography-Based Optimization,BBO)、细菌觅食优化算法(Bacterial Foraging Optimization Algorithm,BFOA)等。在众多的智能优化算法中,粒子群算法因其机理简单、参数少、具有潜在的并行性和分布性等特点,一经提出就受到了广大技术人员的关注,应用其处理函数优化、神经网络训练、作业调度等问题,并取得了较好的研究成果。

4.3.1　标准粒子群算法

1. 粒子群算法基本原理

在粒子群算法中,将鸟群的个体位置或食物当作优化问题的解,利用群体中个体与最优个体以及个体之间的信息交互,引导整个群体中的粒子在保留个体多样性信息的同时,朝向最优个体收敛,通过不断地更新逐渐找到最优解。鸟群中个体被抽象为"粒子",忽略其质量和体积,拓扑结构决定了每次更新时,"粒子"受到自身和群体状态信息的综合影响程度。因此,粒子的更新机制是通过种群历史最优粒子和个体历史最优粒子的有机结合得到的,如图 4.7 所示。

图 4.7 中,粒子 i 下一时刻的速度 $v_i(t+1)$ 是由当前速度 $v_i(t)$ 其自身最优位置 $pb_i(t)$、全局最优位置 $gb_i(t)$ 共同决定的,该粒子以更新后速度从当前位置 $x_i(t)$ 移至新的位置 $x_i(t+1)$。随着迭代的不断深入,整个粒子群体在"引领者"的带动下,完成决策空间中最优解的搜索。

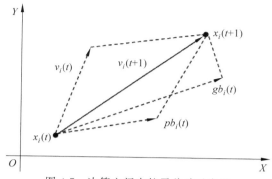

图 4.7　决策空间中粒子移动示意图

粒子群算法的优化过程如下：首先，进行种群随机初始化。设定种群规模后，初始化每个粒子的位置、速度。其次，以适应度函数为基准，对每个粒子状态进行评估，并选出种群中最优粒子以及个体最优粒子。最后，根据粒子群算法更新公式，得到新的位置和速度状态。同时，更新自身的最优解和群体最优解。如果当前粒子的解优于之前记录的自身最优解或者整个群体最优解，则以其为新的最优解。这种更新过程将群体智慧和个体优势有机结合，体现了整体的寻优趋势。

2. 粒子群算法更新公式

假设决策空间中，粒子群规模为 N，当前迭代次数为 t，种群中第 i（$i=1$，2，$\cdots$，N）个粒子的位置为 $\boldsymbol{x}_{i,d}(t)=[x_{i,1}(t),x_{i,2}(t),x_{i,3}(t),\cdots,x_{i,d}(t)]$，粒子 i 的速度为 $\boldsymbol{v}_{i,d}(t)=[v_{i,1}(t),v_{i,2}(t),v_{i,3}(t),\cdots,v_{i,d}(t)]$。粒子 i 的历史最优位置为 $\boldsymbol{p}_{i\text{best},d}(t)=[p_{i,1}(t),p_{i,2}(t),\cdots,p_{i,d}(t)]$，整个种群中所有粒子在第 d 维的历史最优位置为 $\boldsymbol{g}_{\text{best},d}(t)=[g_1(t),g_2(t),\cdots,g_d(t)]$，粒子 i 在下一次迭代后，速度、位置更新公式为式（4.21）与式（4.22）。

$$\boldsymbol{v}_{i,d}(t+1)=\boldsymbol{v}_{i,d}(t)+c_1r_1(\boldsymbol{p}_{i\text{best},d}(t)-\boldsymbol{x}_{i,d}(t))+c_2r_2(\boldsymbol{g}_{\text{best},d}(t)-x_{i,d}(t))$$

$$\tag{4.21}$$

$$\boldsymbol{x}_{i,d}(t+1)=\boldsymbol{x}_{i,d}(t)+\boldsymbol{v}_{i,d}(t+1) \tag{4.22}$$

其中，r_1，r_2 是分布于 $[0,1]$ 区间的随机数，以增加算法的随机性。c_1，c_2 为在 $[0,2]$ 区间的加速度常数，用来控制学习步长。

粒子群算法更新公式中，上式由三部分构成。第一部分是先前速度的作用，表明粒子受到其之前速度的影响。第二部分是自身最好状态的作用，与自身历史最好位置作差，使粒子当前动作融合了自身前期经验。第三部分是种群最优粒子的作用，与种群最优个体位置之差，能够通过协同合作和知识共享进行信息融合。以上三部分共同决定了粒子下一次的更新状态。

三部分中，第一部分为先前速度因素，赋予了粒子活力，用来防止搜索空间的缩减；第二部分为自身认知因素；第三部分为种群信息交互因素，粒子边保持个性，边吸收优良信息,探索与挖掘同步进行,进而找到最优解。

传统粒子群算法运算步骤如下。

步骤 1:(初始化)随机初始化每个粒子的位置和速度,给定自我认知系数 c_1 与社会认知系数 c_2,最大速度 $v_{\max}$,种群规模 N,最大迭代次数 $T_{\max}$,确定种群规模,设置终止准则,置 $T:=1$。

步骤 2:(个体评价)计算或估价 $X(T)$ 中各个体的适应度。

步骤 3:更新每个粒子自身经过的最好位置 $p_{i\mathrm{best},d}$($r=1,2,\cdots,N$)和全局最优位置 $g_{\mathrm{best},d}$。

步骤 4:利用上述公式更新每一个粒子的速度和位置。

步骤 5:(终止验证)如满足终止条件,则输出全局最优位置 $g_{\mathrm{best},d}$ 作为最优解;否则置 $T:=T+1$,并转步骤 2。

3. 传统粒子群算法不足

粒子群算法自提出以来,就因其收敛速度快、通俗易懂、容易实现且具有较少的可调参数等优点而在各种问题中被广泛应用。当然,粒子群算法也存在一些缺点。该算法在寻优过程中,响应速度快而有效,但是,越接近最优粒子,粒子速度也会越来越小,粒子群体会呈现出"趋同性",反映在算法中则为容易陷入局部最优。或者由于受到全局影响,个体容易离开当前搜索区域而进入另一区域,导致之前局部搜索缺失,影响搜索精度。另外,由于迭代公式复杂度不高,致使参数设定对收敛过程有较大的影响,且参数随机选择,缺乏理论指导等。

基于此,粒子群算法性能在以下几个方面尚有提升的空间,本书对其归纳如下。

(1)优化过程中,如何挑选"领导"粒子,带领整个种群在保留部分个体信息的前提下快速逼近目标,即最优粒子选择策略。

(2)粒子群算法中,种群个体受到"最优"粒子的影响,由于收敛过快而导致"早熟",如何引导粒子"跳出"局部最优,即多样性保持机制。

(3)外部存档集中非支配解的数量的急剧增加,如何引导种群在保障多样性的前提下,进一步提高搜索效率,以强化算法在收敛速度方面的优势,即收敛性提高手段。

(4)如何在优化过程的不同阶段,动态协调整体探索和局部开发之间的关系,以获得最佳优化结果,即多样性和收敛性的平衡方法。

(5)为了提升算法性能而进行的迭代公式的改进、重要参数的动态整定以及粒子间信息交互方式的调整,即迭代公式、参数、拓扑结构的改进方案。

4.3.2　粒子群算法常见改进方法

1. 带惯性权重的粒子群算法

Eberhart 和 Shi 等人在原始粒子群算法的基础上提出了带有惯性权重的粒子

群算法,该算法的位置更新公式与原始算法相同,改进的速度更新公式为
式(4.23):

$$v_{i,d}^{T+1} = \omega v_{i,d}^T + c_1 r_1 (p_{i\text{best},d} - x_{i,d}^T) + c_2 r_2 (g_{\text{best},d} - x_{i,d}^T) \tag{4.23}$$

其中,ω 称为惯性权重,显然 $\omega=1$ 时,该算法即为原始粒子群算法。$\omega v_{i,d}^T$ 表示了
惯性对速度的影响,显然 ω 的值越大,速度受惯性影响越大,搜索范围更大,进而
可以探索更多的未知区域,算法的全局搜索能力更强;反之,搜索范围变小,粒子将
在已知局部极值点附近进行搜索,增强了算法的局部探查能力。经过数值测试发
现 $\omega \in [0.9, 1.2]$ 时,算法的搜索性能最为理想。带有惯性权重的粒子群算法通常
被称为标准粒子群算法,也是工程应用中最常使用的一种形式,其位置的更新示意
图如图 4.8 所示。

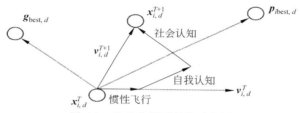

图 4.8　粒子位置更新的示意图

当 ω 取常值时,虽然可人为控制粒子搜索时的步长,可是一旦给定了 ω 的值,
则在整个算法的迭代过程中就不再更改,这其实是与人们的搜索意图不相符的。
因为在算法的迭代过程中,我们总是希望在算法的进化前期,种群可以尽可能地在
目标空间中飞行,探索一切未知的领域,进而发现全局最优解;当算法进化到后期
时,则希望所有的粒子可以收缩到全局最优解的附近,进行精确的局部搜索,找到
最优解的具体位置。显然,这样的搜索需求,取常值的 ω 无法满足,需要的是一个
可以通过自身的改变引导算法从全局搜索转换到局部搜索的动态 ω。因此,Shi 等
人给出了一个线性递减的动态惯性权重,其计算公式如式(4.24):

$$\omega = \omega_{\max} - \frac{T(\omega_{\max} - \omega_{\min})}{T_{\max}} \tag{4.24}$$

其中,$\omega_{\min}$ 与 $\omega_{\max}$ 分别是惯性权重的最小值和最大值,$T_{\max}$ 表示最大迭代次数,T
表示当前迭代次数,通常情况下,$\omega_{\max}=0.9$,$\omega_{\min}=0.3$。数值实验表明,带有惯性
权重的粒子群算法较原始算法在性能上有了很大的提高,因此也引起了很多学者
的研究兴趣,进而提出了很多惯性权重的改进方式,例如,非线性递减的惯性权重、
自适应调节惯性权重等。

2. 带收缩因子的粒子群算法

1999 年,Clerc 等人提出了一种带收缩因子的粒子群算法,其速度更新公式
如下。

$$v_{i,d}^{T+1} = \chi \left[v_{i,d}^T + c_1 r_1 (p_{i\text{best},d} - x_{i,d}^T) + c_2 r_2 (g_{\text{best},d} - x_{i,d}^T) \right] \qquad (4.25)$$

其中,收缩因子如式(4.26):

$$\chi = \frac{2}{|2 - \phi - \sqrt{\phi^2 - 4\phi}|}, \phi = c_1 + c_2, \phi > 4 \qquad (4.26)$$

该版本的粒子群算法一经提出也得到了研究人员的关注,Eberhart 和 Shi 等人在 2000 年撰文比较了带收缩因子的粒子群算法和带惯性权重的粒子群算法的计算性能,数值结论表明,前者收敛速度更快,效果更好。Clerc 和 Kennedy 在 2002 年又进一步从动力学角度出发讨论了粒子群算法,结果表明,带收缩因子的粒子群算法搜索范围更广,搜索效率更高,收缩因子的使用可以引导系统最终收敛,使算法具备更高的寻优性能。

3. 离散粒子群算法

粒子群算法的提出是用来处理连续优化的,然而在实际问题中有很多非连续(离散)优化问题,如组合优化问题。Kennedy 和 Eberhart 在 1997 年给出针对二进制离散问题的粒子群算法。

在离散二进制粒子群算法中,粒子的位置矢量限定为二进制数:0 或者 1,但并未限制粒子的速度矢量的取值。其具体的速度和位置的更新公式如式(4.27):

$$v_{i,d}^{T+1} = v_{i,d}^T + c_1 r_1 (p_{i\text{best},d} - x_{i,d}^T) + c_2 r_2 (g_{\text{best},d} - x_{i,d}^T)$$

$$v_{i,d}^{T+1} = \text{sigmoid}(v_{i,d}^{T+1}) = \frac{1}{1 + e^{-v_{i,d}^{T+1}}}$$

$$x_{i,d}^{T+1} = \begin{cases} 1, & \text{rand}() < v_{i,d}^{T+1} \\ 0, & \text{其他} \end{cases} \qquad (4.27)$$

其中,sigmoid 函数是区间 $(-\infty, +\infty)$ 上的单调函数,rand()是(0,1)之间服从正态分布的随机数。依据式(4.27)可知,速度矢量在某一维的数值越大,则位置矢量在该维度上取 1 的可能性就越大;反之,取 0 的可能性越大。离散二进制粒子群算法拓宽了粒子群算法的应用领域,但其仅能处理二进制离散问题,对于更为一般的离散优化问题却不适合,因此如何构造有效的离散问题的粒子群算法也是一个值得研究的课题。

4. 量子粒子群算法

传统的粒子群算法在位置更新时缺少随机性,导致其容易陷入局部极值。2004 年,Sun 等人受到粒子群算法收敛性分析的启发提出的量子粒子群算法(Quantum Particle Swarm Optimization, QPSO)取消了粒子的移动方向这个属性,使粒子的更新与该粒子之前的运动没有任何关系,进而增大了粒子位置的随机性,增强了算法的全局搜索能力。具体的速度和位置更新公式如式(4.28)与式(4.29):

$$P_i = \frac{r_1 p_{i\,\text{best}} + r_2 g_{\text{best}}}{r_1 + r_2} \tag{4.28}$$

$$x_i^{T+1} = p_i \pm \alpha \mid M_{\text{best}} - x_i^T \mid \ln\left(\frac{1}{u}\right) \tag{4.29}$$

其中,r_1,r_2,u 均为$(0,1)$之间服从均匀分布的随机数;α 称为收缩膨胀因子,是该算法的唯一参数,一般情况下取值不大于 1;M_{best}为当前所有粒子个体最优位置的均值,其计算公式如式(4.30):

$$M_{\text{best}} = \frac{1}{N}\sum_{i=1}^{N} P_{i\,\text{best}} \tag{4.30}$$

5. 混合粒子群算法

不同的智能优化算法各有优缺点,为了取长补短,人们尝试将粒子群算法与其他优化算法相融合,进而形成一些性能更为优异的混合粒子群算法。Alireza 和 Tong 等人尝试在粒子群算法中加入变异因子,提高粒子群算法跳出局部极值的能力;Brits、Liu 和 Li 等人提出了基于小生境技术的粒子群优化算法,提高了粒子群算法求解多峰优化问题的能力;为了提高粒子群算法的收敛效率,Pluhacek 和 Tharwat 等人将混沌优化思想引入粒子群算法的进化策略中,利用混沌运动的遍历性改善了粒子优化算法容易陷入局部极值的问题,提高了算法的收敛精度和速度;Khairy 和 Zhang 等人将局部搜索策略与粒子群算法结合,即每隔若干代就对全局最优位置进行局部搜索,帮助算法跳出局部极值的同时增加了收敛速度。除此之外,PSO-GA、PSO-SA、PSO-DE、PSO-ACO、PSO-TS 等混合算法纷纷被提出解决实际问题。可见,构建与其他算法相融合的混合算法是提高粒子群算法性能的有效途径,但在这个过程中,为了发挥各自算法的性能,需要设定一些融合规则将两种算法有机混合,这个规则设定的合理与否决定了混合算法性能的高低,本章则重点研究混合粒子群算法优化。

4.3.3　粒子群算法拓扑结构

粒子群算法(PSO)的拓扑结构是指群体中粒子间的信息连接方式,它决定了粒子学习对象的选择范围,不同的拓扑结构决定了不同的算法构造,可以说,拓扑结构的选择是影响算法性能的关键因素。Mends 等人在 2004 年进一步研究了粒子群算法的原理和粒子间的信息流传输方式,提出了 5 种类型的拓扑结构,如图 4.9 所示。

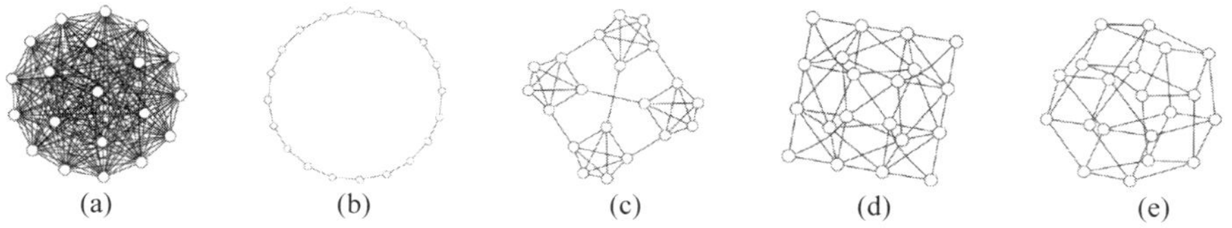

　　(a)　　　　　　　(b)　　　　　　　(c)　　　　　　　(d)　　　　　　　(e)

图 4.9　粒子群算法拓扑结构

(a)All 型;(b)Ring 型;(c)Four Cluster 型;(d)Pyramid 型;(e)Square 型

图 4.9 粒子群算法的典型拓扑结构 All 型是指每个粒子的邻居是除了自身之外的整个种群中的所有粒子,也就是说,每个粒子都可以与整个种群进行信息交流,显然更有利于种群的全局搜索,该拓扑结构是从原始粒子群算法开始沿用至今的一种形式。Ring 型是最为简单的一种拓扑结构,每个粒子仅与其相连的粒子进行信息交互,在这种结构下整个种群的信息流动较缓慢,但在不同的区域可以同时进行局部搜索,使得算法不易陷入局部极值。Four Cluster 型相当于将整个种群分为 4 个小种群,每个粒子都可以与自己所在的小种群中的粒子进行信息交流,只有少数的粒子可以与其他小种群交流。Pyramid 型是将粒子分布在四面体的四个顶点上,并将所有的子面体相互连接起来。Square 型将粒子与其上下左右四个最近的邻居连接在一起,进而形成信息传播的网状结构。

以上讨论的几种拓扑结构都是静态,即在整个进化过程中一旦确定就不再改变,显然限制了种群多样性的出现,容易导致种群陷入局部极值,为了从根源上避免粒子群算法早熟收敛等问题,研究人员在静态拓扑结构的基础上提出了众多基于动态拓扑结构的粒子群算法。

4.3.4　粒子群算法收敛性分析

粒子群算法结构简单、易执行,且应用效果良好,因此被广泛应用到众多领域。但该算法是一种依概率的随机搜索算法,其基础理论研究一直进展缓慢,这也是制约粒子群算法发展的主要原因之一。1988 年,Ozcan 等首次对粒子群算法的运动轨迹进行了讨论;2002 年,Clerc 等详尽地对粒子的收敛性进行了分析讨论,并给出了算法收敛时的约束条件;之后,Van Den 又讨论了随机性对粒子运动轨迹的影响;Emara 等利用李雅普诺夫方法证明了连续系统的粒子群算法的稳定性;曾建潮等给出了已有粒子群算法的统一模型,并分析了收敛性;Trelea 利用离散动态系统理论分析了简化粒子群算法的收敛性;Jiang 等利用随机过程理论讨论了标准粒子群算法的收敛性;任等利用马尔可夫链讨论了粒子群算法的全局收敛问题。

下面简单介绍利用线性离散时间系统分析简化后的粒子群算法的收敛条件。为了方便后续讨论,对算法收敛性的分析简化到一维问题来进行,同时假定在时刻 T,种群中仅有第 i 个粒子运动,其他粒子保持不动,因此可以将标准粒子群算法的公式简写成式(4.31):

$$\boldsymbol{v}^{T+1} = \omega \boldsymbol{v}^T + c_1 r_1 (\boldsymbol{p}_{\text{best}} - \boldsymbol{x}^T) + c_2 r_2 (\boldsymbol{g}_{\text{best}} - \boldsymbol{x}^T) \tag{4.31}$$

$$\boldsymbol{x}^{T+1} = \boldsymbol{x}^T + \boldsymbol{v}^{T+1} \tag{4.32}$$

令 $\phi_1 = c_1 r_1, \phi_2 = c_2 r_2, \phi = \phi_1 + \phi_2, \boldsymbol{p} = \dfrac{\phi_1 \boldsymbol{p}_{\text{best}} + \phi_2 \boldsymbol{g}_{\text{best}}}{\phi_1 + \phi_2}$,则式(4.31)可以写为式(4.33):

$$\boldsymbol{v}^{T+1} = \omega \boldsymbol{v}^T + \phi(\boldsymbol{p} - x^T) \tag{4.33}$$

将式(4.32)与式(4.33)进行迭代,则得到式(4.34):

$$\boldsymbol{v}^{T+2} + (\boldsymbol{\phi} - 1 - \boldsymbol{\omega})\boldsymbol{v}^{T+1} + \boldsymbol{\omega}\boldsymbol{v}^T = 0 \tag{4.34}$$

由于粒子的运动是一个连续的过程,则式(4.34)就是一个二阶微分方程。将式(4.32)与式(4.33)用矩阵形式表示出来如式(4.35)所示。

$$\begin{bmatrix} x^{T+1} \\ x^{T+1} \end{bmatrix} = \begin{bmatrix} 1 - \phi & \omega \\ \phi & \omega \end{bmatrix} \begin{bmatrix} x^T \\ x^T \end{bmatrix} + \begin{bmatrix} \phi \\ \phi \end{bmatrix} \left(\frac{\phi_1 \boldsymbol{p}_{\text{best}} + \phi_2 \boldsymbol{g}_{\text{best}}}{\phi_1 + \phi_2} \right) \tag{4.35}$$

令 $\boldsymbol{A} = \begin{bmatrix} 1 - \phi & \omega \\ \phi & \omega \end{bmatrix}$, $\boldsymbol{B} = \begin{bmatrix} \phi \\ \phi \end{bmatrix}$, $\boldsymbol{y}(T) = \begin{bmatrix} x^T \\ x^T \end{bmatrix}$, 则式(4.35)可以简记为式(4.36):

$$\boldsymbol{y}(T+1) = \boldsymbol{A}\boldsymbol{y}(T) + \boldsymbol{B}\boldsymbol{p} \tag{4.36}$$

式(4.36)描述了时刻 T 和时刻 $T+1$ 时粒子状态之间的关系,它构成了一个离散动态系统方程。其中,$\boldsymbol{A}$ 是方程的系数,决定了粒子的动态行为;$\boldsymbol{p}$ 是外部输入,由粒子的个体最优位置和全局最优位置组成,用来引导粒子飞行;$\boldsymbol{B}$ 是输入矩阵,对粒子飞行产生影响。

定理 1.1　(线性离散时间系统稳定判断)线性定常离散时间系统如式(4.37):

$$\boldsymbol{x}(k+1) = \boldsymbol{G}\boldsymbol{x}(k), \boldsymbol{x}(0) = x_0, k = 0, 1, 2, \cdots \tag{4.37}$$

系统的每一个平衡状态在李亚普诺夫意义下稳定的充分必要条件是 $\boldsymbol{G}$ 的全部特征值的幅值不大于1,且幅值等于1的特征值是最小多项式的单根。由定理1.1可知,粒子的状态取决于矩阵 $\boldsymbol{A}$ 的特征值,则 $\boldsymbol{A}$ 的特征值方程为式(4.38):

$$\lambda^2 - (\omega + 1 - \phi)\lambda + \omega = 0 \tag{4.38}$$

利用求根公式得其特征值为式(4.39):

$$\begin{cases} e_1 = \dfrac{\omega + 1 - \phi + \sqrt{\Delta}}{2} \\ e_2 = \dfrac{\omega + 1 - \phi - \sqrt{\Delta}}{2} \end{cases} \tag{4.39}$$

其中,$\Delta = (\omega + 1 - \phi)^2 - 4\omega$。则可以算出迭代式(4.34)的显式表示式(4.40):

$$v^T = k_1 e_1^T + k_2 e_2^T \tag{4.40}$$

根据式(4.32)可得式(4.41):

$$x^T = p - \frac{k_1 e_1^T (e_1 - \omega) + k_2 e_2^T (e_2 - \omega)}{\phi} \tag{4.41}$$

其中,k_1, k_2 为待定系数,可以根据初值 x_0 与 v_0 来确定。

当 $e_1 \neq e_2$ 时,则有式(4.42):

$$\begin{cases} k_1 = \dfrac{-\phi(p - x^0) + v^0(e_2 - \omega)}{e_2 - e_1} \\ k_2 = \dfrac{\phi(p - x^0) - v^0(e_1 - \omega)}{e_2 - e_1} \end{cases} \tag{4.42}$$

当 $e_1 = e_2$ 时,则有式(4.43):

$$\begin{cases} v^0 = k_1 + k_2 \\ x^0 = \dfrac{k_1 + k_2}{2} - p \end{cases} \tag{4.43}$$

根据线性离散时间系统的稳定判断,序列 $\{x^T\}_{T=0}^{+\infty}$ 的收敛性取决于式(4.39)中 e_1 与 e_2 的值,下面分几种情况讨论粒子群算法的收敛性。

(1)当 $\Delta = (\omega + 1 - \varphi)^2 - 4\omega < 0$ 时,式(4.39)中 e_1 与 e_2 的值为复数,利用 L_2 范数将复数转换成如下形式,具体如式(4.44)所示:

$$z^T = (\parallel z \parallel e^{i\theta})^T = \parallel z \parallel^T (\cos(T\theta) + i\sin(T\theta)) \tag{4.44}$$

其中,$\theta = \arg(z)$,则 z^T 的极限为式(4.45):

$$\lim_{T \to +\infty} z^T = \lim_{T \to +\infty} \parallel z \parallel^T (\cos(T\theta) + i\sin(T\theta)) \tag{4.45}$$

只有当 $\parallel z \parallel < 1$ 时,z^T 的极限值才为 0。进而可得式(4.46):

$$\parallel e_1 \parallel = \parallel e_2 \parallel = \sqrt{\omega} \tag{4.46}$$

此时,$\displaystyle\lim_{T \to +\infty} x^T = \lim_{T \to +\infty} \left[p - \frac{k_1 e_1^T (e_1 - \omega) + k_2 e_2^T (e_2 - \omega)}{\phi} \right]$

① 当 $\max(\parallel e_1 \parallel, \parallel e_2 \parallel) > 1$,极限不存在,故序列 $\{x^T\}_{T=0}^{+\infty}$ 发散。

② 当 $\parallel e_1 \parallel$ 或者 $\parallel e_2 \parallel$ 等于 1 时,极限不存在,故序列 $\{x^T\}_{T=0}^{+\infty}$ 发散。

③ 当 $\max(\parallel e_1 \parallel, \parallel e_2 \parallel) < 1$,由公式(4.46)可知 $\omega \in (0, 1)$,则 $\displaystyle\lim_{T \to +\infty} e_1^T = 0$,$\displaystyle\lim_{T \to +\infty} e_2^T = 0$,故得式(4.47):

$$\lim_{T \to +\infty} x^T = \lim_{T \to +\infty} \left[p - \frac{k_1 e_1^T (e_1 - \omega) + k_2 e_2^T (e_2 - \omega)}{\phi} \right] = p \tag{4.47}$$

因此极限存在,序列 $\{x^T\}_{T=0}^{+\infty}$ 收敛。

(2)当 $\Delta = (\omega + 1 - \phi)^2 - 4\omega = 0$ 时,$(\omega + 1 - \phi)^2 = 4\omega \Rightarrow \omega > 0$,要使 $\max(\parallel e_1 \parallel, \parallel e_2 \parallel) < 1$,只需要 $\omega < 1$ 即可,因此,当 $0 < \omega < 1$ 时,极限存在,故序列 $\{x^T\}_{T=0}^{+\infty}$ 收敛。

(3)当 $\Delta = (\omega + 1 - \phi)^2 - 4\omega > 0$ 时,式(4.39)中 e_1 与 e_2 的值为实数,要使 $\max(\parallel e_1 \parallel, \parallel e_2 \parallel) < 1$,需要确定 $\parallel e_1 \parallel$ 或者 $\parallel e_2 \parallel$ 的大小,需要分情况进行讨论。

① 当 $\varphi = \omega + 1$ 时,由式(4.39)得 $\parallel e_1 \parallel = \parallel e_2 \parallel = \sqrt{-\omega}$,则当 $-1 < \omega < 0$ 时,有 $\max(\parallel e_1 \parallel, \parallel e_2 \parallel) < 1$,极限存在,序列 $\{x^T\}_{T=0}^{+\infty}$ 收敛。

② 当 $\varphi > \omega + 1$ 时,由式(4.39)得 $\parallel e_1 \parallel < \parallel e_2 \parallel$,因此仅需 $\parallel e_2 \parallel < 1$ 即可满足收敛条件,即式(4.48):

$$\parallel e_2 \parallel = \frac{-(\omega - \phi + 1) + \sqrt{(\omega - \phi + 1)^2 - 4\omega}}{2} < 1 \tag{4.48}$$

进而得到式(4.49):

$$\sqrt{(\omega - \phi + 1)^2 - 4\omega} < 2 + (\omega - \phi + 1)$$

$$\Rightarrow (\omega - \phi + 1)^2 - 4\omega < [2 + (\omega - \phi + 1)]^2$$

$$\Rightarrow 2\omega - \phi + 2 > 0 \text{ 且 } 2 + (\omega - \phi + 1) > 0 \tag{4.49}$$

整理可得 $2\omega - \varphi + 2 > 0$ 且 $\omega < 1$ 时，极限存在，序列 $\{x^T\}_{T=0}^{+\infty}$ 收敛。

③ 当 $\varphi < \omega + 1$ 时，由式(4.39)得 $\|e_1\| > \|e_2\|$，因此仅需 $\|e_1\| < 1$ 即可满足收敛条件，同②讨论，可得 $\omega - \varphi + 1 < 0$ 且 $\phi > 0$ 时，极限存在，序列 $\{x^T\}_{T=0}^{+\infty}$ 收敛。

综合①、②和③可知，收敛区域为 $2\omega - \varphi + 2 > 0$，$\omega < 1$ 和 $\varphi > 0$ 所围成的区域。

下面讨论自我认知系数 c_1 与社会认知系数 c_2 对收敛性的影响，由于 $\varphi_1 = c_1 r_1$，$\varphi_2 = c_2 r_2$，且 $r_1, r_2 \in (0,1)$，则 c_1 与 c_2 可以作为 φ_1 与 φ_2 的上界。假设 φ_1 与 φ_2 服从均匀分布，则其期望值为式(4.50)与式(4.51)：

$$E(\phi_1) = c_1 \int_0^1 \frac{x}{1-0} \mathrm{d}x = \frac{c_1}{2} \tag{4.50}$$

$$E(\phi_2) = c_2 \int_0^1 \frac{x}{1-0} \mathrm{d}x = \frac{c_2}{2} \tag{4.51}$$

同样，为了满足收敛条件需要 $\max(\|e_1\|, \|e_2\|) < 1$，则得到式(4.52)：

$$\lim_{T \to +\infty} x^T = \boldsymbol{p} = \frac{\phi_1 \boldsymbol{p}_{\text{best}} + \phi_2 \boldsymbol{g}_{\text{best}}}{\phi_1 + \phi_2} = \frac{c_1 \boldsymbol{p}_{\text{best}} + c_2 \boldsymbol{g}_{\text{best}}}{c_1 + c_2} \tag{4.52}$$

令 $\alpha = \dfrac{c_2}{c_1 + c_2}$，显然 $\alpha \in [0,1]$，则得到式(4.53)：

$$\lim_{T \to +\infty} x^T = \frac{c_1 \boldsymbol{p}_{\text{best}} + c_2 \boldsymbol{g}_{\text{best}}}{c_1 + c_2} = (1 - \alpha) \boldsymbol{p}_{\text{best}} + \alpha \boldsymbol{g}_{\text{best}} \tag{4.53}$$

从式(4.53)可知，粒子的更新搜索区域主要集中在个体最优位置和全局最优位置之间。由 c_1 与 c_2，φ_1 与 φ_2 的关系可知，$\omega > 0.5(c_1 + c_2) - 1$，$\omega < 1$，$c_1 + c_2 > 0$ 为所确定的收敛区域的充分条件，也就是说，当满足该条件时，粒子必定收敛到极值点。

4.3.5　基本粒子群算法与多智能体理论

群体智能算法受到自然界社会性生物群体的自组织行为启发，例如，鸟群、蜂群、蚂蚁等群体的觅食、筑巢、迁徙等行为。这些群体中的个体能力非常有限，只能完成少数简单动作，但是当形成群体时却能够通过协同合作涌现出群体智能，具有完成复杂行为的能力。受到鸟类群体行为的启发，粒子群优化算法最早由 Kennedy 和 Eberhart 于 1995 年提出[264]，是群体智能算法的典型代表，也是应用于优化问题的经典启发式算法之一。从机理上，粒子群算法可以用三条规则进行描述：其一，远离最近粒子，从而防止与之发生碰撞；其二，通过自身并且借助临近粒子信息自我更新；其三，始终具有向最优目标飞行的趋势。近年来，学者们对仿生群体智能算法进行了大量的研究和改进。其中有人工蜂群算法、差分进化算法、蚁群优化算法、果蝇优化算法、蝙蝠算法、蝗虫群算法、引力搜索算法等。受到文献

[74,76-78,265]的启发,本章基于 PSO 算法进行协同搜索问题的研究。

另一方面,多智能体系统也是近年来的研究热点,被广泛应用于不同科学领域。多智能体系统[266]是由一系列相互作用的智能个体构成,内部的各个智能体具有自治性、社会性、反应性和预动性等简单特性,智能体之间通过相互通信、合作、竞争等多种方式,完成单个智能体不能完成的复杂任务。其能力涌现的关键在于智能体之间的行为协同和信息交互,通过这种协同交互使得系统整体能够协调个体的知识、技能和规划,从而产生相应行为来解决问题。基于多智能体系统的任务求解过程如图 4.10 所示。

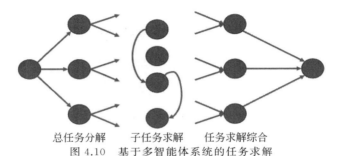

总任务分解　　　子任务求解　　　任务求解综合

图 4.10　基于多智能体系统的任务求解

可见多智能体系统与群体智能算法都是以个体为基础,通过协同实现能力涌现从而完成复杂任务的,在本质上相互契合。但是,多智能体系统中的智能体与粒子群算法中的粒子仍然存在以下区别。第一,粒子是根据原始算法在搜索空间中进行移动的,不具有自治性,但是智能体具有自治性;第二,粒子的智能程度和计算能力较弱,而智能体具有学习的能力;第三,为保持算法的简单性,粒子群优化算法中的粒子是同步行动的,而多智能体系统中的智能体由于其具备学习能力和自治能力,可以非同步行动。由于上述三方面的差异,近年来粒子群优化和多智能体系统的研究并没有从统一的视角进行。但是本质上两者相互契合,有诸多相似之处,是可以实现匹配和结合的。将粒子看作简单的智能体,粒子群优化看作简单的多智能体系统,从而利用智能体的能力和特性,增强粒子群优化算法的性能。生物集群与无人机集群的特点对比分析如表 4.1 所示。

表 4.1　生物集群与无人机集群的特点对比

特　　点	生 物 集 群	无 人 机 集 群
组织结构的分布式	不存在中心节点,各自通过与邻近同伴进行信息交互	不存在指挥控制站,各无人机自主地进行决策
行为主体的简单性	个体能力和遵循的行为规则简单	尺寸小、成本低、单个平台搭载的传感器或载荷有限
作用模式的灵活性	对环境变化具有较强的适应性,能够根据环境变化调整行动以及躲避捕食者	执行任务有较强的灵活性,能够应对信息不完全、环境不确定、高动态的任务环境

续表

特　点	生 物 集 群	无 人 机 集 群
系统整体的智能性	组成的群体能够完成复杂行为,整体效率高,产生智能的涌现	能够遂行复杂的作战任务,集群能力产生涌现

粒子群中的每一个粒子都由初始位置和速度来定义,并由位置矢量和速度矢量进行更新和修正,每个粒子独立寻找个体最优 p_{best},并与其他粒子相互作用来寻找全局最优 g_{best}。因此,粒子群可以看作一个多智能体系统。经典粒子群优化算法在搜索空间中用随机位置和速度值对粒子进行初始化,在多维搜索空间中进行搜索,优化适应度函数,寻找位置、速度和适应度函数的最优全局值。在此过程中,p_{best} 和 g_{best} 的历史值和当前值被存储在系统内存中,以帮助在下一次迭代中做出决策,直到找到全局最优点。

粒子群优化算法中有四个重要的变量:第 i 个粒子的速度 v_{ij}、位置 x_{ij}^k、独立找到的最佳位置 p_{besti} 以及所有粒子相互作用后找到的全局最佳位置 g_{besti}。

在迭代过程中,每个粒子根据以下规则更新其位置和速度[267]:

$$v_{ij}^{k+1} = wv_{ij}^k + c_1 r_{1j}^k (p_{bestij}^k - x_{ij}^k) + c_2 r_{2j}^k (g_{bestij}^k - x_{ij}^k) \tag{4.54}$$

$$x_{ij}^{k+1} = x_{ij}^k + v_{ij}^{k+1} \tag{4.55}$$

其中,k 表示迭代次数,w 表示惯性权重,j 表示速度的维数,c_1 和 c_2 是学习因子,r_{1j}^k 和 r_{2j}^k 是两个在 $[0,1]$ 区间内服从均匀分布的随机值。对于单个粒子和粒子群整体而言,个体最优值和全局最优值根据如下规则进行更新。

$$p_{besti}^{k+1} = \begin{cases} p_{besti}^k, & f(p_{besti}^k) \leqslant f(x_i^{k+1}) \\ x_i^{k+1}, & f(p_{besti}^k) > f(x_i^{k+1}) \end{cases} \tag{4.56}$$

$$g_{best}^{k+1} = \arg\min_{p_{besti}^{k+1}} f(p_{besti}^{k+1}) \tag{4.57}$$

在粒子群算法中,单个粒子在自身认知和群体认知的引导下,不断更新其位置和速度,从而求得目标函数最优解。与之相似,无人机集群可以被看作一个多智能体系统,无人机在协同搜索过程中同样需要遵循一定的行为规则,通过单机搜索信息和多机交互信息不断更新其速度和位置,从而实现对目标的搜索。粒子群搜索和无人机集群搜索的不同之处在于搜索空间的虚实以及搜索主体的理想化程度[268],通过对比粒子群优化算法以及无人机集群搜索问题,可以发现两者之间的相似之处并建立起一定的映射关系,如表 4.2 所示。

表 4.2　无人机集群协同搜索与粒子群优化算法的比较

对 比 项 目	无人机集群协同搜索	粒子群优化算法
成员主体	无人机	粒子
成员属性	物理实体	质点

对 比 项 目	无人机集群协同搜索	粒子群优化算法
成员约束	无人机运动特性	最大速度限制
定位机制	局部定位	全局定位
避撞规划	需要	不需要
结果评估	目标位置	适应值函数

4.3.6　合弄结构理论

术语"合弄"(Holonic)来源于希腊语单词"Holos"。1967 年,匈牙利哲学家 Arthur Koestler 首次用 Holonic 来命名社会和生物系统中的递归和自相似结构[269]。Arthur Koestler 认为复杂系统必须建立在一系列简单的稳定层次结构基础之上,每个层次都具有一定的自治能力,而不同层次之间形成递阶结构,才能同时具备系统内部组织结构的相对独立性和系统总体的有机整体性。Arthur Koestler 认为,如果存在稳定的中间形态,简单系统可以快速演变和发展成具有递阶结构的复杂系统。在分析有机物及社会组织的递阶结构和稳定的中间形态时发现虽然很容易辨识"局部"或"部分",但是绝对意义上的"整体"和"部分"是不存在的的。因此,他提出合弄以反映实体同时具有"整体"和"部分"性质的特点,即合弄对其组成部分而言是整体,对其上级而言是部分。目前,合弄结构已经被广泛应用于企业管理、资源调度等领域中,并取得了良好的效果。本章将合弄结构引入算法设计中,运用合弄结构对粒子群进行组织控制。

Holon 是指具有自治能力和协作能力的单元,同时具有"部分"和"整体"属性的实体。Holon 可用于转换、传递、存储、确认信息和物理对象。Holon 由信息处理部分和物理处理部分组成,一个 Holon 可以包含其他 Holon,也可以是另一些 Holon 的一部分。

由于协同控制结构存在不足,难以实现整个系统的优化。合弄控制结构是一种综合递阶控制结构和协同控制结构形式与特点的控制结构,它汲取分布式计算优点,是一种柔性的、开放的、能适应广大范围制造要求的,具有较强鲁棒性的控制结构。合弄结构同时具有自治性和集成性,其自治性体现在内部层次和个体的独立性,其集成性体现在不同的合弄之间通过集成形成更大的整体。因此,合弄结构非常适合作为航空集群协同侦察的基本参考结构。其原因就在于合弄结构的自治和集成两大特性对应满足了航空集群作战的分布式和协同需求。如图 4.11 所示,是一个三层的合弄结构示意图。

以合弄结构为参考模型,结合协同搜索控制结构的发展,可以导出合弄控制结

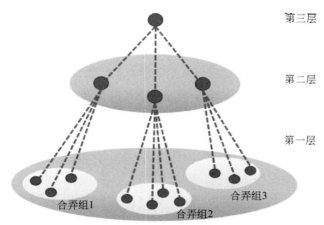

图 4.11　具有三个层级的合弄结构

构,其具有以下特性。

（1）自治性：每个 Holon 能够监控自己计划和任务的执行。同时对自己的错误或故障采取行动。

（2）合作性：Holon 间能够相互合作,以完成共同的计划和任务。同时对错误或故障采取相互行动。

（3）开放性：合弄系统可以允许其他新的 Holon 的加入,原有 Holon 的移除或功能上的更新对整个系统不会产生很大的影响,同时只需要很少的人工参与。而这些 Holon 可以来自于不同的供应商,具有不同的功能。

（4）自组织性：各 Holon 体能在不断变化的环境中发现机会,根据各自和其他 Holon 的情况有效地组合,整合成能够完成任务的更高一级的 Holon 实体。

（5）自相似性：每个 Holon 都是由几个下层 Holon 组成的,从上至下看,每个 Holon 都是能够进行自主决策、自主协同完成上级 Holon 分配任务的整体;从下至上看,虽然每个 Holon 是上层 Holon 的一部分,但上层不干涉其内部运行机制,每个 Holon 与同层 Holon 相互协作共同完成上层分配的任务。

从组织结构及功能方面看,可将合弄系统分为合弄层、合弄协作层和合弄系统层三个层次。每个层次都具有各自不同的功能：合弄层的功能是实现合弄本身的运行;合弄协作层的功能是保证合弄之间的协作,例如,共同协作完成某项复杂的任务;而合弄系统层的功能则是从全局出发做出决策和判断,例如,为了处理新的情况生成新的合弄,去掉不再需要的合弄等。根据合弄的基本属性,本书将合弄系统功能特性总结如下。

（1）控制分散性。

对于任何复杂的系统来说,采用集中控制方式是不合适的,因为这种控制方式太刚性化了,很容易突然失灵。而在合弄系统中则不同,由于合弄的相对自律性以及对整个系统负责的系统协调机制的存在,控制是分散的,由所有合弄共享,在系统的每一层上都存在管理控制功能。

(2) 系统柔性。

合弄系统的主要长处是其柔性和适应能力。在集中控制方式中,即使是做一个很小的适应性调整,也需要改变系统整个内部的动态性能,而合弄系统则是通过单个的合弄做适当的小改变来实现这一点的。因为如果把系统中所有这些小改变聚集起来,并且通过协调中心把它们传送到整个系统,那么系统本身看起来就已经发生很大的调整变化。同样,由上层引起的调整变化也可以通过相对自律的合弄进行适当的内部调整来快速实现。

(3) 系统可靠性。

合弄系统的系统可靠性是指其即使在缺少一个或多个合弄(它们可能坏了)的情况下仍旧保持功能完整的能力,重要的是整个系统的可靠性,而不是任何单个合弄的可靠性。

此外,在企业管理中,合弄制具有如下四个要素[270]。

(1) 制定组织规则,对成员权力进行动态分配。

(2) 构建项目圈,根据任务需求定义成员角色及权力。

(3) 不断更新组织规则、项目圈、成员角色和权力。

(4) 项目圈共享合作,动态调整共同完成任务。

将这种管理组织的思想引入算法设计中,可见合弄制的核心思想与互为主体的任务决策思想不谋而合。基于互为主体的任务决策机制具有与上述四个要素相对应的特点如下,两者之间可以建立起映射关系,如表 4.3 所示。

表 4.3　合弄制管理方式和基于互为主体任务决策机制的对比分析

合弄制管理方式	基于互为主体的任务决策机制
角色:角色围绕着工作而不是人来制定,并且经常更新,一个员工可以担当几个角色,也可以进行角色转换	主体:主体是根据任务需求制定的,并且根据需求的变化进行更新和转换,一个平台可以承担多种功能和任务转换
权力分散:权力真正分散在管理流程中,决策是由团队和每个角色做出的	分布式决策:集群内各个成员都具有一定的自治能力,决策是分布式做出的
迅速迭代:组织架构通过不断迭代进行迅速更新,每个团队进行自我管理	迅速迭代:基于战场态势、任务需求和集群状态,对集群资源进行管理
规则透明:规则对每个人清晰可见,每个人都受相同规则的约束	规则透明:在互为主体理论框架下,主体的选择和转换规则对所有层级适用

(1) 从任务需求出发,制定基本策略,规定了集群内资源如何分配。

(2) 依据基本策略,采用某种准则,定义主体角色和自主权力。

（3）根据环境态势和自身状态,进行主体选择和转换流程,不断更新实际策略,推进任务遂行和主体的角色。

（4）通过决策机制的运行,增强主体间的协同互动,共同完成任务。

在合弄内部结构研究中,任务合弄、调度合弄和专家合弄都可以看成一个软件代理;而资源合弄除了软件代理以外,还包括一个功能模块,如图 4.12 所示。代理内部包含交流模块、决策模块、执行与监控模块以及知识数据库。交流模块负责与其他合弄的信息传递;决策模块负责合弄内部的调度;执行和监控模块执行决策模块产生的调度计划,并监控调度执行的状态;知识数据库存储了与合弄相关的数据,例如,合弄所能执行的操作等。功能模块包含资源本身和资源的设备驱动器。

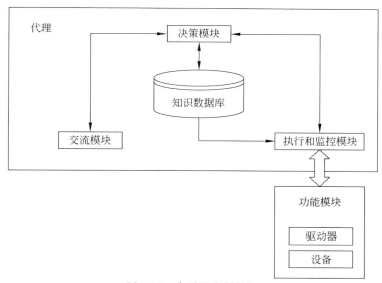

图 4.12　合弄的内部结构

关于合弄间交互研究,本书将合弄协作能力作为关键,侦察系统的总体目标是通过不同合弄的协作来完成的。合弄间的协作是基于合弄间的信息交流,而信息交流必须解决三个关键问题,分别为交流语言、交互协议和 Ontology。合弄间的交流语言主要包括 KLMN 和 FIPA,交互协议主要有合同网协议,Ontology描述了合弄生存、活动的环境,通过 Ontology 合弄之间才可以理解彼此交流的信息。

在基于合弄结构的 PSO 算法研究中,各层级中的领导者并不是事先指定的,而是由每个合弄组中的性能最优者当选,因此该算法与传统的领导-跟随方式不同,既不是单领航者,也不是传统意义上的多领航者,而是一种优中选优、即时聚优的新结构新方式。合弄的整体由多个小的合弄组构成,在每个层级,粒子只与同组内的其他粒子进行交互协同,不同组间保持了搜索和更新的独立性,这样就避免了粒子多样性的流失以及陷入局部最优的问题;每上升一个层级,都是由原来各组中性能最优的粒子重新划分合弄组,通过不断择优又保证了搜索性能的有效提升。将合弄制的组织管理方法映射到互为主体任务决策中,其运行流程如图 4.13所示。

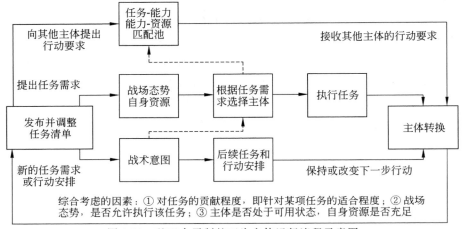

图 4.13   基于合弄制的互为主体运行流程示意图

4.3.7   基于合弄结构的改进分布式粒子群算法

针对 4.3.1 节总结的传统粒子群算法存在的不足,本节提出一种将粒子群优化算法与基于合弄结构的多智能体系统相结合的改进算法,将粒子群优化算法看作一个多智能体系统,将粒子群中的粒子看作智能体,并基于合弄结构对粒子进行组织,从而实现两者的优势互补。运用合弄结构来优化数值函数,将粒子划分成多个合弄组,并构造一种具有层次性、递归性和自相似性的树状层次化拓扑结构,以更好地控制粒子之间的信息流。该结构有助于粒子群算法保持粒子的多样性,并在全局探测和局部搜索之间取得适当平衡。

在实现粒子群算法与多智能体系统的结合过程中需要注意如下问题。首先,简单性是粒子群算法的基本特点之一,与多智能体系统相结合的过程中不应改变算法的这一特性。其次,在对算法复杂度和速度影响不大的前提下,应该尽量使粒子增加智能体的自治能力。

根据 Russel 和 Norvig 的定义,Agent 是能够通过传感器感知其环境并通过其执行器进行操作的实体[271]。根据这个定义,粒子群优化算法中的粒子可以看作简单的 Agent,它们在空间中进行搜索,以达到目标并找到最优解。

粒子按照合弄结构被划分为不同的组和层级,在第一层,粒子被分成若干组,每个粒子只属于一个组,这是合弄结构的最低层级。然后,每组粒子分别运用粒子群优化算法进行空间搜索,每组中性能最优的粒子被选为该组的领导者,所有组的领导者构成第二层合弄的成员。同理,第二层中的成员也被划分为若干组,组间独立进行空间搜索,每组中性能最优的粒子被选为该组的领导者,新选出的第二层级领导者组成第三层级合弄,如此更新迭代,每个组都将该组的最佳粒子作为领导者引入更高层级,构建新的高层级合弄,形成自相似的递归结构。合弄结构的层数取决于粒子总数以及构成每个合弄组的粒子数。

由于使用了合弄结构,粒子位置和速度受到的影响因素要多于基本 PSO 中的影响因素。在标准粒子群算法中,粒子只受到三个因素的影响:自身速度、个体最佳位置和整个粒子群的全局最佳位置。在基于合弄结构的改进算法中,每个粒子都会存储迄今为止找到的个体最佳位置,同一组内最优的粒子被选为小组领导者并被转移到合弄结构的上一个层次,换言之,每一组的领导者都是迄今为止被发现处于该组最佳位置的粒子。每个合弄组都同步进行这样的择优过程。

为了更直观形象地理解合弄结构,如图 4.14 所示给出一种简单的合弄结构搜索空间示意图。图 4.14 中左图共有 9 个粒子,在第一层级中粒子被划分成三组,分别是 G1、G2 和 G3,每组中包含三个粒子。每个组中的最佳粒子被选为该组的领导者并进入第二层级,分别为 P1、P2 和 P3。在第二层级上,粒子重新构成合弄组。在图 4.14 左图中,P1 是 G1 中找到该组中最佳位置的最佳粒子。P1被选为 G1 的领导者。P2 和 P3 分别是 G2 和 G3 的领导者。将第二层级中的粒子分组,再次选择 P1、P2 和 P3 中的最佳粒子。这个粒子作为 P4 移动到第三层级。图 4.14 中右图仍有 9 个粒子,但分组时每组只包含两个粒子,因此层级数增加为 5 级。当一个组内粒子数不足时,可用默认值代替,如图 4.14 中所示,圆圈表示粒子,X 表示缺少的粒子,当组内不足两个粒子时仍然可以创建各个层级的合弄组。

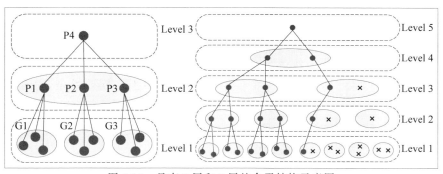

图 4.14　具有 3 层和 5 层的合弄结构示意图

从组织结构可以看出,位于较高层级的粒子会影响后续的搜索,然而这并不一定意味着位于高层级粒子对搜索过程的影响大于位于低层级粒子对搜索过程的影响。为了同时体现出高层级粒子的领导者作用和低层级粒子的种群多样性作用,这两者的影响因子随着层级数和迭代数的变化而变化。

最初,粒子在搜索空间中随机分布并被划分为 G 组,每组的粒子数相同。这些 G 组中的粒子如前所述创建第一层级合弄组。然后每组粒子开始独立在搜索空间中迭代搜索,更新其个体最优值和小组最优值。粒子在前 80% 次迭代中的速度和位置更新规则如式(4.58)和式(4.59)所示。为保持种群多样性,每迭代 n 次后进行一次粒子重组,本章中设置 $n=10$。

$$\mathbf{Vel}^{t+1} = w \cdot \mathbf{Vel}^t + \sum_{i=1}^{\text{levelNumber}} c_i \cdot r_i \cdot \frac{\text{levelNumber} - i + 1}{\text{levelNumber}}$$

$$\cdot (\boldsymbol{p}_{\text{best}\,i} - \mathbf{particlePosition}) \tag{4.58}$$

$$\mathbf{Position}^{t+1} = \mathbf{Position}^t + \mathbf{Vel}^{t+1} \tag{4.59}$$

其中,$\mathbf{Vel}$ 是粒子的速度,t 是迭代次数,c_i 是第 i 层的加速度系数,r 是第 i 层的随机矢量,在 $[0,1]$ 范围内均匀分布。levelNumber 表示该层在 holarchy 中的层级数。在第一级中,$p_{\text{best}i}$ 是粒子 i 的个体最优位置。在其他层级中,$p_{\text{best}i}$ 是每组 holarchy 的最佳位置。$\mathbf{particlePosition}$ 为每个粒子的位置。w 表示惯性因子。注意,在这个方程中 w 不是常数,根据式(4.60),每次迭代惯性因子的值都会发生变化。随着运行次数的增加,w 的影响在迭代中逐渐减小。在第一次迭代中,w 的值约为 1,但在最后一次迭代中,w 的值约为 0。MaxIteration 显示迭代的总数,NumberOfIteration 是算法正在运行的迭代次数。

$$w = \frac{\text{MaxIteration} - \text{NumberOfIteration}}{\text{MaxIteration}} \tag{4.60}$$

在式(4.58)中,变量 i 表示层级数在 $[1, \text{levelNumber}]$ 区间的变化。因此,$((\text{levelNumber} - i + 1)/\text{levelNumber})$ 在 $1/\text{levelNumber}$ 和 1 之间变化。随着层级的升高,$((\text{levelNumber} - i + 1)/\text{levelNumber})$ 的影响逐渐减小。由此可得,低层级中领导者的影响力要大于高层级中领导者的影响力。因此,尽管每个层级中存在多个合弄组,粒子更容易被它们自己所在的合弄组最优值吸引,而不是被其他合弄组影响。多个合弄组保持了种群多样性,避免早熟收敛,使粒子可以完全搜索整个空间,同时,合弄组内粒子则可以有效地进行局部搜索,从而在全局探测能力和局部搜索能力之间取得一定平衡。每次迭代后,如果粒子的当前位置比找到的历史最佳位置更优,则将个体最佳位置更新为当前位置,随之整个合弄结构也被更新。由于合弄结构类似于树状结构,更新速度很快,具有很好的实时性。

与基本粒子群优化算法相似,该算法也可能陷入局部最优。为了解决这一问题,可以充分利用合弄组织的动态特性。在多智能体系统的合弄结构中,合弄成员的归属是动态的,粒子可以从一个合弄组移动到另一个合弄组,合弄组的划分也是可以动态调整的。为了防止算法陷入局部最优,可以设置粒子的重组机制,每当算法迭代特定次数后,就进行一次粒子在不同合弄组间的交换,通过这样的粒子重组改变合弄组的搜索情况从而提高了局部搜索能力。具体实现方法为,若第 1 层级中共有 G 个合弄组,预定义粒子重组的触发条件为固定迭代次数,当算法迭代次数满足该触发条件时,从 G 组中随机选择属于不同合弄组的 $2G$ 个粒子,并在两组间进行交换。本章中设置算法每迭代 10 次就进行一次粒子重组,在前 80% 次迭代中按上述规则进行重组。

此时粒子已经进行了充分的局部搜索,在算法的后 20% 次迭代中,应该把注意力转移到寻找全局最优上。因此,粒子的速度和位置更新方程也要做出对应的调整,如式(4.61)所示,目的是增加高层级合弄组搜索情况对全局最优的影响力。

$$\mathbf{Vel}^{t+1} = w \cdot \mathbf{Vel}^t + c_1 \cdot r_1 \cdot (\boldsymbol{p}_{\text{best1}} - \mathbf{particlePosition}) -$$
$$\sum_{i=2}^{\text{levelNumber}} c_i \cdot r_i \cdot \frac{\text{levelNumber} - i + 1}{\text{levelNumber}} \cdot (\boldsymbol{p}_{\text{best}i} - \mathbf{particlePosition})$$

$$(4.61)$$

式(4.61)的设置更重视位于高层级的粒子对全局最优的影响。例如,在有四个层级的 holarchy 中,层级 2 中最优值对全局最优的影响因子为 $|\log((4-2+1)/4)| = 0.1249$,层级 3 中最优值对全局最优的影响因子为 $|\log((4-3+1)/4)| = 0.301$,层级 4 中最优值对全局最优的影响因子为 $|\log((4-4+1)/4)| = 0.6021$。显然,层级数越高,对全局最优的影响力越大。

因此,随着合弄层级的提高,优化的效果会越来越明显。事实上,在前 80% 的迭代中,低层级的合弄组保持了种群多样性,发挥了在搜索空间内广泛的局部搜索作用,每个合弄组中的最优粒子被选为领导者进入高层级的合弄组;而在后 20% 的迭代中,由于局部搜索已经进行得比较充分,需要将重心转移到全局优化和算法收敛上,因此高层级粒子对全局优化的权重设置要高于低层级粒子的权重,从而使得粒子会朝着全局最优的方向移动并被吸引,在这一阶段减少了局部搜索,更加注重全局优化。

上述基于合弄结构的粒子群算法流程如图 4.15 所示。

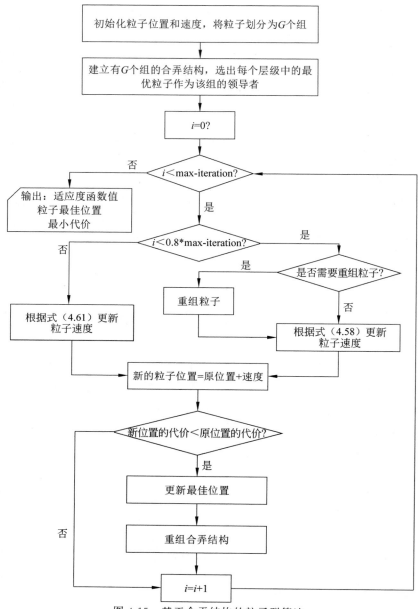

图 4.15　基于合弄结构的粒子群算法

4.4　协同搜索策略基础及分类

现实中协同搜索优化问题往往都是具有约束条件限制的,求解约束优化问题的效果,一方面取决于合理的约束处理机制,另一方面需要借助先进的搜索机制。

多目标优化法作为一种约束处理技术,有利于维护种群多样性且不易陷入局部最优。PSO 算法作为多目标优化的有效方法之一,具有快速性、收敛性等优势,可以求解有约束单目标优化问题。DPSO 算法在如式(4.21)所示的经典 PSO 算法公式上进行改进[76]。在经典粒子群算法中,随机值,r_{1j}^k 和 r_{2j}^k 的设计是为了扩展搜索范围。然而,本章的主要目的并不是确定一个全局最大值,而是要发现若干极大值,即根据战术需求搜索发现若干目标群。此外,考虑到无人机的飞行动力学特点和控制问题,应尽量选择转弯次数和机动次数较少的搜索路径。出于以上原因,在本章的应用场景中,这两个随机参数可能是不必要的[272]。相反,当无人机到达地理围栏,由于边界处理被强制要求转弯时,我们引入了一个随机参数。本节基于改进的 DPSO 算法提出了三种面向不同战术需求的无人机协同搜索策略。

4.4.1　基于 MDC-DPSO 的无人机集群协同搜索策略

基于最大密度收敛搜索 DPSO 算法(Maximum Density Convergence Distributed Particle Swarm Optimization, MDC-DPSO)的搜索策略在固定探测范围和火力打击范围内具有最大化毁伤性能的重要战术意义,如图 4.16 所示。由于每架无人机携带的弹药量有限,且杀伤半径一定,攻击目标密度最大的区域时单位面积内杀伤效能最大。因此,MDC-DPSO 算法中适应度函数可以表示为

$$d = \& \text{ 发现地面节点}$$
$$f(x,y) = d$$
$$\text{find}(x^*, y^*) \in S \in R^2 \quad \text{因此 } \forall (x,y) \in S, f(x^*,y^*) \geqslant f(x,y)$$

$$(4.62)$$

需要注意的是,在这种情况下,无人机需要发现目标群、找到群内目标密度最大的区域并集结到该区域,因此算法中代价函数和求解方法与经典 PSO 算法[78]有以下不同。

(1) 在速度更新规则中,加入一个随机矢量,增加搜索过程中速度方向和速度值的可能性,扩大搜索范围。

(2) 提出了一种跳出机制,避免无人机被困在特定的目标群中。

(3) 提出了一种回访机制,使无人机能够记住所发现的历史最佳位置。当无人机离开一个目标群并且无法找到其他目标群时,可以通过回访机制飞回已发现的目标群。

(4) 从实际应用出发,在禁飞区处设置了静态地理围栏,从而避免无人机进入禁飞区,以无人机为中心设置了动态地理围栏,从而避免无人机间的碰撞。

本章将 MDC-DPSO 算法分为三个阶段,具体内容如下。

(1) 惯性阶段:无人机在发现目标之前进行惯性搜索。假设无人机在初始点起飞,每个无人机在 DPSO 算法中作为一个粒子进行独立搜索,其速度更新可以写为

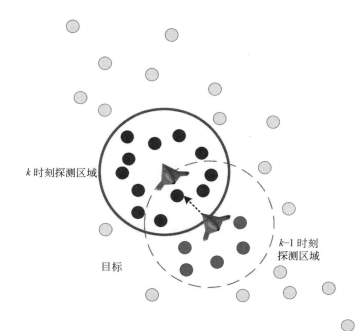

图 4.16 寻找目标群内目标密度最大的区域

$$\boldsymbol{v}_{ij}^{k+1} = w_A \boldsymbol{v}_{ij}^{k} \tag{4.63}$$

其中,w_A 为惯性因子。在这个阶段,无人机暂时没有发现任何目标,它们以固定的速度沿初始方向展开搜索。参数的设置也可以体现无人机在这一阶段的特点,即尽最大努力探索,尽快找到目标。

（2）$\boldsymbol{p}_{\text{best}}$ 阶段：无通信情况下,单个无人机发现目标后寻找个体最优的搜索阶段。一旦无人机发现任何一个目标,也就意味着发现了某个目标群,该无人机就开始在目标附近展开搜索,目的是找到该群中目标密度最大的区域。在这个过程中,无人机不断更新 $\boldsymbol{p}_{\text{best}}$ 值。

如图 4.17 所示,速度矢量由三部分合成,分别是 $k-1$ 时刻的速度矢量、$\boldsymbol{p}_{\text{best}}$ 位置的速度矢量和一个随机矢量。初始阶段,无人机沿着随机初始方向进行搜索,在发现目标之前,无人机在惯性因子的影响下飞行以避免不必要的机动。无人机发现目标后,速度更新进入第二阶段,局部最优 $\boldsymbol{p}_{\text{best}}$ 权重增大,惯性因子 w_A 权重减小,在这种情况下,k 时刻无人机速度矢量由惯性因子和局部最优权重共同决定。为了避免搜索陷入局部最优,引入一个随机矢量以拓展搜索范围。因此,无人机 i 的速度可以表示为

$$\boldsymbol{v}_{ij}^{k+1} = w_A \boldsymbol{v}_{ij}^{k} + C_{p\_A}(\boldsymbol{p}_{\text{best}ij}^{k} - \boldsymbol{x}_{ij}^{k}) + \boldsymbol{\varphi}_{p\_A}^{k} \tag{4.64}$$

其中,C_{p_A} 表示 $\boldsymbol{p}_{\text{best}}$ 对粒子的吸引程度。

（3）$\boldsymbol{g}_{\text{best}}$ 阶段：两架或多架无人机在通信情况下的速度更新。无人机之间的距离满足通信约束后,就可以相互交换侦察信息,通过多机协同提高搜索效率。通

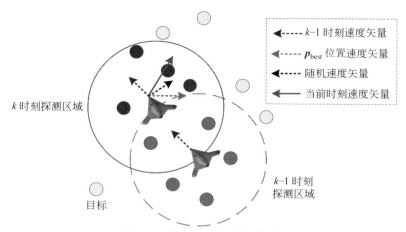

图 4.17　单架无人机的速度更新

过比较各无人机的 p_{best} 值，可以得到当前时刻的 g_{best} 值。

如图 4.18 所示，对于处于通信范围 L_{com} 内的两个无人机或多个无人机，交换 p_{best} 位置以获得 g_{best} 位置。k 时刻的速度矢量由四部分合成，分别为 $k-1$ 时刻的速度矢量、p_{best} 处的速度矢量、g_{best} 处的速度矢量和随机矢量。无人机间通信的作用使得多无人机向 g_{best} 位置集结，体现出的运动趋势是相互吸引快速集结。无人机 i 和 l 的速度更新为

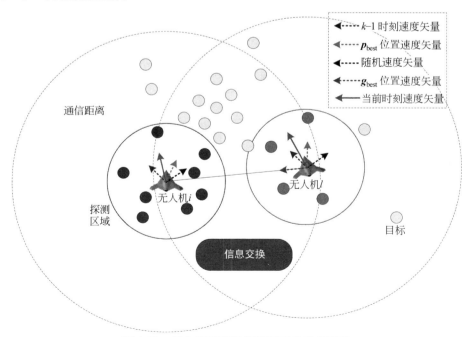

图 4.18　无人机间有通信情况下的速度更新

$$\begin{cases} \boldsymbol{v}_{ij}^{k+1} = w_B\boldsymbol{v}_{ij}^k + C_{p\_A}(\boldsymbol{p}_{\text{best}ij\_\max}^k - \boldsymbol{x}_{ij}^k) + C_{g\_A}(\boldsymbol{x}_{lj\_\max}^k - \boldsymbol{x}_{ij}^k) + \boldsymbol{\varphi}_{g\_A} \\ \boldsymbol{v}_{lj}^{k+1} = w_B\boldsymbol{v}_{lj}^k + C_{p\_A}(\boldsymbol{p}_{\text{best}lj\_\max}^k - \boldsymbol{x}_{lj}^k) + C_{g\_A}(\boldsymbol{x}_{ij\_\max}^k - \boldsymbol{x}_{lj}^k) + \boldsymbol{\varphi}_{g\_A} \end{cases} \quad (4.65)$$

其中，C_{g_A} 表示 $\boldsymbol{g}_{\text{best}}$ 对粒子的吸引程度，$\boldsymbol{\varphi}_{g\_A}$ 是引入的随机矢量。

如图 4.19 所示是 MDC-DPSO 算法流程图，其中，虚线框部分对应上述三个阶段。MDC-DPSO 算法实现的伪代码如下。

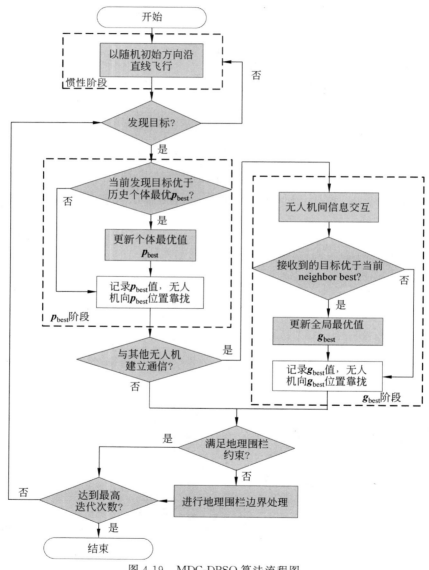

图 4.19　MDC-DPSO 算法流程图

表 4.4　MDC-DPSO 算法伪代码

算法 1：MDC-DPSO 算法

1:　**for** $k=1,2,\cdots,M$ **do**（M 为最大迭代次数）

2:　　　设置 N 个粒子初始情况下随机选择速度大小与方向

3:　　　根据式 (4.62) 计算 f_k 的值

4:　　　　**for** $i=1,2,\cdots,N$　**do**

%------------------ 更新 $\boldsymbol{p}_{\text{best}}$ 信息 -------------------

5:　　　　　　**if** and $\boldsymbol{p}_{\text{best}}(i,k-1)\neq 0$

6:　　　　　　　**then** Max_num$(i,k)\leftarrow\max(\boldsymbol{p}_{\text{best}}(i,k-10:\text{end}))$

7:　　　　　　　　$\boldsymbol{P}_i(k)\leftarrow\text{find}(\boldsymbol{p}_{\text{best}}(i,:)==\text{Max\_num})$

8:　　　　　　**end if**

9:　　　　　　**if** $\boldsymbol{p}_{\text{best}}(i,k-1)\neq 0$

10:　　　　　　**then** $\boldsymbol{V\_dir}\leftarrow w_A\cdot\boldsymbol{v}(i,k)+C_{p\_A}\cdot(\boldsymbol{P}_i(k)-x(i,k))+\text{randn}\cdot\varphi_{p\_A}$

11:　　　　　　**else** $\boldsymbol{V\_dir}\leftarrow w_A\cdot\boldsymbol{v}(i,k)$

12:　　　　　　**end if**

13:　　　　　　**if** length(unique(Max_num$(i,k-10:k)$))$=1$

14:　　　　　　**then** $\boldsymbol{V\_dir}=w_A\cdot\boldsymbol{v}(i,k)$

15:　　　　　　**end if**

16:　　　　　　$\boldsymbol{v}(i,k+1)\leftarrow\boldsymbol{v}_0\cdot\dfrac{\boldsymbol{V\_dir}}{\text{norm}(\boldsymbol{V\_dir})}$

%--- 不同粒子之间的 $\boldsymbol{g}_{\text{best}}$ 值进行信息交换---

17:　　　　　　**if** dis_$i,l<=L_{\text{com}}$

18:　　　　　　**then** 比较第 i 个与第 l 个粒子的 $\boldsymbol{p}_{\text{best}}$ 值：

19:　　　　　　　　Max_$\boldsymbol{p}_{\text{best}}(i)\leftarrow\max(i,k)$

20:　　　　　　　　Max_$\boldsymbol{p}_{\text{best}}(l)\leftarrow\max(l,k)$

21:　　　　　　　　$\boldsymbol{g}_{\text{best}}(k)\leftarrow\max(\text{Max\_}\boldsymbol{p}_{\text{best}}(i),\text{Max\_}\boldsymbol{p}_{\text{best}}(l))$

22:　　　　　$\boldsymbol{g}_{\text{best}}$ 值：$\boldsymbol{G}_i(k)\leftarrow\text{find}(\boldsymbol{p}_{\text{best}}(i,:)\bigcup\boldsymbol{p}_{\text{best}}(l,:)==\boldsymbol{g}_{\text{best}}(k))$

23:　　　　　　**end if**

24:　　　　　　$\boldsymbol{V\_dir}\leftarrow w_A\cdot\boldsymbol{v}(i,k)+C_{p\_A}(\boldsymbol{P}_i(k)-x(i,k))+C_{g\_A}(\boldsymbol{G}_i(k)-x(i,k))+\text{randn}$
　　　　　　　$\cdot\varphi_{g\_A}^k$

25:　　　　　　$\boldsymbol{v}(i,k+1)\leftarrow\boldsymbol{v}_0\cdot\dfrac{\boldsymbol{V\_dir}}{\text{norm}(\boldsymbol{V\_dir})}$

%----------------------------- 地理围栏-----------------------------

26:　　　　　　**if** keep_in$(i)==1$ $||$ keep_out$(i)==0$

%---（keep_in(i) 为保持地理围栏内函数，keep_out(i) 保持地理围栏外函数；"1"表示第 i 个粒子到达地理围栏的边界；"0"表示第 i 个粒子未到达地理围栏边界---

27:　**输出** 每个粒子下一步迭代中速度大小与方向：$\boldsymbol{V\_dir}\leftarrow -w_A\cdot\boldsymbol{v}(i,k)+\varphi_f^k\cdot\text{randn}$

28:　　　　　　$\boldsymbol{v}(i,k+1)\leftarrow\boldsymbol{v}_0\cdot\dfrac{\boldsymbol{V\_dir}}{\text{norm}(\boldsymbol{V\_dir})}$

29:　　　　　　**end if**

30:　　　**end for**

31:　**end for**

4.4.2 基于 FCO-DPSO 的无人机集群协同搜索策略

基于快速穿越搜索 DPSO 算法(Fast cross-over Distributed Particle Swarm Optimization,FCO-DPSO)的搜索策略旨在提高无人机集群在执行搜索任务过程中的生存率,以灵活机动的方式实现快速侦察。快速穿越搜索示意图如图 4.20 所示。

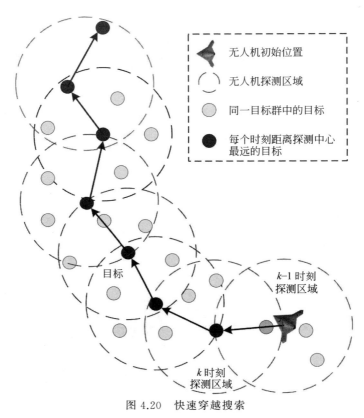

图 4.20 快速穿越搜索

为了实现快速穿越搜索,在 k 时刻,无人机都将新发现的目标与 $k-1$ 时刻发现的目标进行比对,并选择此时距离无人机最远的新目标位置作为下一刻的飞行方向。当无人机完成侦察并离开目标群时,设置了一种重访机制使得无人机能够以随机方向返回目标群并对该群重新进行下一轮侦察。每架无人机在每一时刻都会记录其发现的目标,实时更新搜索到的目标并进行标记。当两个或多个无人机进入通信范围并相互通信时,多架无人机将共享搜索到的目标信息。

因此,通过在探测范围内寻找新目标来设计适应度函数,可以表示为

$$d = \& \text{ 第 } k \text{ 时刻发现的地面节点}$$

$$f_{k-1}(x,y) = d_{k-1}$$

$$f_k(x^*, y^*) = d_k$$

$$\text{find}(x^*, y^*) \in S \in \boldsymbol{R}^2 \quad \text{因此} \ \forall (x, y) \in S, f(x^*, y^*) \bigcap f_{k-1}(x, y) \neq \varnothing \tag{4.66}$$

与 MDC-DPSO 算法相似,将无人机的速度更新分为三个阶段(惯性阶段、$\boldsymbol{p}_{\text{best}}$ 阶段和 $\boldsymbol{g}_{\text{best}}$ 阶段)。

(1)惯性阶段:与 MDC-DPSO 中的惯性阶段方法相同。

(2)$\boldsymbol{p}_{\text{best}}$ 阶段:无通信和信息交换的单无人机速度更新,如图 4.21 所示。对于穿越侦察,每架无人机都要发现新的目标,并向其中最远的目标飞去。与 MDC-DPSO 中单无人机的速度更新相似,速度矢量的更新由 $k-1$ 时刻速度矢量、最远探测目标速度矢量、当前速度矢量和随机矢量组成。

$$\boldsymbol{v}_{ij}^{k+1} = w_B \boldsymbol{v}_{ij}^k + C_{p\_B}(\boldsymbol{p}_{\text{best}ij\_\text{max}}^k - \boldsymbol{x}_{ij}^k) + \boldsymbol{\varphi}_{p\_B}^k \tag{4.67}$$

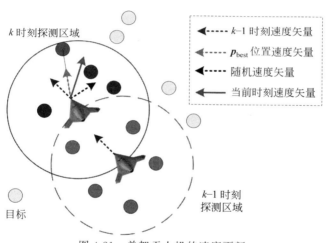

图 4.21　单架无人机的速度更新

其中,w_B 表示惯性因子权重,C_{p_B} 表示该无人机 $\boldsymbol{p}_{\text{best}}$ 对粒子的吸引程度,$\boldsymbol{p}_{\text{best}ij\_\text{max}}^k$ 表示此刻距离无人机最远的新目标位置,$\boldsymbol{\varphi}_{p\_B}^k$ 是引入的随机矢量。

(3)$\boldsymbol{g}_{\text{best}}$ 阶段:两架或多架无人机在通信情况下的速度更新。只要满足通信约束,无人机间就可以建立通信并共享目标信息,避免重复搜索,从而提高整体搜索效率。因此,无人机间在通信情况下的速度更新由 $k-1$ 时刻的速度矢量、指向距离无人机最远目标的速度矢量、当前时刻速度矢量、无人机间的排斥矢量和一个随机值矢量组成。因此,信息交换后的运动趋势表现为无人机之间的相互远离。

如图 4.22 所示,$\boldsymbol{g}_{\text{best}}$ 阶段旨在通过无人机间的信息交互提高协同搜索的整体效率,第 i 架无人机和第 j 架无人机的速度更新可以表示为

$$\begin{cases} \boldsymbol{v}_{ij}^{k+1} = w_B \boldsymbol{v}_{ij}^k + C_{p\_B}(\boldsymbol{p}_{\text{best}ij\_\text{max}}^k - \boldsymbol{x}_{ij}^k) + C_{g\_B}(\boldsymbol{x}_{ij}^k - \boldsymbol{x}_{lj}^k) + \boldsymbol{\varphi}_{g\_B} \\ \boldsymbol{v}_{lj}^{k+1} = w_B \boldsymbol{v}_{lj}^k + C_{p\_B}(\boldsymbol{p}_{\text{best}lj\_\text{max}}^k - \boldsymbol{x}_{lj}^k) + C_{g\_B}(\boldsymbol{x}_{lj}^k - \boldsymbol{x}_{ij}^k) + \boldsymbol{\varphi}_{g\_B} \end{cases} \tag{4.68}$$

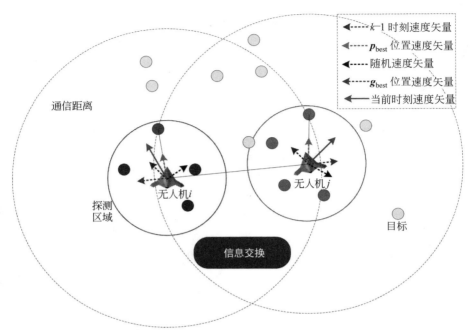

图 4.22 无人机间有通信情况下的速度更新

其中，C_{p_B} 表示 $\pmb{g}_{\text{best}}$ 对粒子的吸引程度，φ_{g_B} 是引入的随机矢量。此外，本章提出一种回访机制，使得无人机可以对目标群进行多次快速穿越搜索。

FCO-DPSO 算法的伪代码如下。

表 4.5 FCO-DPSO 算法伪代码

算法 2：FCO-DPSO 算法
1： **for** $k = 1, 2, \cdots, M$ **do**
2：   设置 N 个粒子初始情况下随机选择速度大小与方向
3：   根据式(4.66)计算 f_k 的值
4：   **for** $i = 1, 2, \cdots, N$ **do**
%----------------- 更新 $\pmb{p}_{\text{best}}$ 信息 -----------------
5：   **if** $\pmb{p}_{\text{best}}(i,k) \bigcap \pmb{p}_{\text{best}}(i,k-1) \neq 0$ and $\pmb{p}_{\text{best}}(i,k-1) \neq 0$
6：   **then** 新探测目标：$\pmb{p}_{\text{best}}(i,k) \leftarrow \pmb{p}_{\text{best}}(i,k) \bigcup \pmb{p}_{\text{best}}(i,k-1)$
7： $\pmb{P}_i(k) \leftarrow \text{find}(\pmb{p}_{\text{best}}(i,k) \bigcap \pmb{p}_{\text{best}}(i,k-1))$
8： $\pmb{P}_{\max,i}(k) \leftarrow \text{find}(\pmb{P}_i(k) == \max \text{distance}(\pmb{P}_i(k), x(i,k)))$
9：   **end if**
10：   **if** $\pmb{p}_{\text{best}}(i,k-1) \neq 0$
11：   **then** $\pmb{V\_dir} \leftarrow w_B \cdot \pmb{v}(i,k) + C_{p\_B}(\pmb{P}_{\max,i}(k) - x(i,k)) + \text{randn} \cdot \varphi_{p\_B}^k$
12：   **else** $\pmb{V\_dir} \leftarrow w_B \cdot \pmb{v}(i,k)$
13：   **end if**
14： $\pmb{v}(i,k+1) \leftarrow v_0 \cdot \dfrac{\pmb{V\_dir}}{\text{norm}(\pmb{V\_dir})}$

％---不同粒子之间的 g_{best} 值进行信息交换---

15：　　　**if** dis_$i,l \leq L_{\text{com}}$

16：　　　　**then** 比较第 i 个与第 l 个粒子的 p_{best} 值：

17：　　　　$g_{\text{best}}(k) \leftarrow p_{\text{best}}(i,k) \bigcup p_{\text{best}}(j,k)$

18：　　　**end if**

19：**Output** 每个粒子下一步迭代中速度大小与方向：

$$V\_\mathbf{dir} \leftarrow w_B \cdot v(i,k) + C_{p\_B}(\mathbf{P}_{\max,i}(k) - x(i,k)) + C_{g\_B}(x(i,k) - x(j,k)) + \text{randn} \cdot \varphi_{g\_B}^k$$

20：
$$v(i,k+1) \leftarrow v_0 \cdot \frac{V\_\mathbf{dir}}{\text{norm}(V\_\mathbf{dir})}$$

％----地理围栏计算与算法 1 相同，不再赘述----

21：　　　**end for**

22：**end for**

4.4.3　基于 ACE-DPSO 的无人机集群协同搜索策略

基于精确覆盖搜索 DPSO 算法（Accurate Coverage Exploration Distributed Particle Swarm Optimization，ACE-DPSO）的搜索策略将 DPSO 算法与在线割草机算法相结合，实现对侦察区域全覆盖的精确侦察，如图 4.23 所示。与 MDC-DPSO 和 FCO-DPSO 两种快速侦察方法相比，ACE-DPSO 的目标是实现对目标群所有目标的精确侦察。因此，需要对发现的目标群进行更精细的覆盖搜索。割草机算法是一种典型的全覆盖率搜索算法。然而，如果无人机按照传统的割草机算法对整个区域进行全面搜索之后再集结到发现的目标群，就需要耗费额外的搜索和集结时间，效率较低[273,274]。为了解决这一问题，本章提出将 DPSO 算法和在线割草机算法（ACE）相结合的 ACE-DPSO 算法。

如图 4.23 所示，在发现目标后，无人机开始运用在线割草机算法，在当前速度方向的垂直方向上开始搜索整个目标群，以保证对目标群轮廓描绘的精度。无人机的速度更新仍然分为三个阶段，在发现目标群之前采取与前两种算法相同的方

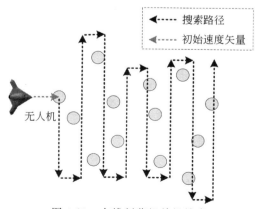

图 4.23　在线割草机单机搜索

法,但是一旦发现目标,无人机就开始以在线割草机的方式进行精确搜索,初始搜索方向垂直于无人机发现第一个目标时刻的速度方向。无人机转弯的触发条件和终止条件通过设置阈值来确定。具体搜索规则如下。

1. 单机搜索

单架无人机一旦发现目标,就开始运用在线割草机算法来搜索这个目标群,初始搜索方向垂直于初始速度方向。为了确定折返位置,设置一个折返阈值 α, d_{ij} 表示找到目标后继续沿同一方向的搜索距离。无人机折返的规则如下。

$$\text{turnaround} = \begin{cases} 1, & \alpha < d_{ij} \\ 0, & \alpha > d_{ij} \end{cases} \tag{4.69}$$

搜索的终止条件通过设置终止阈值 β 实现。

$$\text{search} = \begin{cases} 1, & \beta > d_{ij} \\ 0, & \beta < d_{ij} \end{cases} \tag{4.70}$$

2. 两架或多架无人机在通信情况下的搜索

如果两架无人机发现并搜索同一个目标群,在满足与另一架无人机的通信约束之前,两架无人机分别运用在线割草机算法进行独立搜索。当两架无人机满足通信约束时,它们之间建立通信并进行信息交互,分享并存储各自搜索并记录过的目标序列号和目标位置。无人机在信息交互后对同一目标群采取的搜索策略如图 4.24 所示。首先,通过对比得出已发现目标数较多的无人机,该机继续搜索目标群的剩余部分,而另一架机立即离开当前目标群,任务转换为侦察其他目标群。该搜索策略旨在提高多机协同覆盖侦察区域并进行精确搜索的效率。

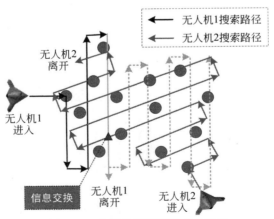

图 4.24　有通信情况下的多机搜索

因此,ACE-DPSO 算法伪代码如下:

表 4.6　ACE-DPSO 算法伪代码

算法 3：ACE-DPSO 算法

$v_{\perp}(i,k)$　k 时刻第 i 个粒子在垂直方向的速度

N_C　目标群中目标数量

φ_{g_C}　g_{best} 信息交换中的随机值

ω_C　权重

1：　**for** $k = 1,2,\cdots,M$　**do**

2：　　设置 N 个粒子初始情况下随机选择速度大小与方向

3：　　根据式(4.66)计算 f_k 的值

4：　　　**for** $i = 1,2,\cdots,N$ **do**

%------------------ 更新 p_{best} 信息 ------------------

5：　　　　**if** $p_{\text{best}}(i,k-1)\neq0$

6：　　　　　new targets：$p_{\text{best}}(i,k)=p_{\text{best}}(i,k)\bigcup p_{\text{best}}(i,k-1)$

7：　　　　　　　$V\_dir \leftarrow v_{\perp}(i,k)$

8：　　　　**then** 进入割草机算法

9：　　　　**end if**

10：　　　**if** $p_{\text{best}}(i,k-10:k)=0$

11：　　　**then** 跳出割草机算法

12：　　　**end if**

%--- 不同粒子之间的 g_{best} 值进行信息交换---

13：　　　**if** dis$\_i,j<=L_{\text{com}}$

14：　　　**then** 比较第 i 个与第 l 个粒子的 p_{best} 值：

15：　　　$g_{\text{best}}(k)=p_{\text{best}}(i,k)\bigcup p_{\text{best}}(j,k)$

16：　　　**end if**

17：　　　**if** $p_{\text{best}}(i,k)>p_{\text{best}}(j,k)$

18：　　　**then** $V\_dir=v(i,k)$

19：　　　　　$V\_dir=v(i,k)+$ randn $\cdot\ \varphi_{g\_C}$

20：　　　**end if**

%---- 地理围栏计算与算法 1 相同,不再赘述----

21：　　**end for**

22：**end for**

4.5　仿真验证分析

4.5.1　仿真基础参数设定

　　为了验证上述提出的面向不同战术需求搜索算法的性能,本章进行三种应用场景下的仿真验证,分别对应基于最大密度收敛搜索 MDC-DPSO、快速穿越搜索 FCO-DPSO 和精确覆盖搜索 ACE-DPSO 算法的搜索策略,并分析了各种算法的应用特点。基本仿真设置如下。

　　目标群数量：6

　　无人机数量：6

无人机速度：25m/s

无人机探测距离：$L_{det}=200m$

无人机通信距离：$L_{com}=600m$

地理围栏边界设置：

禁飞区 1：[1500，1700，3200，4000]

禁飞区 2：[3500，4200，1500，1700]

仿真时间：1600s

侦察区域设置为如图 4.25 所示的 5000m×5000m 区域，无人机集群初始位置位于侦察区域左下角，这也是无人机的起飞位置。区域内有随机分布的 6 个目标群和 2 个禁飞区，目标群形状、大小和其中目标的分布都是随机的。两个禁飞区的形状和大小也不同。出于 DPSO 算法的随机搜索特性，令无人机集群的初始速度方向在 [0，π/2] 内均匀分布，从而最大化搜索效果。

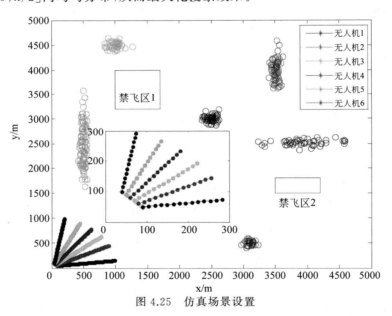

图 4.25　仿真场景设置

为了验证算法性能，本章进行了蒙特卡罗仿真。存在通信距离约束的情况下，机间是否通信将对无人机搜索产生明显影响，无人机独立搜索和建立通信后的搜索情况对比见仿真结果与分析。

4.5.2　MDC-DPSO 性能分析案例

如图 4.26 所示，无人机从原点起飞后沿初始方向飞行，这个阶段对应于惯性阶段，即无人机在发现目标之前的惯性搜索，每架无人机平台都是独立的搜索主体。对于无人机 1、无人机 3、无人机 4 和无人机 6，在一段时间后发现了不同的目标集群,转而进入 p_{best} 阶段。

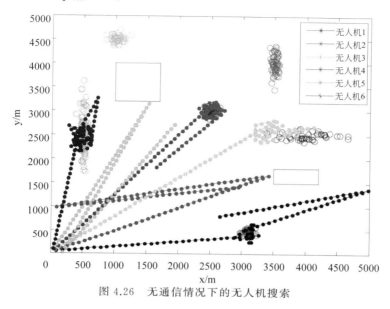

图 4.26　无通信情况下的无人机搜索

　　从图 4.26 中可以清楚地看到,这四架无人机在一段时间后搜索到了各自发现的目标群中目标密度最大的区域。对于无人机 2 和无人机 5,它们在飞行一段时间后遇到禁飞区和侦察区域边界,触发地理围栏然后以随机值进行方向折返,并继续搜索。由于无人机不在通信范围内,没有关于目标集群的信息交互,每架无人机作为搜索主体进行独立搜索。假设每个无人机对单个目标群的搜索有固定时间上限,在搜索时间达到上限后就离开当前目标群,继续寻找其他目标群,从而避免无人机的滞留。在达到侦察时间上限值之后,1 号无人机和 4 号无人机离开当前目标群。此外,本章还设计了跳出机制,当无人机确定目标密度最大区域并在该区域停留一定时间后(仿真设置为 15 个步长),应离开当前目标群并继续寻找其他目标群。在无人机 3 和无人机 6 分别成功收敛到两个目标群中的最大密度区域,停留15 个时间步长后离开当前目标群,从而提高无人机集群的整体侦察效率。

　　在满足通信距离约束的情况下,无人机不仅根据单机速度更新规则进行搜索,还共享目标群的位置信息以获得全局最优位置,这种情况对应于无人机间通信侦察的 g_{best} 阶段。为提高集群整体的搜索效率,针对同一个目标群需要对搜索主体进行选择与转换。无人机速度更新受到 g_{best} 权重吸引,向 g_{best} 位置集结,如图 4.27所示,无人机 4 向无人机 3 方向飞行,无人机 5 和无人机 6 向无人机 1 方向飞行,此时针对同一个目标群有多个搜索主体,主体之间的角色和地位是平等的。

　　同时,参数设置对算法的性能至关重要。为了分析和比较 MDC-DPSO 算法中不同参数对算法性能的影响,图 4.28 为 100 次蒙特卡罗模拟中检测到目标数量占总目标数的百分比。

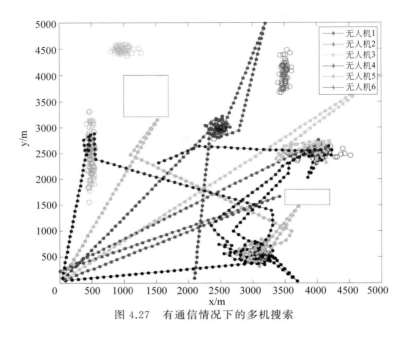

图 4.27　有通信情况下的多机搜索

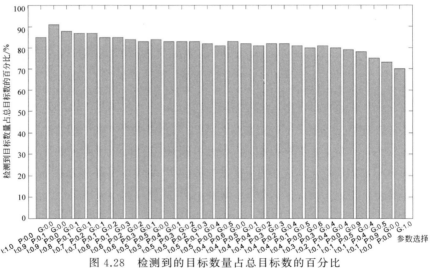

图 4.28　检测到的目标数量占总目标数的百分比

可以看出，当参数分别设置为 $w_A = 0.9$，$C_{p\_A} = 0.1$，$C_{g\_A} = 0$ 时，可以获得百分比最大值。在这种情况下，无人机集群几乎是直线飞行，不会滞留在目标群中，也不会被 p_{best} 和 g_{best} 位置所吸引。很明显，w_A 的值可以直接影响搜索到的目标数。随着 w_A 值的降低，无人机探索能力相应降低。图 4.29 示出了无人机集群探测范围内搜索到目标的平均数量。

由图 4.29 可得，p_{best} 权重 C_{p_A} 和 g_{best} 权重 C_{g_A} 值越高，无人机集群收敛到目

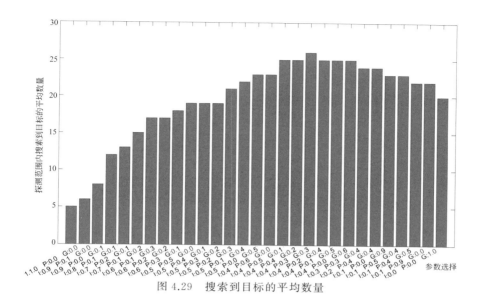

图 4.29　搜索到目标的平均数量

标群效果越明显，特别是当取值在 0.3～0.6 时。在这种情况下，每架无人机都试图探索目标群中侦察到目标数最多的 p_{best} 和 g_{best} 周围区域。从图 4.28 和图 4.29 可以看出，参数选择是一个 NP 难问题，需要在惯性值、p_{best} 和 g_{best} 之间取得平衡。综上，本场景中将参数合理设置为 $w_A = 0.4$，$C_{p\_A} = 0.3$ 和 $C_{g\_A} = 0.3$。

为了进一步解释参数选择对搜索效能的影响，我们模拟一种极端情况来说明，如图 4.30 所示。

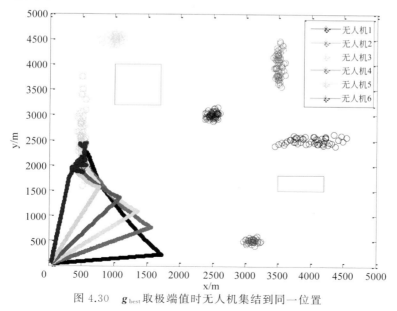

图 4.30　g_{best} 取极端值时无人机集结到同一位置

在惯性阶段,每架无人机在惯性因子的影响下沿初始方向直线飞行。在满足通信约束后,g_{best}权值在速度更新中起到最大作用。此时所有无人机都被吸引到g_{best}位置,并收敛到同一个目标群。仿真结果说明了参数选择的重要性,其统计结果也为本章的参数设置提供了指导。

表 4.7 显示了 MDC-DPSO 算法和 DPSO-U 算法之间的比较。参数选择都分别设置为 $w_A=0.4$,$C_{p\_A}=0.3$,$C_{g\_A}=0.3$。显然,DPSO-U 算法在检测范围内的平均目标数与 MDC-DPSO 算法相同。对于发现 25%、50%、75% 和 85% 目标所需的时间,MDC-DPSO 算法与 DPSO-U 算法相比所需的时间更少,原因是速度更新规则中引入了随机值矢量。随机值矢量体现了 PSO 算法的特点,有助于提高算法的灵活性和粒子探索能力。由于本章的工作是基于 DPSO 算法的应用,因此将DPSO 算法与其他 PSO 算法进行性能比较。

表 4.7　MDC-DPSO 和 DPSO-U 算法性能对比

算法	无人机探测范围内平均发现的目标数	搜索时间/s			
		25%	50%	75%	85%
MDC-DPSO	27	183	345	637	1128
DPSO-U	27	195	361	656	1161

4.5.3　FCO-DPSO 性能分析案例

与 MDC-DPSO 类似,FCO-DPSO 的仿真结果可以分为两类:无信息交互的单机搜索和有信息交互的多机协同搜索。在 MDC-DPSO 算法中,根据统计实验将参数设置为 $w_B=0.4$,$C_{p\_B}=0.4$ 和 $C_{g\_B}=0.2$。

如图 4.31 所示,无人机从原点起飞后,沿原方向直线飞行。这个阶段对应于惯性阶段,即在发现任何目标之前进行勘探,每架无人机是独立的搜索主体。对于无人机 1、3、4、6,经过一段时间后发现不同的目标群,进入 p_{best} 阶段,即无通信情况下的单无人机侦察阶段。如图 4.31 所示,这四架无人机贯穿飞过了目标群。无人机 3 的路径就是典型的快速穿越路径。无人机 2 和无人机 5 在遇到禁飞区和侦察区域边界时,触发地理围栏,以随机方向折返到准飞区中继续搜索。由于无人机不在通信范围内,没有关于目标群的信息交换,每架无人机都进行独立搜索。此外,还设计了一种回访机制,使无人机可以返回同一目标群进行下一轮快速穿越搜索,实现机动灵活的多次侦察,这种搜索策略下无人机飞行轨迹随机性强,可以避免被敌方装备跟踪,减小被击毁的可能性,提高无人机的生存率。

如图 4.32(a)所示,一旦无人机之间建立通信,搜索就转入 g_{best} 阶段。根据速度更新规则,信息交互后两架机的运动趋势表现为相互排斥,以扩大集群整体的搜索效率,此时针对同一个目标群的搜索主体发生了选择和转换。例如,5 号无人机

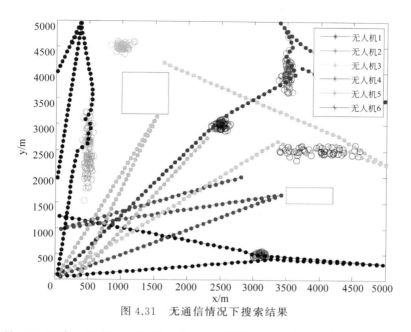

图 4.31　无通信情况下搜索结果

在与 4 号无人机建立通信后,发现 4 号无人机距离要搜索的目标群更近,因此 4 号无人机作为搜索主体继续搜索,而 5 号无人机改变方向转而寻找其他目标群。图 4.33(b)是图 4.33(a)的局部放大图,显示了 5 号无人机和 4 号无人机通信后各自搜索方向的变化,验证了信息交互机制的有效性。

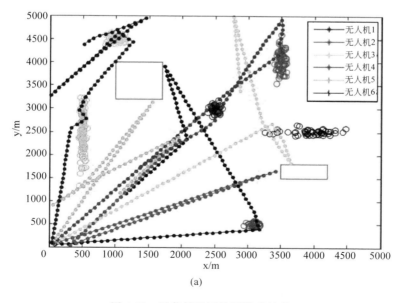

(a)

图 4.32　通信情况下协同搜索结果

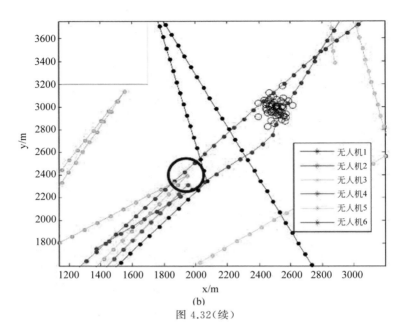

(b)

图 4.32（续）

该算法很容易扩展到无人机较多的情况，如图 4.33 所示，将无人机数量增加至 9 架。仿真结果表明，该方法仍能实现无人机的快速穿越侦察。

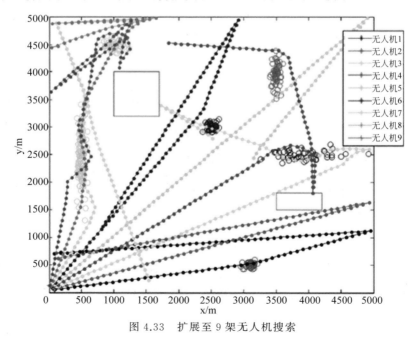

图 4.33   扩展至 9 架无人机搜索

如果无人机穿越过当前目标群之后的一段时间没有发现其他目标群，可以通过回访机制重新回到已发现的目标群进行下一轮侦察,如图 4.32(a)所示,由于无人机 6 离开蓝色标记的目标群后在设定的时间内没有发现任何新的目标,因此无人机 6 多次回访该目标群。另一个例子如图 4.33 所示,无人机 9 多次重访同一目标群。

如图 4.34 所示是 FCO-DPSO 算法进行 100 次蒙特卡罗仿真,侦察到目标个数占总目标数 25%、50%、75% 和 85% 所需的时间。可见,FCO-DPSO 算法在侦察任务中对新目标的探测耗时更短,侦察到新目标的速度较快。

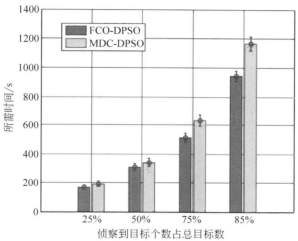

图 4.34　FCO-DPSO 和 MDC-DPSO 算法平均耗时

4.5.4　ACE-DPSO 性能分析案例

如图 4.35(a)所示,ACE-DPSO 算法是通过将 DPSO 算法与在线割草机算法相结合来实现的。该方法结合了 DPSO 算法随机搜索特性和割草机算法精确覆盖探测的优点。折返阈值设为时间步长 $\alpha=4$,终止阈值设为时间步长 $\beta=10$。

如图 4.35(b)所示,无人机 5 和无人机 6 满足通信约束并建立通信,相互交换和存储已发现目标的序列号和位置。然后对两者已发现目标的数量进行比较,此时需要进行主体的选择与转换。显然,在它们建立通信之前,无人机 6 已经探测到比无人机 5 更多的目标。因此,根据速度更新规则,无人机 6 停留在该目标群中继续进行割草机搜索,而无人机 5 离开当前目标群,寻找其他目标群,也就是对于该目标群而言,选择无人机 6 作为搜索主体。虽然只有一架无人机进行对当前目标群的搜索,但对于无人机集群而言,增强了对整个侦察区域覆盖搜索的效率。

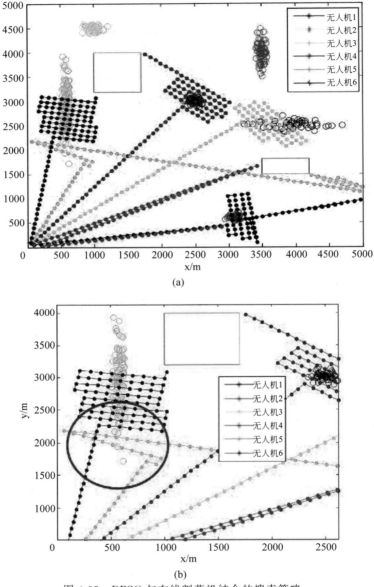

(a)

(b)

图 4.35　DPSO 与在线割草机结合的搜索策略

小结

本章以协同侦察中的目标搜索任务为例,针对平台间协同进行了同层互为主体运用的研究。针对无先验信息条件下的群目标搜索问题,提出了基于合弄结构的改进 DPSO 算法搜索路径规划算法,算法中的每个粒子对应一架真实无人机。针对如下三种协同搜索面向的战术任务:①面向火力打击任务;②面向威胁程度较高目标的监视任务;③面向精细侦察任务,分别提出了最大密度收敛 MDC-DPSO 算法、快速穿越 FCO-DPSO 算法和 ACE-DPSO 精确覆盖算法。针对不同的战术意图以及任务对搜索时间和精度的要求,分别设计了三种算法的适应度函数,将无人机集群的速度更新规则分为三个阶段,分别为惯性搜索阶段、p_{best} 阶段和 g_{best} 阶段,每个阶段中权重因子的参数设置均不同,从而提高算法性能。此外,考虑到无人机集群的机动特点和通信约束,本章设计了跳出机制和重访机制,从而避免无效搜索或粒子群陷入局部最优;通过设置静态和动态地理围栏,有效解决禁飞区边界处理和无人机避撞问题。仿真实验表明,本章所提算法能够实现面向不同战术任务的群目标搜索,同层任务决策的运用增强了集群在搜索过程中平台间的协同互动,进一步提高了搜索效率。

第 5 章 航空集群典型跨层任务决策——协同有源定位

跨层任务决策指的是在执行同一任务时涉及对不同层级主体的联合选择和转换,反映了集群作战的复杂性。任务决策不仅针对单一对象,往往需要对多个跨层主体同时进行决策,从而提升集群作战效能。因此,跨层任务决策的准则就是从任务需求出发,在满足任务约束的前提下同时对同层主体间的协同方式和跨层主体间的资源搭配进行优化。

精确的目标定位是战场态势感知中的关键环节,也是 ISR 核心能力之一。在实际作战运用中,敌方目标为了隐蔽自身位置和保护自身辐射源参数信息,常常采取电磁静默的方式抵近、突防与实施攻击。在电磁静默的情况下,我方集群平台无法利用无源传感器对其辐射信息进行截获和分析。为了完成对目标的精确定位任务,可以采用我方航空集群主动发射波束的方式对目标进行定位跟踪。

因此,本章针对航空集群有源多发多收定位任务,运用平台级、功能级和资源级的跨层任务决策开展研究,其中,平台级主体涉及空间构型,功能级主体涉及发射和接收,资源级主体涉及波束参数。

5.1 航空集群协同有源定位中的主体选择与转换方法

如图 5.1 所示,是航空集群协同有源定位中的主体选择与转换流程。由于协同有源定位精度受到空间构型和发射波束的影响,涉及跨层互为主体运用。其中,主体的选择和转换在平台级指的是平台如何在空间中合理分布,形成最优的定位构型;功能级指的是集群平台发射和接收功能的选择;资源级指的是在波形库中选用何种发射波束。通过平台级、功能级和资源级这三个层级的联合主体选择与转换,实现航空集群协同有源定位的最优观测。

本章对航空集群有源多发多收定位的最优构型分析,首先,建立起收发分置和收发同址的定位模型,在此基础上推导多发多收定位对应的 CRLB。其次,基于CRLB 推导出不同发射机、接收机数目以及收发方式对应的最优构型,得出平台级、功能级互为主体决策依据。然后针对发射机波束选择问题,在双基地和多基地雷达模糊函数对波束参数的影响进行分析,从而为资源级互为主体决策提供支撑。最后,建立起基于互信息量的空间构型与发射波束的联合优化准则,进行从初始位置到最优定位构型的动态航迹优化,实现跨层任务决策的实际运用,提升航空集群多发多收定位效果。

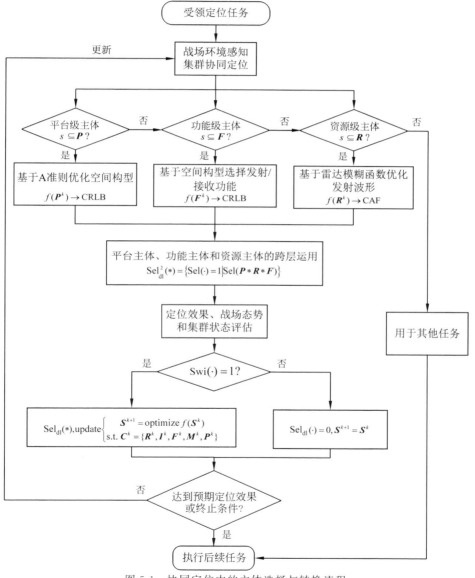

图 5.1　协同定位中的主体选择与转换流程

5.2　航空集群协同有源定位模型

航空集群多发多收定位可以分为收发分置与收发同址两种方式,如图 5.2 所示。图 5.2(a)给出了集群平台分别作为发射机和接收机的收发分置定位方式。图中实线表示发射机 1 发送的信号,虚线表示发射机 2 发送的信号。接收机接收经目标反射的发射机 1 和发射机 2 信号。接收机的量测值是发射机发射到接收机接收的总时长。图 5.2(b)给出了集群平台同时作为发射机与接收机的收发同址定位方式。集群中每个平台均发射与接收信号,接收机量测矢量来自所有发射机信号。

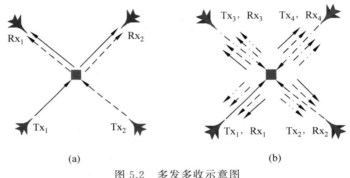

图 5.2　多发多收示意图
(a)收发分置定位;(b)收发同址定位

在收发分置情况下,考虑采用 M 个发射机 N 个接收机对目标进行到达时间(TOA)定位。假设 $\boldsymbol{x}_t = [x , y]^{\mathrm{T}}$ 是目标的真实位置,$\boldsymbol{x}_{tx} = [x_{t,i} , y_{t,i}]^{\mathrm{T}}$ 是第 i 个发射机的位置,$\boldsymbol{x}_{rx} = [x_{r,j} , y_{r,j}]^{\mathrm{T}}$ 是第 j 个接收机的位置。假设信号在空中传播速度为光速,此时接收机时间量测值可以转换为发射机 i 与目标之间的距离、接收机 j 与目标之间的距离和。因此,在收发分置情况下,发射机 i 与接收机 j 之间的量测值可以表示为

$$
\begin{aligned}
\hat{r}_{i,j} &= d_{i,j} + n_{i,j} \\
&= d_{t,i} + d_{r,j} + n_{i,j} \\
&= \sqrt{(x_{t,i} - x)^2 + (y_{t,i} - y)^2} + \sqrt{(x_{r,j} - x)^2 + (y_{r,j} - y)^2} + n_{i,j}
\end{aligned} \tag{5.1}
$$

其中,$d_{t,i} = \sqrt{(x_{t,i} - x)^2 + (y_{t,i} - y)^2}$ 是目标与第 i 个发射机之间的距离,$d_{r,j} = \sqrt{(x_{r,j} - x)^2 + (y_{r,j} - y)^2}$ 是目标与第 j 个接收机之间的距离,$n_{i,j}$ 为双基地量测误差。该量测误差服从均值为 0,方差为 σ_t^2 的高斯分布,即 $n_{i,j} \sim \mathcal{N}(0, \sigma_t^2)$,$i = 1$,$2, \cdots, M$,$j = 1, 2, \cdots, N$。因此,在真实距离和测量噪声相互独立的情况下,发射机 i 与接收机 j 之间的量测值 $\hat{r}_{i,j}$ 等于 $d_{t,i}$,$d_{r,j}$ 以及高斯噪声 $n_{i,j}$ 之和。显然,在给

定 M 个发射机和 N 个接收机情况下,航空集群有源收发分置定位的量测矢量 $\hat{r}$ 有 MN 个距离和量测值,$\hat{r} = [\hat{r}_{1,1} \quad \hat{r}_{1,2} \quad \cdots \quad \hat{r}_{M,N}]$,在各个量测值相互独立的情况下,对应的误差协方差为

$$\boldsymbol{\Sigma} = \sigma_t^2 \begin{bmatrix} 1 & 0 & \cdots & 0 \\ 0 & 1 & \cdots & 0 \\ \vdots & \vdots & \ddots & \vdots \\ 0 & 0 & \cdots & 1 \end{bmatrix}_{MN} \tag{5.2}$$

类似地,可以得到收发同址情况下,M 个集群平台的量测矢量与误差协方差矩阵。本书将在收发分置、收发同址模型的基础上,分别从定位体制的最优构型以及多基地雷达函数两个不同层级主体进行研究。

5.3　基于 CRLB 的多发多收最优构型分类及内涵

对于多发多收定位,收发平台与目标之间相对构型不同对应的定位精度不同[99]。航空集群多发多收实际应用中,在平台数目与定位方式确定的情况下,通过对平台级、功能级互为主体构建是提升定位效果的最有效的方式。因此本节基于 CRLB 对航空集群多发多收情况下对应的最优构型进行分析,推导出不同的发射机、接收机、目标几何构型的最优解。

对于无偏估计量 $\hat{x}_t$,其对应的克拉美罗界可以表示为[275]

$$E[(\hat{x}_t - x_t)(\hat{x}_t - x_t)^{\mathrm{T}}] \geqslant \boldsymbol{J}^{-1} \tag{5.3}$$

其中,$\boldsymbol{J}$ 为 FIM 矩阵。假设 $\hat{p}$ 为 M 个量测值集合,则 FIM 矩阵中元素可以表示为

$$\boldsymbol{J}_{(i,j)} = E\left[\frac{\partial}{\partial x_i}\ln(f(\hat{\boldsymbol{p}}; \boldsymbol{x}_t))\frac{\partial}{\partial x_j}\ln(f(\hat{\boldsymbol{p}}; \boldsymbol{x}_t))\right] \tag{5.4}$$

其中,$f(\hat{\boldsymbol{p}}; \boldsymbol{x}_t)$ 为 $\hat{\boldsymbol{p}}$ 的概率密度函数:

$$f(\hat{\boldsymbol{p}}; \boldsymbol{x}_t) = \frac{1}{(2\pi)^{M/2}\sqrt{\det(\boldsymbol{\Sigma}_p)}}\exp\left[-\frac{1}{2}(\hat{\boldsymbol{p}} - \boldsymbol{p}(\boldsymbol{x}_t))^{\mathrm{T}}\boldsymbol{\Sigma}_p^{-1}(\hat{\boldsymbol{p}} - \boldsymbol{p}(\boldsymbol{x}_t))\right] \tag{5.5}$$

将多发多收 TOA 定位模型代入式(5.4),可以得到 TOA 定位的 FIM 矩阵为

$$\boldsymbol{J}_{MN} = \nabla_{x_t}\boldsymbol{r}(\boldsymbol{x}_t)^{\mathrm{T}}\boldsymbol{\Sigma}^{-1}\nabla_{x_t}\boldsymbol{r}(\boldsymbol{x}_t) \tag{5.6}$$

其中,$\nabla_{x_t}\boldsymbol{r}(\boldsymbol{x}_t)$ 为对测量值 $\hat{r}$ 求关于目标位置 $\boldsymbol{x}_t$ 的偏导,表示为

$$\nabla_{Tr}\boldsymbol{r}(\boldsymbol{x}_t) = \left[\frac{\partial \boldsymbol{r}(\boldsymbol{x}_t)}{\partial \boldsymbol{x}_t}\right]$$

$$
= \begin{bmatrix} (\boldsymbol{u}_1^t + \boldsymbol{u}_1^r)^{\mathrm{T}} \\ (\boldsymbol{u}_1^t + \boldsymbol{u}_2^r)^{\mathrm{T}} \\ \vdots \\ (\boldsymbol{u}_2^t + \boldsymbol{u}_1^r)^{\mathrm{T}} \\ \vdots \\ (\boldsymbol{u}_M^t + \boldsymbol{u}_N^r)^{\mathrm{T}} \end{bmatrix} = \begin{bmatrix} \cos\phi_1 + \cos\theta_1 & \sin\phi_1 + \sin\theta_1 \\ \cos\phi_1 + \cos\theta_2 & \sin\phi_1 + \sin\theta_2 \\ \vdots & \vdots \\ \cos\phi_2 + \cos\theta_1 & \sin\phi_2 + \sin\theta_1 \\ \vdots & \vdots \\ \cos\phi_M + \cos\theta_N & \sin\phi_M + \sin\theta_N \end{bmatrix}_{MN \times 2} \tag{5.7}
$$

其中，$\boldsymbol{u}_i^t = [\cos\phi_i, \sin\phi_i]^{\mathrm{T}}$，$\boldsymbol{u}_j^r = [\cos\theta_j, \sin\theta_j]^{\mathrm{T}}$。其中，$\phi_i (i = 1, 2, \cdots, M)$ 为发射机相对于目标的方位角，即发射机与目标的连线与坐标轴 x 正向之间的夹角。θ_j $(j = 1, 2, \cdots, N)$ 分别表示接收机相对于目标的方位角。

因此可得，收发分置情况下，航空集群 M 发 N 收 TOA 定位 FIM 矩阵的解析表达式为

$$
\boldsymbol{J}_{MN} = \frac{1}{\eta_c} \begin{bmatrix} g_{xc} & h_c \\ h_c & g_{yc} \end{bmatrix}
$$

$$
= \frac{1}{\sigma_t^2} \begin{bmatrix} \displaystyle\sum_{i=1}^M \sum_{j=1}^N (\cos\phi_i + \cos\theta_j)^2 & \displaystyle\sum_{i=1}^M \sum_{j=1}^N (\cos\phi_i + \cos\theta_j)(\sin\phi_i + \sin\theta_j) \\ \displaystyle\sum_{i=1}^M \sum_{j=1}^N (\cos\phi_i + \cos\theta_j)(\sin\phi_i + \sin\theta_j) & \displaystyle\sum_{i=1}^M \sum_{j=1}^N (\sin\phi_i + \sin\theta_j)^2 \end{bmatrix}
$$

$$
\tag{5.8}
$$

对应的 CRLB 可表示为

$$
\mathbf{CRLB} = \boldsymbol{J}_{MN}^{-1} = \frac{1}{\det(\boldsymbol{J}_{MN})} \begin{bmatrix} g_{xc} & h_c \\ h_c & g_{yc} \end{bmatrix} \tag{5.9}
$$

假设 $f(\boldsymbol{\Phi}, \boldsymbol{\Theta})$ 为构型优化目标函数，其中，$\boldsymbol{\Phi} = [\phi_1, \phi_2, \cdots, \phi_M]$，$\boldsymbol{\Theta} = [\theta_1, \theta_2, \cdots, \theta_N]$，以 CRLB 矩阵的迹值为优化准则，则多发多收情况下的 $f(\boldsymbol{\Phi}, \boldsymbol{\Theta})$ 可以表示为

$$
\arg\min f(\boldsymbol{\Phi}, \boldsymbol{\Theta}) = \mathrm{tr}(\mathbf{CRLB})
$$

$$
= \frac{\displaystyle\sum_{i=1}^M \sum_{j=1}^N (\cos\phi_i + \cos\theta_j)^2 + \sum_{i=1}^M \sum_{j=1}^N (\sin\phi_i + \sin\theta_j)^2}{\det(\boldsymbol{J}_{MN})}
$$

$$
\tag{5.10}
$$

由式(5.10)可得，$f(\boldsymbol{\Phi}, \boldsymbol{\Theta})$ 为发射机与目标之间角度集 $\boldsymbol{\Phi}$ 和接收机与目标之间角度集 $\boldsymbol{\Theta}$ 的函数，对构型的分析可以转变为对两个角度的分析。同时按照发射机与接收机数目、发射/接收功能的不同，本章将最优构型的分析分为一发多收、两发多收、多发多收三种情况。

5.3.1 一发多收最优构型

在一发多收的情况下，发射机即为唯一的发射主体。为了方便研究，假设发射

机位于目标 0° 的方位角位置,即式(5.7)中 $\boldsymbol{u}^t=[1,0]^{\mathrm{T}}$,此时对应的 FIM 的表达式可以化简为[97]

$$\boldsymbol{J}_{1N}=\sum_{j=1}^{N}\frac{1}{\sigma_t^2}\begin{bmatrix}(1+\cos\theta_j)^2 & (1+\cos\theta_j)\sin\theta_j \\ (1+\cos\theta_j)\sin\theta_j & \sin^2\theta_j\end{bmatrix} \tag{5.11}$$

进一步可得一发多收情况下,构型优化的目标函数为

$$\{\theta_1^*,\theta_2^*,\cdots,\theta_N^*\}=\arg\ \min\ \mathrm{tr}(\boldsymbol{J}_{1N}^{-1})$$

$$=\frac{\displaystyle\sum_{i=1}^{N}\frac{(1+\cos\theta_j)^2}{\sigma_t^2}+\sum_{i=1}^{N}\frac{\sin^2\theta_j}{\sigma_t^2}}{\displaystyle\sum_{i=1}^{N}\frac{(1+\cos\theta_j)^2}{\sigma_t^2}\sum_{i=1}^{N}\frac{\sin^2\theta_j}{\sigma_t^2}-\left[\sum_{i=1}^{N}\frac{(1+\cos\theta_j)\sin\theta_j}{\sigma_t^2}\right]^2} \tag{5.12}$$

因此,一发多收情况下最优构型的求解即为求解式(5.12)中优化目标函数 $\mathrm{tr}(\boldsymbol{J}_{1N}^{-1})$ 最小情况下对应的 $\{\theta_1^*,\theta_2^*,\cdots,\theta_N^*\}$。为了进一步推导一发多收最优构型,将发射机的数目分为偶数与奇数个的情况分别进行研究。

(1) 当接收机数目 N 为偶数时,设 λ_1,λ_2 分别为式(5.11)中 FIM 矩阵的特征值,且 $\lambda_1\geqslant\lambda_2$。则相应的一发多收情况下,构型优化目标函数可以表示为

$$\mathrm{tr}(\boldsymbol{J}_{1N}^{-1})=\frac{1}{\lambda_1}+\frac{1}{\lambda_2}=\frac{1}{\lambda_1}+\frac{1}{\mathrm{tr}(\boldsymbol{J}_{1N})-\lambda_1} \tag{5.13}$$

此时,$\mathrm{tr}(\boldsymbol{J}_{1N}^{-1})$ 是随 λ_1 增大的单调递增函数。当 λ_1 取最小值时,可以得到的目标函数 $\mathrm{tr}(\boldsymbol{J}_{1N}^{-1})$ 最小。由 Courant-Fisher-Weyl 准则可得,对于对称正定矩阵,λ_1 取最小值的条件为 $\boldsymbol{J}_{1N}$ 为对角矩阵且对角元素相等,即 $\lambda_1=\lambda_2$,因此可得:

$$\sum_{i=1}^{N}(1+\cos\theta_j)\sin\theta_j=0 \tag{5.14}$$

为了表示方便,设 $a_i=(1+\cos\theta_j)$,此时式(5.12)可以化简为

$$\mathrm{tr}(\boldsymbol{J}_{1N}^{-1})\geqslant\sigma_m^2\frac{2\displaystyle\sum_{j=1}^{N}a_j}{2\displaystyle\sum_{j=1}^{N}a_j\sum_{j=1}^{N}a_j^2-\left(\sum_{j=1}^{N}a_j^2\right)^2} \tag{5.15}$$

对于不等式:

$$\sum_{j=1}^{N}a_j^2\geqslant\frac{1}{N}\left(\sum_{j=1}^{N}a_j\right)^2 \tag{5.16}$$

式(5.16)中等号成立的条件为

$$a_1=a_2=\cdots=a_N=a_0 \tag{5.17}$$

因此可得:

$$\mathrm{tr}(\boldsymbol{J}_{1N}^{-1})\geqslant\sigma_t^2\frac{2\sigma_t^2}{2Na_0^2-Na_0^3} \tag{5.18}$$

进一步对式(5.18)化简可得,当 $a_0=4/3$ 时,不等式右边取得最大值:

$$\text{tr}(\boldsymbol{J}_{1N}^{-1}) \geqslant \frac{27}{16N}\sigma_t^2 \tag{5.19}$$

为了满足式(5.18)成立,对于偶数个接收机,最优的构型可以表示为

$$\begin{cases} \cos\theta_j^* = 1/3, & j=1,2,\cdots,N \\ \sin\theta_j^* = -\sin\theta_{j+1}^*, & j=1,2,\cdots,N-1 \end{cases} \tag{5.20}$$

示例 5.1 对于一发四收 TOA 定位的最优构型如图 5.3 所示,此时 4 个接收机分为两组,组内的接收机之间与目标共线,且与目标连线以及发射机与目标连线形成的夹角为 $\theta_j = \pm\cos^{-1}(1/3) \approx \pm 70.35°(j=1,2,3,4)$。

（2）当接收机数目 N 为奇数时,等式(5.14)无解析解,无法进一步计算。此时的构型优化目标函数可以化为

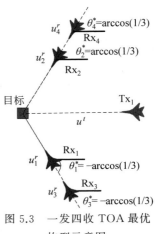

图 5.3　一发四收 TOA 最优构型示意图

$$\text{tr}(\boldsymbol{J}_{1N}^{-1}) = \frac{\displaystyle\sum_{i=1}^{N} \frac{2(1+\cos\theta_i)}{\sigma_t^2}}{\displaystyle\sum_{i=1}^{N}\sum_{j=1}^{N} \frac{[\sin\theta_i - \sin\theta_j + \sin(\theta_i-\theta_j)]^2}{2\sigma_t^4}} \tag{5.21}$$

与偶数个接收机情况类似可得,$\text{tr}(\boldsymbol{J}_{1N}^{-1})$ 取最小值时对应的角度值满足的条件为

$$\theta_i^* - \theta_j^* = 2\theta_0 \tag{5.22}$$

其中,$\theta_0 = \cos^{-1}(1/3)$。进一步计算可得,在奇数个接收机的情况下,最优定位构型对应的角度值还满足如下关系：

$$\begin{cases} \theta_1^* = \cdots = \theta_{(M-1)/2}^* \\ \theta_{(M-1)/2+1}^* = \cdots = \theta_M^* \end{cases} \tag{5.23}$$

由式(5.23)可得,最优构型下奇数个接收机也分为两组,且组内形成的角度值相等,但由于存在奇数个接收机,其中一组的接收机数目较另一组多出一个接收机。

示例 5.2 对于一发三收 TOA 定位的最优构型如图 5.4(a)所示,此时 3 个接收机分为两组,组内的接收机之间与目标共线,且与目标连线以及发射机与目标连线形成的夹角为 $\theta_1^* = \theta_2^* = \theta_A^* = -59.64°,\theta_3^* = \theta_B^* = 81.98°$。

与偶数个接收机的情况不同,奇数个接收机的情况下,理论推导只能够得到两组接收机之间的角度差值是恒定值 $2\theta_0$。为了进一步确定不同接收机数目（$N = 3,5,7,9\cdots$）情况下,两组接收机角度 θ_A^* 与 θ_B^* 值的变化,本书采用差分进化(DE)优化算法[276],通过寻优得到的结果如图 5.4(b)所示。由图可得,在 3 个接收机情况下,$\theta_A^* = -59.64°$ 与 $\theta_B^* = 81.98°$ 之间的角度差别最大,随着接收机数目的不断增

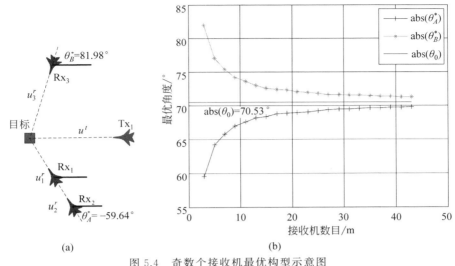

图 5.4　奇数个接收机最优构型示意图

(a)三个传感器最优构型；(b)随传感器数目变化最优构型角度变化

加,θ_A^* 与 θ_B^* 之间的角度值不断趋近于 θ_0。同时注意到,在不同接收机数目的情况下,数目较少的一组接收机形成的夹角的绝对值 $\mathrm{abs}(\theta_B^*)$ 大于数目较多的一组接收机 $\mathrm{abs}(\theta_A^*)$。在实际运用过程中,可以事先将不同数目接收机的情况下对应的角度值做成数据库记录下来,避免重复在线计算。

与一发多收定位相对应的是多发一收定位,即多个发射机与一个接收机形成定位系统。类似地,假设接收机位于目标 $0°$ 的方位角位置,即式(5.7)中 $\boldsymbol{u}^t = [1,0]^{\mathrm{T}}$,此时对应的 FIM 的表达式可以化简为

$$\boldsymbol{J}_{M1} = \sum_{i=1}^{M} \frac{1}{\sigma_i^2} \begin{bmatrix} (1+\cos\phi_i)^2 & (1+\cos\phi_i)\sin\phi_i \\ (1+\cos\phi_i)\sin\phi_i & \sin^2\phi_i \end{bmatrix} \tag{5.24}$$

将式(5.24)与式(5.11)进行对比可得,两个矩阵形式上一致,对应的目标函数的解也一致,依照一发多收的最优构型解可以得到多发一收的构型解,这里不再赘述。

5.3.2　两发多收最优构型

5.3.1 节主要针对航空集群有源一发多收定位最优构型进行了分析,本节在此基础上,增加一个发射机,开展两发多收最优构型分析。由式(5.8)可以得到两发两收情况下对应的 FIM 矩阵。

$$\boldsymbol{J}_{22} =$$

$$\frac{1}{\sigma_t^2} \begin{bmatrix} \displaystyle\sum_{i=1}^{2}\sum_{j=1}^{2}(\cos\phi_i+\cos\theta_j)^2 & \displaystyle\sum_{i=1}^{2}\sum_{j=1}^{2}(\cos\phi_i+\cos\theta_j)(\sin\phi_i+\sin\theta_j) \\ \displaystyle\sum_{i=1}^{2}\sum_{j=1}^{2}(\cos\phi_i+\cos\theta_j)(\sin\phi_i+\sin\theta_j) & \displaystyle\sum_{i=1}^{2}\sum_{j=1}^{2}(\sin\phi_i+\sin\theta_j)^2 \end{bmatrix}$$

$$\tag{5.25}$$

因此构型优化目标函数可以表示为

$$
\arg \min_{\{\phi_1^*,\phi_2^*,\theta_1^*,\theta_2^*\}} \mathrm{tr}(\boldsymbol{J}_{2N}^{-1}) =
$$

$$
\frac{\displaystyle\sum_{i=1}^{2}\sum_{j=1}^{2}(\cos\phi_i+\cos\theta_j)^2 + \sum_{i=1}^{2}\sum_{j=1}^{2}(\sin\phi_i+\sin\theta_j)^2}{\left(\displaystyle\sum_{i=1}^{2}\sum_{j=1}^{2}(\cos\phi_i+\cos\theta_j)^2\right)\left(\displaystyle\sum_{i=1}^{2}\sum_{j=1}^{2}(\sin\phi_i+\sin\theta_j)^2\right) - \left(\displaystyle\sum_{i=1}^{2}\sum_{j=1}^{2}(\cos\phi_i+\cos\theta_j)(\sin\phi_i+\sin\theta_j)\right)^2} \tag{5.26}
$$

在两发两收的情况下,收发的数目较少,本节通过分别求 ϕ_i 以及 θ_j 的偏导数,并使其等于 0,可以得到最优定位构型对应的角度值满足如下关系:

$$
\begin{cases}
\phi_1=0, & \phi_2=\pi/2 \\
\theta_1=0, & \theta_2=\pi/2
\end{cases} \tag{5.27}
$$

此时,FIM 矩阵 $\boldsymbol{J}_{22}=[6,2;2,6]$,对应的最优构型如图 5.5 所示,一个发射机与一个接收机可以看作一个小组与目标共线,而且两条线相互垂直。

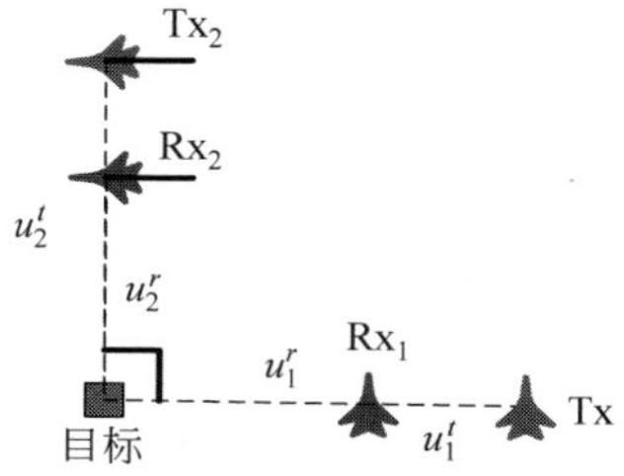

当 $N \geqslant 3$ 时,两发多收定位对应的 FIM 可以表示为

$$
\boldsymbol{J}_{2N} =
$$

$$
\frac{1}{\sigma_t^2}
\begin{bmatrix}
\displaystyle\sum_{i=1}^{2}\sum_{j=1}^{N}(\cos\phi_i+\cos\theta_j)^2 & \displaystyle\sum_{i=1}^{2}\sum_{j=1}^{N}(\cos\phi_i+\cos\theta_j)(\sin\phi_i+\sin\theta_j) \\
\displaystyle\sum_{i=1}^{2}\sum_{j=1}^{N}(\cos\phi_i+\cos\theta_j)(\sin\phi_i+\sin\theta_j) & \displaystyle\sum_{i=1}^{2}\sum_{j=1}^{N}(\sin\phi_i+\sin\theta_j)^2
\end{bmatrix}
$$

$$
\tag{5.28}
$$

图 5.5　两发两收最优构型示意图

随着接收机数目的增加,无法直接得到类似式(5.28)的解析解,因此本书采用 DE 优化算法,分别计算出 $N=3,4,5,6$ 时,即两发三收、两发四收、两发五收以及两发六收情况下对应的最优构型,通过寻优得到的结果如图 5.6 所示。

在两发三收中,最优构型对应的角度值分别为:$\phi_1=0°$,$\phi_2=107.3°$,$\theta_1=354.8°$,$\theta_2=112.5°$,$\theta_3=53.6°$。整体上,该构型以接收机 3 与目标的连线为对称轴左右对称,两个发射机、接收机分别位于坐标轴两侧,其中,发射机的张角略小于接收机的张角。两发五收最优构型与两发三收类似,增加的两个接收机分别与接收机 1、接收机 2 共线。两发四收与两发六收情况类似,两个发射机与目标连线相互垂直,接收机数目平均分为两组与发射机共线。根据图 5.6 的分析,可以初步得到如下结论,在两发多收的情况下,按照接收机数目的奇偶性可以分为两种:接收机数目为奇数时,以其中一个接收机与目标连线为对称轴左右对称,两个发射机与其

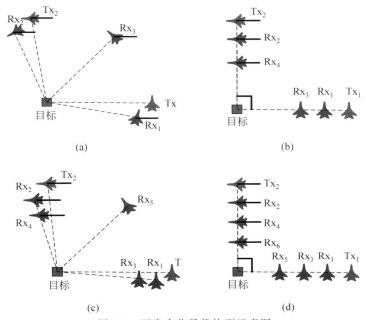

图 5.6　两发多收最优构型示意图

(a)两发三收最优构型；(b)两发四收最优构型；(c)两发五收最优构型；(d)两发六收最优构型

余的接收机分别位于坐标轴两侧,其中,发射机的张角略小于接收机的张角,但具体张角的大小随接收机数目多少产生变化;接收机数目为偶数时,两个发射机与目标连线相互垂直,偶数个接收机平均分为两组与发射机共线。

5.3.3　多发多收最优构型

对于发射机、接收机数目均为 3 个以上的情况,为了研究方便,本节引入新的运算 $\Gamma(\cdot)$,其基本定义为:对于任意给定的矢量 $\boldsymbol{\xi}=(\xi_1,\xi_2,\cdots,\xi_L)$ 与 $\boldsymbol{\kappa}=(\kappa_1,\kappa_2,\cdots,\kappa_L)$,可得

$$\begin{cases} \Gamma(\boldsymbol{\xi}) = \dfrac{1}{L}\displaystyle\sum_{i=1}^{L}\xi_i \\[2mm] \Gamma(\boldsymbol{\xi}^2) = \dfrac{1}{L}\displaystyle\sum_{i=1}^{L}\xi_i^2 \\[2mm] \Gamma(\boldsymbol{\xi\kappa}) = \dfrac{1}{L}\displaystyle\sum_{i=1}^{L}\xi_i\boldsymbol{\kappa}_i \end{cases} \tag{5.29}$$

设 $a_{tx}=\cos\phi_i$,$b_{tx}=\sin\phi_i$,$a_{rx}=\cos\theta_i$,$b_{rx}=\sin\theta_i$,对于多发多收情况下的 FIM 矩阵 $\boldsymbol{J}_{MN}=[g_{xc},h_c;h_c,g_{yc}]/\eta_c$,由此可得

$$\begin{cases} g_{xc} = MN\big[\Gamma(b_{tx}^2)+\Gamma(b_{rx}^2)-[\Gamma(b_{tx})]^2-[\Gamma(b_{rx})]^2\big] \\[2mm] g_{yc} = MN\big[\Gamma(a_{tx}^2)+\Gamma(a_{rx}^2)-[\Gamma(a_{tx})]^2-[\Gamma(a_{rx})]^2\big] \end{cases} \tag{5.30}$$

类似地，

$$h_c = MN[\Gamma(a_{tx}b_{tx}) + \Gamma(a_{rx}b_{rx}) - \Gamma(a_{tx})\Gamma(b_{tx}) - \Gamma(a_{rx})\Gamma(b_{rx})] \quad (5.31)$$

因为 $a_{tx}^2 + b_{tx}^2 = \cos^2\phi_1 + \sin^2\phi_1 = 1, a_{rx}^2 + b_{rx}^2 = \cos^2\theta_1 + \sin^2\theta_1 = 1$，由此可得 $\Gamma(a_{tx}^2) + \Gamma(b_{tx}^2) = 1, \Gamma(a_{rx}^2) + \Gamma(b_{rx}^2) = 1$，同时还可以得到以下不等式条件。

$$\begin{cases} 0 \leqslant \Gamma(a_{tx}^2) \leqslant 1, & 0 \leqslant \Gamma(b_{tx}^2) \leqslant 1 \\ 0 \leqslant \Gamma(a_{rx}^2) \leqslant 1, & 0 \leqslant \Gamma(b_{rx}^2) \leqslant 1 \\ 0 \leqslant [\Gamma(a_{tx})]^2 \leqslant 1, & 0 \leqslant [\Gamma(b_{tx})]^2 \leqslant 1 \\ 0 \leqslant [\Gamma(a_{rx})]^2 \leqslant 1, & 0 \leqslant [\Gamma(b_{rx})]^2 \leqslant 1 \end{cases} \quad (5.32)$$

为了求解 CRLB 取得最小值时对应的发射机、接收机与目标之间的角度值 ϕ_i^* 与 θ_i^*，因此目标函数可以表示为

$$\underset{\phi_i^*,\theta_i^*}{\arg\min} f_0(a_{tx}, b_{tx}, a_{rx}, b_{rx}) = \eta_c \frac{g_{xc} + g_{yc}}{g_{xc}g_{yc} - h_c^2} \quad (5.33)$$

在多发多收的情况下，直接进行 CRLB 显性表达式的计算是非常复杂的，因此本节拟借鉴凸优化的方法求解相应的最优解。显然式(5.33)中目标函数的表达式在形式上并不属于凸优化问题，因此需要将该目标函数转换为凸优化问题的形式进行求解。凸优化问题的一般表达式为[218]

$$\min f_0(x)$$
$$\text{subject to} \quad f_i(x) \leqslant 0$$
$$\sum_j a_j x_j = 0 \quad (5.34)$$

对于任意常数，$a_i, i = 1, 2, \cdots, M, j = 1, 2, \cdots, N, f_0, f_1, \cdots, f_m$ 为凸函数。

考虑到式(5.34)中取等号的条件为 $h_c = 0$。因此式(5.34)的目标函数 f_0 可以转换为

$$\underset{\phi_i^*,\theta_i^*}{\arg\min} \overline{f}_0(a_{tx}, b_{tx}, a_{rx}, b_{rx}) = \frac{1}{\eta_c} \frac{g_{xc} + g_{yc}}{g_{xc}g_{yc}} \quad (5.35)$$

此时，新的目标函数与原来目标函数之间的关系为 $f_0(a_{tx}, b_{tx}, a_{rx}, b_{rx}) \geqslant \overline{f}_0(a_{tx}, b_{tx}, a_{rx}, b_{rx})$。将 g_{xc} 与 g_{yc} 代入公式可得：

$$\overline{f}_0(a_{tx}, b_{tx}, a_{rx}, b_{rx}) = \frac{1/(\eta_c MN)}{2 - \Gamma(b_{tx}^2) - \Gamma(b_{rx}^2) - [\Gamma(a_{tx})]^2 - [\Gamma(a_{rx})]^2} + \frac{1/(\eta_c MN)}{\Gamma(b_{tx}^2) + \Gamma(b_{rx}^2) - [\Gamma(a_{tx})]^2 - [\Gamma(a_{rx})]^2} \quad (5.36)$$

其中，公式中分母的上下界分别为

$$\begin{cases} 0 \leqslant 2 - \Gamma(b_{tx}^2) - \Gamma(b_{rx}^2) - [\Gamma(a_{tx})]^2 - [\Gamma(a_{rx})]^2 \leqslant 2 - \Gamma(b_{tx}^2) - \Gamma(b_{rx}^2) \\ 0 \leqslant \Gamma(b_{tx}^2) + \Gamma(b_{rx}^2) - [\Gamma(a_{tx})]^2 - [\Gamma(a_{rx})]^2 \leqslant \Gamma(b_{tx}^2) + \Gamma(b_{rx}^2) \end{cases}$$
$$(5.37)$$

记 $\Gamma(b_{tx}^2)+\Gamma(b_{rx}^2)=\mu$，同时假设 $\Gamma(a_{tx})=\Gamma(a_{rx})=\Gamma(b_{tx})=\Gamma(b_{rx})=0$。上述优化目标函数与约束可以进一步简化为

$$\arg\min \overline{f}_0(\mu)=\frac{1}{2-\mu}+\frac{1}{\mu}$$
$$2-\mu\leqslant 0$$
$$-\mu\leqslant 0 \tag{5.38}$$

由于 $g(\mu)=\mu(2-\mu)$ 为凹函数，因此目标函数 $\overline{f}_0(\mu)=\dfrac{1}{g(\mu)}=\dfrac{1}{\mu(2-\mu)}$ 为凸函数，相应的不等式方程也为凸函数。因此该问题可以转换为凸优化问题。为了进一步简化计算，利用 Epigraph Form 法可以引入线性凸目标函数 t，从而将原目标函数合并到一个新的约束 $\overline{f}_0-t\leqslant 0$。通过引入新的目标函数，可以将不等式约束函数转换为线性凸函数形式。为了进一步塑造线性凸函数，本书引入两个变量 t_1,t_2，其中，$\dfrac{1}{2-\mu}-t_1\leqslant 0$，$\dfrac{1}{\mu}-t_2\leqslant 0$。将该优化问题用 t_1,t_2 表示可以得到：

$$\arg\min_{\mu,t_1,t_2}(t_1+t_2)$$
$$\mu t_1+2t_2+1\leqslant 0$$
$$(2-\mu)t_1-1\leqslant 0$$
$$1-\mu t_2\leqslant 0$$
$$2-\mu\leqslant 0;\ -\mu\leqslant 0$$
$$-t_1\leqslant 0;\ -t_2\leqslant 0 \tag{5.39}$$

解决这一凸优化问题的常用方法是利用 Lagrange 对偶性以及 Karush-Kuhn-Tucker(KKT) 条件的充分性。因此，式(5.39)对应的 Lagrange 方程为

$$L(\mu,t_1,t_2,\lambda)=t_1+t_2+\lambda_1(\mu t_1-2t_1-1)+$$
$$\lambda_2(1-\mu t_2)+\lambda_3(\mu-2)-\lambda_4\mu-\lambda_5 t_1-\lambda_6 t_2 \tag{5.40}$$

其中，λ_i 为 Lagrange 乘子与第 i 个不等式约束 $f_i(\mu,t_1,t_2)\leqslant 0$ 相关。

由 KKT 条件可得，式(5.39)中的最优解可以从以下条件中取得：

$$\begin{cases}\dfrac{\partial L(\mu,t_1,t_2,\lambda)}{\partial\mu}=0\\[2mm]\dfrac{\partial L(\mu,t_1,t_2,\lambda)}{\partial t_1}=0\\[2mm]\dfrac{\partial L(\mu,t_1,t_2,\lambda)}{\partial t_2}=0\end{cases} \tag{5.41}$$

从而可得，需要满足的方程组为

$$\begin{cases} \lambda_1 t_1 + \lambda_2 t_2 + \lambda_3 - \lambda_4 = 0 \\ 1 - \lambda_1(\mu - 2) - \lambda_5 = 0 \\ \lambda_3(\mu - 2) = 0 \\ -\lambda_4 \mu = 0 \\ 1 - \lambda_2 \mu - \lambda_6 = 0 \\ -\lambda_5 t_1 = 0 \\ \lambda_1(\mu t_1 - 2t_2 + 1) = 0 \\ \lambda_2(1 - \mu t_2) = 0 \end{cases} \tag{5.42}$$

解之可得：

$$\begin{cases} \mu^* = 1 \\ t_1^* = t_2^* = 1 \\ \lambda_1^* = \lambda_2^* = 1 \\ \lambda_3^* = \lambda_4^* = \lambda_5^* = \lambda_6^* = 0 \end{cases} \tag{5.43}$$

同时考虑到 $\mu = \Gamma(b_{tx}^2) + \Gamma(b_{rx}^2)$，因此最优解也可以表示为

$$\mu^* = \Gamma(b_{tx}^{*2}) + \Gamma(b_{rx}^{*2}) \tag{5.44}$$

此时，$a_{tx}^*, a_{rx}^*, b_{tx}^*, b_{rx}^*$ 必须满足式(5.42)中的关系式，因此可得：

$$\begin{cases} \Gamma(a_{tx}^{*2}) + \Gamma(a_{rx}^{*2}) = 1 \\ \Gamma(b_{tx}^{*2}) = 0 \\ \Gamma(b_{rx}^{*2}) = 0 \\ \Gamma(a_{tx}^*) = 0 \\ \Gamma(a_{rx}^*) = 0 \\ \Gamma(a_{tx}^* b_{tx}^*) + \Gamma(a_{rx}^* b_{rx}^*) = 0 \end{cases} \tag{5.45}$$

将该结果代入式(5.43)可得，目标函数取得最小值时对应的最优解为

$$g_{xc}^* = g_{yc}^* = MN \tag{5.46}$$

此时 CRLB 对应的矩阵迹的最小值为

$$f_0(a_{tx}^*, b_{tx}^*, a_{rx}^*, b_{rx}^*) = \frac{2\eta_c}{MN} \tag{5.47}$$

因此对于多变量函数 f_0，其值的变化受发射机与目标之间的角度 ϕ_i 以及接收机与目标之间角度 θ_j 的影响。

对于发射机角度：

$$\sum_{i=1}^{M} \cos\phi_i^* = 0, \quad \sum_{i=1}^{M} \sin\phi_i^* = 0 \tag{5.48}$$

对于接收机角度：

$$\sum_{j=1}^{N} \cos\theta_j^* = 0, \quad \sum_{j=1}^{N} \sin\theta_j^* = 0 \tag{5.49}$$

对于条件 $T(a_{tx}^* b_{tx}^*) + T(a_{rx}^* b_{rx}^*) = 0$，对应的角度表达式为

$$\frac{1}{M}\sum_{i=1}^{M}\cos^{2}\phi_{i}^{*}+\frac{1}{N}\sum_{j=1}^{N}\sin^{2}\theta_{j}^{*}=1 \tag{5.50}$$

因此当 $\dfrac{1}{M}\sum_{i=1}^{M}\cos^{2}\phi_{i}^{*}=\dfrac{1}{2},\dfrac{1}{N}\sum_{j=1}^{N}\cos^{2}\theta_{j}^{*}=\dfrac{1}{2}$ 或者 $\dfrac{1}{M}\sum_{i=1}^{M}\sin^{2}\phi_{i}^{*}=\dfrac{1}{2},\dfrac{1}{N}\sum_{j=1}^{N}$

$\sin^{2}\theta_{j}^{*}=\dfrac{1}{2}$ 时可以满足以上条件。

当 $M\geqslant3,N\geqslant3$ 时,当发射机与接收机均成几何分布于目标的周围时,可以取得 CRLB 的最小值。因此最优构型下对应的角度值为

$$\begin{cases} \phi^{*}=\left\{\phi_{k}^{*}\mid(\phi_{k}^{*}=\phi_{0}+\dfrac{2\pi(z-1)}{Z_{v}}),Z_{v}\geqslant3,z=1,2,\cdots,Z_{v};\sum_{v=1}^{V}Z_{v}=M\right\} \\ \theta^{*}=\left\{\theta_{k}^{*}\mid(\theta_{k}^{*}=\theta_{0}+\dfrac{2\pi(z-1)}{Z_{u}}),Z_{u}\geqslant3,z=1,2,\cdots,Z_{u};\sum_{u=1}^{U}Z_{u}=N\right\} \end{cases} \tag{5.51}$$

其中,V 和 U 分别为发射机与接收机分成的子传感器组,其中每个组分别含有 Z_{v} 与 Z_{u} 个发射机或接收机。由式(5.51)可得,航空集群有源多发多收定位最优构型下,接收机与发射机均匀分布于目标的周围。

从式(5.51)中还可以进一步推导出如下结论。

(1) 对于 M 发 N 收的定位系统,在达到最优构型的情况下对应的最小 CRLB 的迹的大小为 $2\eta_{c}/MN$。与单发单收平台相比,系统可以产生 $MN/2$ 倍的增益,因而相应的精度是前者的 $MN/2$ 倍。同时,随着 M 和 N 数目的增加,定位精度也随之增加。

(2) 在发射机与接收机总数目一定的情况下,M 与 N 的数量在相等或者相差 1 个的情况下,得到的定位精度更高。

(3) 发射机、接收机之间的角度值对目标的定位没有影响。

示例 5.3   对于三发三收 TOA 定位的最优构型如图 5.7 所示。其中,图 5.7 (a)组内所有发射机与接收机绕目标均匀分布。图 5.7(b)为组内的发射机、接收机之间均匀分布,发射机与接收机之间夹角为任意角度值。两种构型均为最优定位构型,对目标的定位效果一致。

5.3.4   收发同址最优构型

在收发同址的情况下,当采用 M 个集群平台进行定位时,每个集群平台均具有发射与接收功能。此时对于平台 i,发射机与目标之间的角度 ϕ_{i}、接收机与目标之间的角度 θ_{i} 相等,即 $\phi_{i}=\theta_{i}(i=1,2,\cdots,M)$。因此,式(5.8)的 FIM 矩阵可以进一步化简为

$$\boldsymbol{J}_{\text{co-}M}=$$

$$\frac{1}{\sigma_t}\begin{bmatrix} \sum_{i=1}^{M}\sum_{j=1}^{M}(\cos\phi_i+\cos\phi_j)^2 & \sum_{i=1}^{M}\sum_{j=1}^{M}(\cos\phi_i+\cos\phi_j)(\sin\phi_i+\sin\phi_j) \\ \sum_{i=1}^{M}\sum_{j=1}^{M}(\cos\phi_i+\cos\phi_j)(\sin\phi_i+\sin\phi_j) & \sum_{i=1}^{M}\sum_{j=1}^{M}(\sin\phi_i+\sin\phi_j)^2 \end{bmatrix}$$

$$(5.52)$$

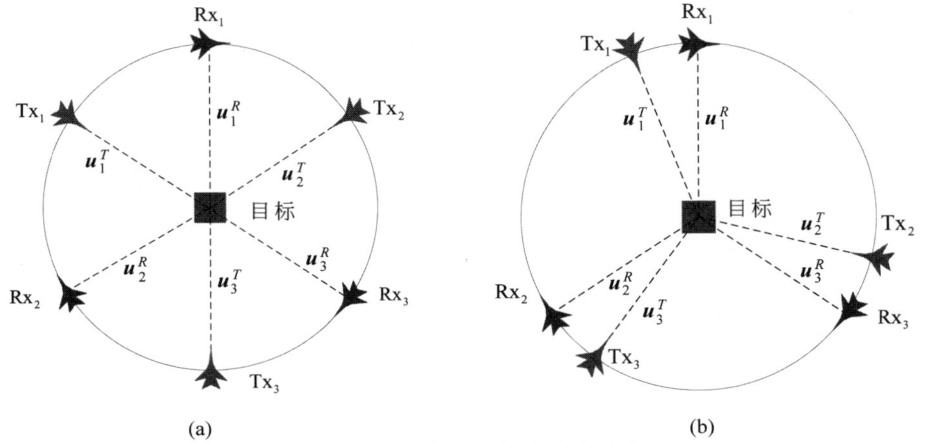

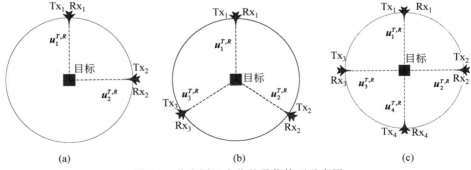

图 5.7　三发三收最优构型示意图

　　类似地,借鉴收发分置情况下的研究方法,可以得到平台数分别为 $M=2$ 以及 $M\geqslant3$ 情况下最优构型对应的定位条件如下。

　　(1) $M=2$ 情况下最优构型为双平台目标连线相互垂直,即

$$\phi_2-\phi_1=\frac{\pi}{2} \tag{5.53}$$

　　(2) $M\geqslant3$ 情况下最优构型为各个平台绕目标等角分布,即

$$\varphi_{ij}=\varphi_{ji}=\frac{2\pi}{M},\forall i,j\in\{1,2,\cdots,M\},j-i=1 \tag{5.54}$$

　　两个、三个、四个集群平台收发同址定位的最优构型如图 5.8 所示。

图 5.8　收发同址定位的最优构型示意图

(a)两个集群平台最优定位构型;(b)三个集群平台最优定位构型;(c)四个集群平台最优定位构型

5.4　基于雷达模糊函数的多发多收波束分析

5.3 节基于 CRLB 分析了多发多收情况下对应的 TOA 定位最优构型,通过构型变化分析平台级、功能级主体变化引起的定位精度的变化。本节从发射波束的角度,基于雷达模糊函数分析资源级主体,即不同波束参数对多发多收定位精度的影响。为了便于分析,本节首先对 M 发 N 收的定位系统"分解"为 MN 个由发射机与接收机组成的双基地雷达。在此基础上,对多发多收情况下波束参数对定位精度的影响进行分析。

5.4.1　双基地雷达模糊函数分析

模糊函数是雷达探测的目标环境以及信息要求的衡量方式,是波形综合设计与优化的基础与重要分析工具。通过模糊函数能够衡量雷达采用不同波束参数对应的分辨率、测量精度与模糊度。对于单基地雷达,其模糊函数的基本公式为[278]

$$\chi(\tau, f_d) = \int_{-\infty}^{+\infty} f(t) f^*(t+\tau) e^{j2\pi f_d t} dt \tag{5.55}$$

假设航空集群中,发射机发射高斯 LFM 脉冲信号,T_R,T_C 分别为 LFM 信号的脉冲重复间隔(PRI)以及持续时长,则复包络信号 $f(t)$ 可以进一步表示为

$$f(t) = \frac{1}{\sqrt{N}} \sum_{n=0}^{N-1} f_1(t - nT_R) \tag{5.56}$$

其中,

$$f_1(t) = \begin{cases} \dfrac{1}{\sqrt{T_C}} \exp(j\pi q t^2), & 0 \leqslant t \leqslant T_C \\ 0 \end{cases} \tag{5.57}$$

假设雷达对目标探测时,τ_a 与 v_a 分别为真实的信号时延和频移,τ_H 与 v_H 是参考点目标的信号时延和频移。从而可得,式(5.57)可以表示为

$$|X(\tau_H, \tau_a, v_H, v_a)| = \left| \int_{-\infty}^{+\infty} f(t - \tau_a) f^*(t - \tau_H) \exp(-j2\pi(v_H - v_a)t) dt \right| \tag{5.58}$$

假设 $\tau = \tau_H - \tau_a$,$v = v_H - v_a$,式(5.58)可以进一步简化为
$$|X(\tau, v)| =$$
$$\left(1 - \frac{|\tau|}{T_C}\right) \left| \frac{\sin[\pi T_C(v - q\tau)(1 - |\tau|/T_C)]}{\pi T_C(v - q\tau)(1 - |\tau|/T_C)} \right| \cdot \left| \frac{\sin[\pi v N T_R]}{N \sin[\pi v T_R]} \right|, \quad |\tau| < T_C \tag{5.59}$$

在单基地雷达模糊函数的基础上,本节针对双基地雷达模糊函数进行分析。如图 5.9 所示,其中,发射机 Tx_1、接收机 Rx_1 和机动目标 x_t 三者可以形成一个三角构型,此时模糊函数的时延和频移量受到三角形三个边 R_T,R_R 以及基线 L 的影响。

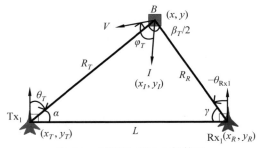

图 5.9　双基地雷达几何构型

此时双基地雷达之间的距离与信号时延、距离变化及多普勒频移之间并不是简单的线性关系,需要考虑发射机、接收机与目标之间的相对构型进行分析。根据如图 5.9 所示的双基地雷达几何构型,可以得到在双基地情况下对应的时差 τ_H 和频移 v_H 分别为

$$\tau_H(R_{Rx1},\theta_{Rx1},L)=\frac{R_{Rx1}+\sqrt{R_{Rx1}^2+L^2+2R_{Rx1}L\sin\theta_{Rx1}}}{c} \tag{5.60}$$

$$v_H(R_{Rx1},\cos\varphi_T,\theta_{Rx1},L)=2\frac{f_c}{c}V\cos\varphi_T\sqrt{\frac{1}{2}+\frac{R_R+L\sin\theta_{Rx1}}{2\sqrt{R_{Rx1}^2+L^2+2R_{Rx1}L\sin\theta_{Rx1}}}} \tag{5.61}$$

将 τ_H 与 v_H 代入式(5.59)可得双基地雷达 LFM 信号的模糊函数。与单基地雷达不同,双基地雷达模糊函数的取值受雷达参数与双基地构型两个因素的共同影响。

为了对双基地雷达模糊函数对应的雷达距离、速度定位精度进行分析,可以进一步计算双基地雷达模糊函数对应的 FIM 矩阵:

$$\boldsymbol{J}_B(\tau_a,v_a)=-2\mathrm{SNR}\cdot\begin{bmatrix}\dfrac{\partial^2\mid X(\tau_H,v_H)\mid^2}{\partial\tau^2} & \dfrac{\partial^2\mid X(\tau_H,v_H)\mid^2}{\partial\tau\partial v}\\[4mm] \dfrac{\partial^2\mid X(\tau_H,v_H)\mid^2}{\partial v\partial\tau} & \dfrac{\partial^2\mid X(\tau_H,v_H)\mid^2}{\partial v^2}\end{bmatrix}_{\tau_H=0,v_H=0} \tag{5.62}$$

将 τ_H 与 v_H 代入可得[279]:

$$\boldsymbol{J}_B(R_R,V)=-2\mathrm{SNR}\cdot\begin{bmatrix}\dfrac{\partial^2\mid X(\tau_H,v_H)\mid^2}{\partial R_R^2} & \dfrac{\partial^2\mid X(\tau_H,v_H)\mid^2}{\partial R_R\partial V}\\[4mm] \dfrac{\partial^2\mid X(\tau_H,v_H)\mid^2}{\partial V\partial R_R} & \dfrac{\partial^2\mid X(\tau_H,v_H)\mid^2}{\partial V^2}\end{bmatrix} \tag{5.63}$$

由链式求导法则对式(5.63)中每个元素进行展开,即可得到双基地雷达模糊函数 FIM 矩阵的解析值,具体的推导过程见文献[280],在此不再赘述。进一步得

到双基地雷达模糊函数的距离与速度的 CRLB 分别为

$$\begin{cases} \mathrm{CRLB}(\tau) = \left[\boldsymbol{J}_B^{-1}(R_R, V)\right]_{(1,1)} \\ \mathrm{CRLB}(v) = \left[\boldsymbol{J}_B^{-1}(R_R, V)\right]_{(2,2)} \end{cases} \tag{5.64}$$

5.4.2　多基地雷达模糊函数分析

根据 5.4.1 节得到的双基地雷达模糊函数,可以拓展到一发 N 收、M 发一收以及 M 发 N 收对应的雷达模糊函数[281]。

（1）一发 N 收情况对应的雷达模糊函数：

$$\boldsymbol{X}_{1N} = |\boldsymbol{X}_1|^2 + |\boldsymbol{X}_2|^2 + \cdots + |\boldsymbol{X}_i|^2 + \cdots + |\boldsymbol{X}_N|^2 \tag{5.65}$$

（2）M 发一收情况对应的雷达模糊函数：

$$\boldsymbol{X}_{M1} = |\boldsymbol{X}_1 + \boldsymbol{X}_2 + \cdots + \boldsymbol{X}_M|^2 \tag{5.66}$$

（3）M 发 N 收情况对应的雷达模糊函数：

$$\boldsymbol{X}_{MN} = |\boldsymbol{X}_1 + \boldsymbol{X}_2 + \cdots + \boldsymbol{X}_M|_1^2 + |\boldsymbol{X}_1 + \boldsymbol{X}_2 + \cdots$$
$$+ \boldsymbol{X}_M|_2^2 \cdots + |\boldsymbol{X}_1 + \boldsymbol{X}_2 + \cdots + \boldsymbol{X}_M|_N^2 \tag{5.67}$$

相应地,可以分别得到一发 N 收、M 发一收以及 M 发 N 收雷达模糊函数对应的距离与速度的 CRLB。

图 5.10 给出了一发三收情况下采用两种波形进行探测,对应的距离估计的 CRLB。其中,发射机位置为 $\boldsymbol{x}_{Tr} = [0,0]^{\mathrm{T}}$,3 个接收机的位置分别为 $\boldsymbol{x}_1 = [5000, 10000]^{\mathrm{T}}$,$\boldsymbol{x}_2 = [16000, -10000]^{\mathrm{T}}$,$\boldsymbol{x}_3 = [-7000, 6000]^{\mathrm{T}}$。采用两种波束进行对比,波束 1 参数为 $T_R = 65\mu\mathrm{s}$,$T_C = 13\mu\mathrm{s}$,波束 2 参数为 $T_R = 12.4\mu\mathrm{s}$,$T_C = 2.7\mu\mathrm{s}$;其他参数设置分别为：$Va = 300\mathrm{m/s}$,$\theta_R = -7\pi/15$。

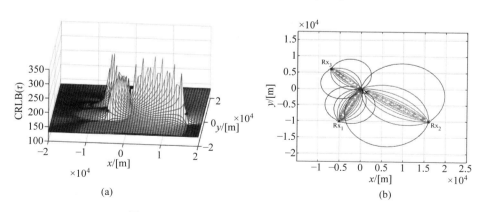

(a)　　　　　　　　　　　　　　(b)

图 5.10　一发三收模糊函数 CRLB 变化情况

（a）波束 1 距离估计的 CRLB 分布；（b）波束 1 距离估计的 CRLB 等高线；

（c）波束 2 距离估计的 CRLB 分布；（d）波束 2 距离估计的 CRLB 等高线

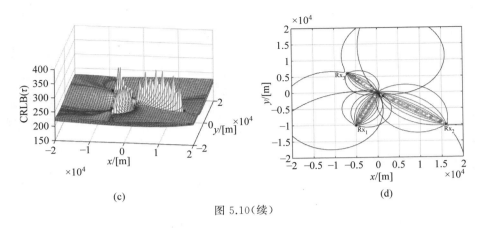

图 5.10（续）

由图 5.10(a)和图 5.10(b)可知,在不同的空间构型中,双基地雷达对目标距离和速度估计的误差变化较大,当目标靠近发射机与接收机连线时,相应的 CRLB 值较高,目标分辨率下降明显,对应的估计性能较差。由图 5.10(a)和图 5.10(b)与图 5.10(c)和图 5.10(d)对比可得,在相同的收发构型下,发射机采用的波束参数不同,对探测区域的定位 CRLB 不同。因此,多发多收情况下雷达模糊函数对应的 CRLB 与空间构型以及波束参数选择相关。

5.5 多发多收定位算法与联合优化方法及准则

文献[81]中提出了基于泰勒级数的闭式时延定位方法,但是要求初始目标坐标必须已知。此外,文献[282]中的代数闭式加权最小二乘(WLS)解在蒙特卡罗模拟环境中没有达到相应的 CRLB。为了解决上述问题,在本节中,针对收发分置、收发同址定位,提出两种不需要提供目标初始坐标且精度可以达到 CRLB 的定位方法。在现有的闭式 WLS 算法[277]的基础上,本书给出三步最小二乘算法。该方法的第二步是利用目标与接收机之间的距离估计值,采用距离估计值的估计误差协方差矩阵作为加权矩阵的闭式 WLS 方法确定目标的位置。在第三步中,利用第二步求解的估计误差分布来进一步修正第二步的估计。

5.5.1 收发分置三步最小二乘算法

本节提出了一种定位算法。其中,发射机和接收机可以放置在任意位置,即发射机和接收机分散布置(见图 5.2(a))。本节所提出的最小二乘算法由以下三个步骤组成。

(1) 第 1 步 WLS 估计。

为实现量测方程的线性化,将式(5.1)中的目标到接收机的距离 $d_{r,j}$ 移到等式的左侧得:

$$r_{i,j} - d_{r,j} = d_{t,i} + n_{i,j}, \quad i = 1,2,\cdots,M, j = 1,2,\cdots,N \tag{5.68}$$

将式(5.68)的两边求平方,得到对第 $\boldsymbol{x}_1 = [x,y,d_{r,1},\cdots,d_{r,N}]^{\mathrm{T}}$ 个接收机的如下等式:

$$r_{i,j}^2 + x_{r,j}^2 - x_{t,i}^2 + y_{r,j}^2 - y_{t,i}^2 =$$
$$2(x_{r,j} - x_{t,i})x + 2(y_{r,j} - y_{t,i})y + 2r_{i,j}d_{r,j} + n_{i,j}^2 + 2d_{t,i}n_{i,j}$$
$$i = 1,2,\cdots,M \tag{5.69}$$

令 $\boldsymbol{x}_1 = [x,y,d_{r,1},\cdots,d_{r,N}]^{\mathrm{T}}$,以矩阵形式表示式(5.69)得到:

$$\boldsymbol{b}_{s,j} = \boldsymbol{A}_s \boldsymbol{x}_1 + \boldsymbol{q}_{s,j} \tag{5.70}$$

其中, $\boldsymbol{b}_{s,j} = [b_{1,j},b_{2,j},\cdots,b_{M,j}]^{\mathrm{T}}$, $b_{i,j} = (x_{r,j}^2 - x_{t,i}^2 + y_{r,j}^2 - y_{t,i}^2 + r_{i,j}^2)/2$, $\boldsymbol{A}_s = [a_{s,1},a_{s,2},\cdots,a_{s,M}]^{\mathrm{T}}$, $a_{s,i}^{\mathrm{T}} = [x_{r,j} - x_{t,i},y_{r,j} - y_{t,i}]$, $\boldsymbol{q}_{s,j} = [q_{1,j},q_{2,j},\cdots,q_{M,j}]^{\mathrm{T}}$, $q_{i,j} = n_{i,j}^2/2 + d_{t,i}n_{i,j} \simeq d_{t,i}n_{i,j}$ 外是零元素。将所有 N 个接收机的第 j 个接收机的每个子矩阵组合在一起可得:

$$\boldsymbol{b}_1 = \boldsymbol{A}_1 \boldsymbol{x}_1 + \boldsymbol{q}_1 \tag{5.71}$$

其中,

$$\boldsymbol{b}_1 = [\boldsymbol{b}_{s,1}^{\mathrm{T}} \cdots \boldsymbol{b}_{s,N}^{\mathrm{T}}]^{\mathrm{T}}, \boldsymbol{q}_1 = [\boldsymbol{q}_{s,1}^{\mathrm{T}} \cdots \boldsymbol{q}_{s,N}^{\mathrm{T}}]^{\mathrm{T}}, \boldsymbol{A}_1 = \begin{pmatrix} \boldsymbol{A}_s & \boldsymbol{\Delta}_1 \\ \boldsymbol{A}_s & \boldsymbol{\Delta}_2 \\ \vdots & \vdots \\ \boldsymbol{A}_s & \boldsymbol{\Delta}_N \end{pmatrix}$$

$\boldsymbol{\Delta}_j \in R^{M \times N}$ 矩阵在 $[\boldsymbol{\Delta}_j]_{1,M,j}$ 处的值为 $[\boldsymbol{\Delta}_j]_{1,M,j} = [r_{1,j},r_{2,j},\cdots,r_{M,j}]^{\mathrm{T}}$,其余位置的值为 0。

通过引入辅助参数 $d_{r,j}(j=1,2,\cdots,N)$,多发多收情况下的量测方程可以转换为关于 $\boldsymbol{x}_1$ 的线性方程。首先假设该辅助函数与待估计目标的位置状态无关,从而可得第一步的加权最小二乘解可以表示为

$$\hat{\boldsymbol{x}}_{c,1} = (\boldsymbol{A}_1^{\mathrm{T}} \boldsymbol{C}_1^{-1} \boldsymbol{A}_1)^{-1} \boldsymbol{A}_1^{\mathrm{T}} \boldsymbol{C}_1^{-1} \boldsymbol{b}_1 \tag{5.72}$$

其中, $\boldsymbol{C}_1$ 为加权矩阵,其大小为

$$\boldsymbol{C}_1 = \mathrm{cov}(\boldsymbol{q}_1)$$
$$= \begin{pmatrix} \boldsymbol{C}_{s,1} & 0 & \cdots & 0 \\ 0 & \boldsymbol{C}_{s,2} & \cdots & 0 \\ \vdots & \cdots & & \vdots \\ 0 & \cdots & 0 & \boldsymbol{C}_{s,N} \end{pmatrix} \tag{5.73}$$

WLS 在估计式(5.72)的误差协方差矩阵时需要目标和发射单元 $(r_{t,i})$ 之间的距离信息,因此, $\boldsymbol{C}_1$ 的计算需要知道待估计目标的真实位置,但实际上这是未知值。因此,可以采用距离估计值代替真实距离,根据最小二乘估计可得相应的误差协方差矩阵为

$$\boldsymbol{C}_{s,j} = \mathrm{cov}(\boldsymbol{q}_{s,j})$$

$$= \text{diag}[d_{t,1}^2\sigma_{1,1}^2 \ d_{t,2}^2\sigma_{2,2}^2 \cdots d_{t,M}^2\sigma_{M,M}^2]$$

$$\simeq \text{diag}[r_{t,1}^2\sigma_{1,1}^2 \ r_{t,2}^2\sigma_{2,2}^2 \cdots r_{t,M}^2\sigma_{M,M}^2], j=1,2,\cdots,N \tag{5.74}$$

（2）第 2 步 WLS 估计。

通过第 1 步的 WLS 估计，可以得到对目标的初步定位结果。同时注意到在估计的过程中假设了引入的辅助参数与目标状态参数之间的约束关系，因此该结果并非最优解。在第 1 步 WLS 的基础上，通过再次利用辅助参数与目标状态之间的关系约束构建方程，可以提高对目标的估计精度。对于估计值 $\hat{d}_{r,j}$，将使用距离和测量的定位问题转换为 TOA 椭圆定位公式，可得：

$$(x-x_{r,j})^2+(y-y_{r,j})^2=\hat{d}_{r,j}^2, j=1,2,\cdots,N$$

$$\simeq x^2+y^2+x_{r,j}^2+y_{r,j}^2-2x \cdot x_{r,j}-2y \cdot y_{r,j}$$

$$=\hat{d}_{r,j}^2$$

$$\Rightarrow x^2+y^2+x_{r,j}^2+y_{r,j}^2-2x \cdot x_{r,j}-2y \cdot y_{r,j}$$

$$=(d_{r,j}+\hat{n}_{r,j})^2$$

$$\Rightarrow x^2+y^2+x_{r,j}^2+y_{r,j}^2-2x \cdot x_{r,j}-2y \cdot y_{r,j}$$

$$=d_{r,j}^2+\hat{n}_{r,j}^2+2d_{r,j}\hat{n}_{r,j} \tag{5.75}$$

通过对式(5.75)进行整理可得：

$$\boldsymbol{f}_2=\boldsymbol{B}_2\boldsymbol{x}_2+\boldsymbol{w}_2 \tag{5.76}$$

其中，$\boldsymbol{f}_2=[f_1,f_2,\cdots,f_N]^{\mathrm{T}}$，$f_j=(x_{r,j}^2+y_{r,j}^2-\hat{d}_{r,j}^2)/2$，$\hat{d}_{r,j}=d_{r,j}+\hat{n}_{r,j}=[\hat{\boldsymbol{x}}_1]_{j+2}$，$\hat{n}_{r,j}=[\Delta\hat{\boldsymbol{x}}_1]_{j+2}$，$\Delta\hat{\boldsymbol{x}}_1=\hat{\boldsymbol{x}}_1-\boldsymbol{x}_1=\boldsymbol{H}_1\boldsymbol{q}_1$，$\boldsymbol{H}_1=(\boldsymbol{A}_1^{\mathrm{T}}\boldsymbol{C}_1^{-1}\boldsymbol{A}_1)^{-1}\boldsymbol{A}_1^{\mathrm{T}}\boldsymbol{C}_1^{-1}$，$\boldsymbol{q}_1$ 与式(5.73)中定义相同，$[\Delta\hat{\boldsymbol{x}}_1]_{j+2}$ 表示 $\Delta\hat{\boldsymbol{x}}_1$ 中的第$(j+2)$个元素，$\boldsymbol{w}_2=[w_1,w_2,\cdots,w_N]^{\mathrm{T}}$，$w_j=d_{r,j}\hat{n}_{r,j}+\hat{n}_{r,j}^2/2\simeq d_{r,j}\hat{n}_{r,j}$，$\boldsymbol{B}_2=[\boldsymbol{v}_1,\boldsymbol{v}_2,\cdots,\boldsymbol{v}_N]^{\mathrm{T}}$，$\boldsymbol{v}_j^{\mathrm{T}}=[x_{r,j},y_{r,j},-0.5]$，$\boldsymbol{x}_2=[x,y,R_{ae}]^{\mathrm{T}}$，$R_{ae}=x^2+y^2$。依据最小二乘理论，可以得到第 2 步位置的估计值：

$$\hat{\boldsymbol{x}}_2=(\boldsymbol{B}_2^{\mathrm{T}}\boldsymbol{C}_2^{-1}\boldsymbol{B}_2)^{-1}\boldsymbol{B}_2^{\mathrm{T}}\boldsymbol{C}_2^{-1}\boldsymbol{f}_2 \tag{5.77}$$

其中，$\boldsymbol{C}_2=\text{cov}[\boldsymbol{w}_2]$。量测误差方差矩阵 $\boldsymbol{C}_2$ 为

$$[\boldsymbol{C}_2]_{l,k}=E\{w_lw_k\}$$

$$=d_{r,l}d_{r,k}E[\hat{n}_{r,l}\hat{n}_{r,k}]$$

$$\simeq r_{r,l}r_{r,k}E\{[\Delta\hat{\boldsymbol{x}}_1]_{l+2}[\Delta\hat{\boldsymbol{x}}_1]_{k+2}\}$$

$$l=1,2,\cdots,N, k=1,2,\cdots,N \tag{5.78}$$

其中，w_l 代表 $\boldsymbol{w}_2$ 的第 l 个元素，$d_{r,l}$ 表示第 l 个接收机和目标之间的真实距离，$r_{r,l}$ 表示第 l 个接收机和目标之间的距离量测值，$\hat{n}_{r,l}$ 和 $\Delta\hat{x}_1$ 在式(5.76)中给出了定义。因此，量测误差方差矩阵式(5.78)可以表示为

$$[\boldsymbol{C}_2]_{l,k}=E\{w_lw_k\}\simeq r_{r,l}r_{r,k}[(\boldsymbol{A}_1^{\mathrm{T}}\boldsymbol{C}_1^{-1}\boldsymbol{A}_1)^{-1}]_{l+2,k+2}$$

$$l=1,2,\cdots,N, k=1,2,\cdots,N \tag{5.79}$$

其中，$[(\boldsymbol{A}_1^{\mathrm{T}}\boldsymbol{C}_1^{-1}\boldsymbol{A}_1)^{-1}]_{m,n}$ 代表 $(\boldsymbol{A}_1^{\mathrm{T}}\boldsymbol{C}_1^{-1}\boldsymbol{A}_1)^{-1}$ 矩阵的第 (m,n) 个元素。

（3）第 3 步 WLS 估计。

在第 2 步 WLS 中增加辅助参数与目标状态参数之间的约束关系，同时引入辅助参数 R_{as}，R_{as} 的取值目标状态相关，因此第 2 步 WLS 量测可使用以下量测之间的关系进一步改进为

$$\hat{\boldsymbol{h}} = \boldsymbol{G}\boldsymbol{x}_3 + \boldsymbol{z} \tag{5.80}$$

其中，$\hat{\boldsymbol{h}} = [[\hat{\boldsymbol{x}}_2]_1^2,[\hat{\boldsymbol{x}}_2]_2^2,[\hat{\boldsymbol{x}}_2]_3^2]^{\mathrm{T}}$，$\boldsymbol{G} = \begin{pmatrix} 1 & 0 \\ 0 & 1 \\ 1 & 1 \end{pmatrix}$，$\boldsymbol{x}_3 = [x^2,y^2]^{\mathrm{T}}$，$\boldsymbol{z} = [2x([\hat{\boldsymbol{x}}_2]_1 - x),2y([\hat{\boldsymbol{x}}_2]_2 - y),[\hat{\boldsymbol{x}}_2]_3 - R_{as}]^{\mathrm{T}}$。

因此，再次应用 WLS 获得式（5.80）的平方误差和最小化估计值：

$$\hat{\boldsymbol{x}}_3 = (\boldsymbol{G}^{\mathrm{T}}\boldsymbol{C}_{\hat{h}}^{-1}\boldsymbol{G})^{-1}\boldsymbol{G}^{\mathrm{T}}\boldsymbol{C}_{\hat{h}}^{-1}\hat{\boldsymbol{h}} \tag{5.81}$$

其中，$\boldsymbol{C}_{\hat{h}}^{-1} = \mathrm{diag}[2x,2y,1](\boldsymbol{B}_2^{\mathrm{T}}\boldsymbol{C}_2^{-1}\boldsymbol{B}_2)^{-1}\mathrm{diag}[2x,2y,1]$，$[\cdot]_k$ 代表 $[\cdot]$ 的第 k 个元素，在计算 $\boldsymbol{C}_{\hat{h}}$ 时，x 和 y 被替换为 $[\hat{\boldsymbol{x}}_1]_1$ 和 $[\hat{\boldsymbol{x}}_1]_2$。协方差矩阵 $\boldsymbol{C}_{\hat{h}}$ 采用 delta 方法逼近真误差协方差矩阵，因此当 $\hat{\boldsymbol{x}}_2$ 离真值 $\boldsymbol{x}_2$ 较远时，误差较大。因此最终的位置估计解析解为

$$\hat{\boldsymbol{x}}_{d,f} = [\mathrm{sgn}([\hat{\boldsymbol{x}}_1]_1)\sqrt{[\hat{\boldsymbol{x}}_3]_1}\ \mathrm{sgn}([\hat{\boldsymbol{x}}_1]_2)\sqrt{[\hat{\boldsymbol{x}}_3]_2}]^{\mathrm{T}} \tag{5.82}$$

其中，$\mathrm{sgn}(\cdot)$ 为符号函数。

5.5.2　发同址三步最小二乘算法

本节给出基于三步最小二乘算法的航空集群收发同址情况下的定位算法，该算法的计算过程如下。

首先，假设应用 M 个航空集群平台进行收发同址定位，其中，第 i 个发射机对应的 M 个量测方程可以表示为

$$(x - x_{r,j})^2 + (y - y_{r,j})^2 = (d_{i,j} - d_{t,i})^2, j = 1,2,\cdots,N$$
$$\simeq x^2 + y^2 + x_{r,j}^2 + y_{r,j}^2 - 2x \cdot x_{r,j} - 2y \cdot y_{r,j} = \left(r_{i,j} - \frac{r_{1,1}}{2}\right)^2$$
$$\Rightarrow x^2 + y^2 + x_{r,j}^2 + y_{r,j}^2 - 2x \cdot x_{r,j} - 2y \cdot y_{r,j} = \left(d_{i,j} + \hat{n}_{r,j} - d_{t,i} - \frac{n_{i,i}}{2}\right)^2$$
$$\Rightarrow x^2 + y^2 + x_{r,j}^2 + y_{r,j}^2 - 2x \cdot x_{r,j} - 2y \cdot y_{r,j} =$$
$$(d_{i,j} - d_{t,i}) + \left(n_{i,j} - \frac{n_{i,i}}{2}\right) + 2(d_{i,j} - d_{t,i})\left(n_{i,j} - \frac{n_{i,i}}{2}\right) \tag{5.83}$$

整理式（5.83）并以矩阵形式表示如下：

$$\boldsymbol{c}_{s,i} = \boldsymbol{B}_s\boldsymbol{x}_{c,1} + \boldsymbol{e}_{s,i} \tag{5.84}$$

其中，$\boldsymbol{c}_{s,i} = [f_{i,1}\cdots f_{i,N}]^{\mathrm{T}}$，$f_{i,j} = (x_{r,j}^2 + y_{r,j}^2 - (r_{i,j}-r_{i,i}/2)^2)/2$，$\boldsymbol{e}_{s,i} =$

$[e_{i,1}\cdots e_{i,N}]^T$，$e_{s,j}=(d_{i,j}-d_{t,i})(n_{i,j}-n_{i,i}/2)+(n_{i,j}-n_{i,i}/2)^2/2\simeq(d_{i,j}-d_{t,i})$ $(n_{i,j}-n_{i,i}/2)$，$\boldsymbol{B}_s=[\boldsymbol{v}_{s,1},\boldsymbol{v}_{s,2},\cdots,\boldsymbol{v}_{s,N}]^T$，$\boldsymbol{v}_{s,j}^T=[x_{r,j},\ y_{r,j},\ -0.5]$，$x_{c,1}=$ $[x,y,R]^T$，$R=x^2+y^2$。

合并所有 M 个发射机的子矩阵，可以得到：

$$\boldsymbol{c}_1=\boldsymbol{B}_2\boldsymbol{x}_{c,1}+\boldsymbol{e}_1 \tag{5.85}$$

其中，$\boldsymbol{c}_1=[\boldsymbol{c}_{s,1}^T\cdots\boldsymbol{c}_{s,M}^T]^T$，$\boldsymbol{e}_1=[\boldsymbol{e}_{s,1}^T\cdots\boldsymbol{e}_{s,M}^T]^T$，$\boldsymbol{B}_2=\underbrace{[\boldsymbol{B}_s^T\boldsymbol{B}_s^T\cdots\boldsymbol{B}_s^T]}_{M个}{}^T$。

由此可得，一步 WLS 的定位量测值为

$$\hat{\boldsymbol{x}}_{c,1}=(\boldsymbol{B}_2^T\boldsymbol{R}_1^{-1}\boldsymbol{B}_2)^{-1}\boldsymbol{B}_2^T\boldsymbol{R}_1^{-1}\boldsymbol{c}_1 \tag{5.86}$$

其中，$\boldsymbol{R}_1=\mathrm{cov}[\boldsymbol{e}_1]$，此时协方差矩阵 $\mathrm{cov}[\boldsymbol{e}_1]$ 为

$E\{[\boldsymbol{e}_{s,i}]_j[\boldsymbol{e}_{s,l}]_p\}=$

$$\begin{cases}(d_{i,i}-d_{t,i})^2\cdot\mathrm{var}\left(\dfrac{n_{i,i}}{2}\right)=(d_{i,i}-d_{t,i})^2\cdot\dfrac{\sigma_{i,i}^2}{4},\ i=l,j=p\ \text{and}\ i=j\\[2mm](d_{i,j}-d_{t,i})^2\cdot\left\{\mathrm{var}(n_{i,j})+\mathrm{var}\left(\dfrac{n_{i,i}}{2}\right)\right\}=(d_{i,j}-d_{t,i})^2\cdot\left\{\sigma_{i,j}^2+\dfrac{\sigma_{i,i}^2}{4}\right\},\\[1mm]\quad i=l,j=p\ \text{and}\ i\neq j\\[2mm](d_{i,j}-d_{t,i})(d_{i,p}-d_{t,i})\cdot\left\{-\mathrm{var}\left(\dfrac{n_{i,i}}{2}\right)\right\}=(d_{i,j}-d_{t,i})(d_{i,p}-d_{t,i})\cdot\left\{-\dfrac{\sigma_{i,i}^2}{4}\right\},\\[1mm]\quad i=l,j\neq p\ \text{and}\ \{i=j\ \text{or}\ i=p\}\\[2mm](d_{i,j}-d_{t,i})(d_{i,p}-d_{t,i})\cdot\mathrm{var}\left(\dfrac{n_{i,i}}{2}\right)=(d_{i,j}-d_{t,i})(d_{i,p}-d_{t,i})\cdot\dfrac{\sigma_{i,i}^2}{4}\\[1mm]\quad i=l,\ j\neq p\ \text{and}\ \{i\neq j\ \text{and}\ i\neq p\}\\[2mm]0,\ i\neq l\end{cases}$$

$$\simeq\begin{cases}\left(r_{i,i}-\dfrac{r_{i,i}}{2}\right)^2\cdot\dfrac{\sigma_{i,i}^2}{4},\ i=l,\ j=p\ \text{and}\ i=j\\[2mm]\left(r_{i,j}-\dfrac{r_{i,i}}{2}\right)^2\cdot\left\{\sigma_{i,j}^2+\dfrac{\sigma_{i,i}^2}{4}\right\},\ i=l,j=p\ \text{and}\ i\neq j\\[2mm]\left(r_{i,j}-\dfrac{r_{i,i}}{2}\right)\left(r_{i,p}-\dfrac{r_{i,i}}{2}\right)\cdot\left\{-\dfrac{\sigma_{i,i}^2}{4}\right\},\ i=l,\ j\neq p\ \text{and}\ \{i\neq j\ \text{and}\ i\neq p\}\\[2mm]\left(r_{i,j}-\dfrac{r_{i,i}}{2}\right)\left(r_{i,p}-\dfrac{r_{i,i}}{2}\right)\cdot\dfrac{\sigma_{i,i}^2}{4},\ i=l,\ j\neq p\ \text{and}\ \{i\neq j\ \text{and}\ i\neq p\}\\[2mm]0,\ i\neq l\end{cases} \tag{5.87}$$

其中，$i=1,2,\cdots,M$，$l=1,2,\cdots,M$，$j=1,2,\cdots,M$，$p=1,2,\cdots,M$。

同理，利用第一步估计值与辅助参数之间的关系进行修正，获得第二步估计。

$$\hat{\boldsymbol{x}}_{c,2}=(\boldsymbol{G}^T\boldsymbol{C}_{\hat{h}_c}^{-1}\boldsymbol{G})^{-1}\boldsymbol{G}^T\boldsymbol{C}_{\hat{h}_c}^{-1}\hat{\boldsymbol{h}}_c \tag{5.88}$$

其中，$\hat{\boldsymbol{h}}_c = [[\hat{\boldsymbol{x}}_{c,1}]_1^2, [\hat{\boldsymbol{x}}_{c,1}]_2^2, [\hat{\boldsymbol{x}}_{c,1}]_3^2]^{\mathrm{T}}$，$\boldsymbol{C}_{\hat{\boldsymbol{h}}_c} = \mathrm{diag}[2x, 2y, 1](\boldsymbol{B}_2^{\mathrm{T}}\boldsymbol{R}_1^{-1}\boldsymbol{B}_2)^{-1}\mathrm{diag}$

$[2x, 2y, 1]$，$\boldsymbol{G} = \begin{pmatrix} 1 & 0 \\ 0 & 1 \\ 1 & 1 \end{pmatrix}$，$[\cdot]_k$ 代表 $[\cdot]$ 的第 k 个元素，在计算 $\boldsymbol{C}_{\hat{\boldsymbol{h}}_c}$ 的过程中，x

和 y 被 $[\hat{\boldsymbol{x}}_{c,1}]_1$ 和 $[\hat{\boldsymbol{x}}_{c,1}]_2$ 代替。最终的位置估计解析解为

$$\hat{\boldsymbol{x}}_{c,f} = [\mathrm{sgn}([\hat{\boldsymbol{x}}_{c,1}]_1) \sqrt{[\hat{\boldsymbol{x}}_{c,2}]_1} \ \mathrm{sgn}([\hat{\boldsymbol{x}}_{c,1}]_2) \sqrt{[\hat{\boldsymbol{x}}_{c,2}]_2}]^{\mathrm{T}} \tag{5.89}$$

本章分别给出了收发分置与收发同址情况下的三步最小二乘定位算法，在此基础上，进一步采用 IMM 滤波算法提升对空中高机动目标定位跟踪效果，相应的计算流程如下[283]。

初始化

(1) 初始化目标位置：$\hat{\boldsymbol{x}}_{0|0}^{(i)} = \hat{\boldsymbol{x}}_f, \hat{\boldsymbol{x}}_{c,f}$。

(2) 初始化误差协方差 $\hat{\boldsymbol{P}}_{0|0}^{(i)}$，模型初始概率 $\mu_0^{(i)}$。

步骤 1：输入交互

(1) 混合概率计算：$\mu_{k-1}^{j|i} = p_{ij}\mu_{k-1}^{(j)}/\mu_{k|k-1}^{(i)}$，其中，$\mu_{k|k-1}^{(i)} = \sum\limits_{j=1}^{M_d} p_{ji}\mu_{k-1}^{(j)}$。

(2) 混合估计值：$\hat{\boldsymbol{x}}_{k|k}^{(i)} = \sum\limits_{j=1}^{M_d} \hat{\boldsymbol{x}}_{k-1|k-1}^{(j)} \mu_{k-1}^{j|i}$。

(3) 混合误差协方差矩阵：

$\hat{\boldsymbol{P}}_{k-1|k-1}^{(i)} = \sum\limits_{j=1}^{M_d} \mu_{k-1}^{j|i} \{\boldsymbol{P}_{k-1|k-1}^{(j)} + [\hat{\boldsymbol{x}}_{k-1|k-1}^{(j)} - \hat{\boldsymbol{x}}_{k-1|k-1}^{(i)}][\hat{\boldsymbol{x}}_{k-1|k-1}^{(j)} - \hat{\boldsymbol{x}}_{k-1|k-1}^{(i)}]^{\mathrm{T}}\}$。

步骤 2：输入交互

(1) 预测估计值：$\hat{\boldsymbol{x}}_{k|k-1}^{(i)} = \boldsymbol{F}_{k|k-1}^{(i)} \hat{\boldsymbol{x}}_{k-1|k-1}^{(i)}$。

(2) 预测误差协方差：$\boldsymbol{P}_{k|k-1}^{(i)} = \boldsymbol{F}_{k|k-1}^{(i)} \hat{\boldsymbol{P}}_{k-1|k-1}^{(i)} (\boldsymbol{F}_{k|k-1}^{(i)})^{\mathrm{T}} + \boldsymbol{Q}_{k-1}^{(i)}$。

(3) 全局预测状态值：$\hat{\boldsymbol{x}}_{k|k-1} = \sum\limits_{i=1}^{M_d} \mu_{k|k-1}^{(i)} \hat{\boldsymbol{x}}_{k|k-1}^{(i)}$。

(4) 全局预测误差协方差：$\boldsymbol{P}_{k|k-1} = \sum\limits_{i=1}^{M_d} \mu_{k|k-1}^{(i)} \{\boldsymbol{P}_{k|k-1}^{(i)} + [\hat{\boldsymbol{x}}_{k|k-1}^i - \hat{\boldsymbol{x}}_{k|k-1}][\hat{\boldsymbol{x}}_{k|k-1}^i - \hat{\boldsymbol{x}}_{k|k-1}]^{\mathrm{T}}\}$。

步骤 3：模型概率更新

(1) 滤波器增益：$\boldsymbol{K}_k^{(i)} = \boldsymbol{P}_{k|k-1}^{(i)} (\boldsymbol{H}^{(i)})^{\mathrm{T}} (\boldsymbol{S}_k^{(i)}(\vartheta_k))^{-1}$，其中，$\boldsymbol{S}_k^{(i)}(\vartheta_k)$ 的取值与构型、波束的选取有关。

(2) 状态更新：$\hat{\boldsymbol{x}}_{k|k}^{(i)} = \hat{\boldsymbol{x}}_{k|k-1}^{(i)} + \boldsymbol{K}_k^{(i)} [\boldsymbol{r}_{k|k}^t - \hat{\boldsymbol{r}}_{k-1}^t]$。

(3) 误差协方差更新：$\boldsymbol{P}_{k|k}^{(i)} = \boldsymbol{P}_{k|k-1}^{(i)} - \boldsymbol{K}_k^{(i)} (\boldsymbol{S}_{k|k}^{(i)}(\vartheta_k))(\boldsymbol{K}_k^{(i)})^{\mathrm{T}}$。

(4) 模型似然概率：$\mu_k^{(i)} = \dfrac{1}{c}\Lambda_k^{(i)} \sum\limits_{j=1}^{M_d} \pi_{ji}\mu_{k-1}^{(i)}$，其中，$\Lambda_{k+1}$ 为在 $k+1$ 时刻模型为 m^i 的似然函数

$\Lambda_k^{(i)} = 1/\sqrt{2\pi|\boldsymbol{P}_{k|k}^i|}\exp(-0.5[\boldsymbol{r}_{k|k}^t - \hat{\boldsymbol{r}}_{k-1}^i]^{\mathrm{T}}(\boldsymbol{P}_{k|k}^i)^{-1}[\boldsymbol{r}_{k|k}^t - \hat{\boldsymbol{r}}_{k-1}^i])$。

步骤 4: 融合估计

(1) 多模型融合估计值: $\hat{\boldsymbol{x}}_{k|k} = \sum_{i=1}^{M_d} \hat{\boldsymbol{x}}_{k|k}^{(i)} \mu_k^{(i)}$。

(2) 多模型融合误差协方差: $\boldsymbol{P}_{k|k} = \sum_{i=1}^{M_d} \mu_k^i \{\boldsymbol{P}_{k|k}^i + [\hat{\boldsymbol{x}}_{k|k}^i - \hat{\boldsymbol{x}}_{k|k}][\hat{\boldsymbol{x}}_{k|k}^i - \hat{\boldsymbol{x}}_{k|k}]^{\mathrm{T}}\}$。

5.5.3　定位构型与波束联合优化准则

5.3 节与 5.4 节分别针对航空集群有源多发多收定位的平台级、功能级和资源级主体进行了分析,说明了定位空间构型和发射波束参数对多发多收定位效果的影响。5.5.1 节和 5.5.2 节给出了基于三步最小二乘的多发多收定位算法以及 IMM 滤波方法。本节在上述基础上给出航空集群有源多发多收构型与波束联合优化准则。

在航空集群多发多收有源定位过程中,为了实现快速精确定位,进行构型与波束参数联合优化,即接收机提取目标的量测值后,在定位、跟踪滤波的算法中建立基于互信息的主体决策机制。一方面,集群中的发射机能够根据目标状态变化自适应调整下一时刻发射的波形参数;另一方面,集群平台能够根据需要变换发射机、接收机以及目标之间的相对构型,实现发射机/接收机自适应切换以及航迹生成。

互信息量可以描述一个随机变量包含另一个随机变量的多少,即在给定另一变量度量下,前者不确定性的减少值[284]。在统计学中,假设 X 和 Y 为两个随机变量,$p(x|y)$ 为两个变量的联合概率密度,则互信息量的基本表达式为

$$I(X;Y) = \sum_{x \in X} \sum_{y \in Y} p(x,y) \log \frac{p(x,y)}{p(x)p(y)} \tag{5.90}$$

在跟踪滤波中,假设随机变量 $\boldsymbol{x}$ 与 $\boldsymbol{z}$ 对应的协方差矩阵为 $\boldsymbol{P} = [\boldsymbol{P}_x, \boldsymbol{P}_{xz}; \boldsymbol{P}_{xz}, \boldsymbol{P}_z]$,则互信息可以表示为

$$\begin{aligned} I(\boldsymbol{x};\boldsymbol{z}) &= \frac{1}{2} \log \frac{\det(\boldsymbol{P}_x)}{\det(\boldsymbol{P}_x - \boldsymbol{P}_{xz}\boldsymbol{P}_z^{-1}\boldsymbol{P}_{xz}^{\mathrm{T}})} \\ &= \frac{1}{2} \log \frac{\det(\boldsymbol{P}_z)}{\det(\boldsymbol{P}_z - \boldsymbol{P}_{xz}\boldsymbol{P}_z^{-1}\boldsymbol{P}_{xz}^{\mathrm{T}})} \end{aligned} \tag{5.91}$$

对于滤波过程中的一步预测估计值 $\boldsymbol{x}_{k|k-1}$ 以及接收机量测值 $\boldsymbol{z}_k$,可以进一步得到如下关系式:

$$\begin{aligned} I(\boldsymbol{x}_{k|k-1};\boldsymbol{z}_k) &= \frac{1}{2} \log \frac{\det(\boldsymbol{P}_{k|k-1})}{\det(\boldsymbol{P}_{k|k-1} - \boldsymbol{P}_{k|k-1}\boldsymbol{H}^{\mathrm{T}}(\boldsymbol{H}\boldsymbol{P}_{k|k-1}\boldsymbol{H}^{\mathrm{T}} + \boldsymbol{S}_k^{(i)}(\vartheta_k))^{-1}\boldsymbol{H}\boldsymbol{P}_{k|k-1})} \\ &= \frac{1}{2} \log \frac{1}{\det(\boldsymbol{I} - \boldsymbol{H}^{\mathrm{T}}(\boldsymbol{H}\boldsymbol{P}_{k|k-1}\boldsymbol{H}^{\mathrm{T}} + \boldsymbol{S}_k^{(i)}(\vartheta_k))^{-1}\boldsymbol{H}\boldsymbol{P}_{k|k-1})} \end{aligned}$$

$$= \frac{1}{2}\log \frac{\det(\boldsymbol{P}_{k|k-1} + \boldsymbol{S}_k^{(i)}(\vartheta_k))}{\det(\boldsymbol{S}_k^{(i)}(\vartheta_k))}$$

$$= \frac{1}{2}\log[\det(\boldsymbol{I} + (\boldsymbol{S}_k^{(i)}(\vartheta_k))^{-1}\boldsymbol{P}_{k|k-1})] \tag{5.92}$$

为了尽可能减小对目标估计的不确定性,即需要尽可能增大互信息量 I $(\boldsymbol{x}_{k|k-1};\boldsymbol{z}_k)$,因此,对应的决策目标函数可以表示为

$$\{\vartheta_k^*\} = \arg \max\left(\frac{1}{2}\log[\det(\boldsymbol{I} + (\boldsymbol{S}_k^{(i)}(\vartheta_k))^{-1}\boldsymbol{P}_{k|k-1})]\right) \tag{5.93}$$

式中,$\vartheta_k^* = \{\boldsymbol{u}_k^*, \zeta_k^*\}$ 分别表示 k 时刻最优航迹输出、发射机波束选择。$\boldsymbol{S}_k^{(i)}(\vartheta_k)$ 的取值与构型、波束的选取有关,依据 CRLB 与误差协方差的关系,$\boldsymbol{S}_k^{(i)}(\vartheta_k)$ 可以分解为

$$\boldsymbol{S}_k^{(i)}(\vartheta_k) = \boldsymbol{P}_{k-1|k-1} + \mathbf{CRLB}_{\mathrm{MN}}^{-1}(\tau) \tag{5.94}$$

其中,$\boldsymbol{P}_{k-1|k-1}$ 为上一时刻滤波误差协方差,其中包含 TOA 定位体制对应的 CRLB,$\mathbf{CRLB}_{\mathrm{MN}}^{-1}(\tau)$ 为波束参数对应的 CRLB。

航空集群有源多发多收定位的框架如图 5.11 所示,基于互为主体的决策流程可以分为以下几个步骤。

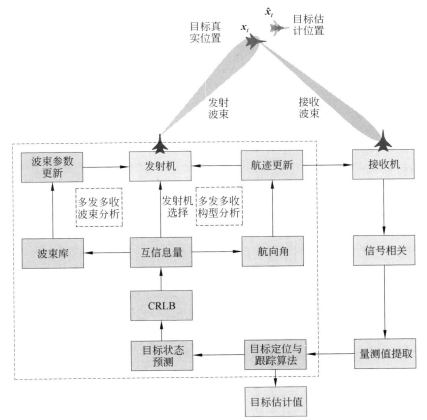

图 5.11　构型与波束联合优化流程图

步骤 1：$k-1$ 时刻集群内的发射机主动发射波束对目标进行探测，并记录发射波束的时刻。

步骤 2：各个接收机接收到经目标反射后的回波信号，进行相关处理并从中提取目标状态信息，记录接收目标反射信号的时刻。

步骤 3：融合计算中心对各发射机发射时刻、各个接收站的测量信息进行三步最小二乘定位以及 IMM 滤波融合，得到目标估计状态。

步骤 4：控制中心根据滤波算法给出目标状态预测，计算下一时刻的不同构型与波束参数下对应的互信息量，通过寻优得到互信息量最大值对应的下一时刻各个集群平台航向值以及发射机的波束参数。

步骤 5：各个发射机平台接收到 k 时刻波束参数指令与航迹更新指令，各个接收机平台接收到 k 时刻航迹更新指令。

步骤 6：$k-1=k$，返回步骤 1。

5.6　仿真验证案例

为了对航空集群有源多发多收定位构型与波束联合优化方法进行验证，本节分别针对多发多收构型优化、波束优化、构型与波束联合优化进行仿真验证。

5.6.1　多发多收构型

（1）为了验证航空集群多发多收最优构型随发射机、接收机之间的角度变化关系，首先基于几何精度因子（GDOP）进行分析。GDOP 可以用于量化描述航空集群在一定构型下，对探测区域内不同位置的目标定位误差，其计算公式为

$$\text{GDOP} = \sqrt{(\boldsymbol{J}_{MN}(\boldsymbol{x}_t))^{-1}} \tag{5.95}$$

本节以三发三收定位为例，假设目标位置为 $\boldsymbol{x}_t = [0,0]^{\text{T}}$，多发多收定位的测量方差为 $\sigma_t^2 = 2.5$，各个发射机、接收机与目标的距离均为 20km。其中，图 5.12(a)为发射机与接收机绕目标均匀分布，相邻接收机、发射机之间角度为 60°情况下对应的 GDOP 分布。图 5.12(b)为发射机位置不变，接收机在均匀分布的情况下，旋转至相邻接收机、发射机之间角度为 15°情况下对应的 GDOP 分布。

由图 5.12 可得，在不同构型分布情况下，对探测区域内定位的精度不同。图 5.12(a)中发射机、接收机完全均匀分布，对全域的探测精度也较均匀。接收机位置旋转后，在图 5.12(b)和图 5.12(a)两种情况下，对中心点目标[0,0]的定位误差均为 0.555m，发射机与接收机之间的角度对中心点目标的定位精度没有影响，两种构型下对中心点目标均为最优定位构型。

（2）为了验证有源多发多收定位构型优化的有效性，本节目标位置为 $\boldsymbol{x}_t = [150000,0]^{\text{T}}$，同时假设该目标静止，采用 4 个航空集群平台分别采用一发三收、两发两收、四机收发同址的方式进行定位，得到的优化航迹如图 5.13 所示。集群平

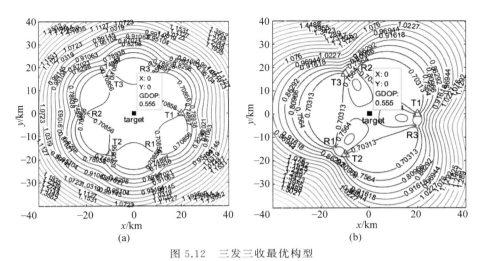

图 5.12　三发三收最优构型

（a）发射机、接收机完全均匀分布情况；（b）发射机、接收机分别均匀分布情况

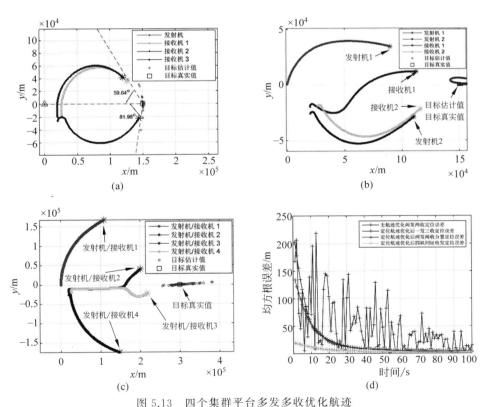

图 5.13　四个集群平台多发多收优化航迹

（a）一发三收优化航迹；（b）两发两收优化航迹；（c）四机收发同址优化航迹；（d）误差对比

台初始位置分别为：$x_1(1)=[0,0]^T$，$x_2(1)=[24000,-20000]^T$，$x_3(1)=[20000,-20000]^T$，$x_4(1)=[20000,-24000]^T$。初始时刻各个集群平台的航向角均为 $\pi/2(y$ 轴正向$)$，平台速度为 $v_0=250\text{m/s}$。定位过程中，采样周期为 $T=1\text{s}$，集群平台飞行过程中相邻采样周期内的航向角约束为 $u_{max}=15°$，仿真时长为 100s。

图 5.13(a)为采用一发三收定位过程中通过以 CRLB 为构型优化目标函数的航迹优化结果。在航迹优化过程中，三个接收机可以分为两组，其中，接收机 1 与接收机 2 为一组，接收机 3 为一组，两组之间相互远离，形成较大定位角度且分别位于目标与发射机连线的两侧朝向目标飞行。随着时间的推移，与目标之间的夹角不断增大，最终与目标的夹角分别为 59° 和 81°，该仿真结果与理论推导完全一致。图 5.13(b)为采用两发两收对应的优化航迹，此时发射机 1 与接收机 1 成为一组，发射机 2 与接收机 2 成为一组，最终两组之间的角度夹角约为 90°，与 5.3.2 节的结论一致。图 5.13(c)为四机收发同址情况下对应的优化航迹。在四机同址收发情况下，四机尽可能相互远离，尽可能增大与目标连线形成的夹角，由 5.3.4 节的结论可得，其相应的最优构型为四机绕目标等角分布，即相邻两机之间的夹角为 90°。

图 5.13(d)为经过 1000 次 Monte Carlo 仿真后，一发三收、两发两收、四机收发同址以及固定构型定位的方式对应的定位误差变化图。从图中可以看出，四种定位方式随着时间的推移相应的定位误差均有所下降，其中，一发三收、两发两收、四机收发同址定位过程中采用构型优化方法生成优化航迹，对应的定位误差在定位开始约 15s 后迅速降低，并且随着持续的航迹优化，定位精度不断降低且稳定性强。对于固定构型定位，即不采用构型优化方法直接朝向目标飞行，其定位误差降低主要是与目标之间的距离减少引起的，定位误差较大、稳定性差，无法满足任务需要。同时注意到，采用一发三收、两发两收、四机收发同址定位对应的定位误差也不同，经过对比发现，$\text{RMSE}_{13}>\text{RMSE}_{22}>\text{RMSE}_{co-2}$，该仿真结果也证明了在四机定位情况下，对应的精度由低到高的排序为：一发三收、两发两收、四机收发同址定位。在实际运用过程中，可以根据任务精度需要，不同时刻构建不同的平台级、功能级主体的变化，自适应调整相应的优化航迹，从而实现不同多发多收定位体制的灵活运用。

5.6.2　波束优化选择

为了对波束自适应优化效果进行验证，本节假设集群各平台之间的相对构型不变，采用两发两收定位方式对机动目标进行定位跟踪。各个平台的初始位置与5.6.1 节保持一致，目标的初始位置为 $x_t=[20000,0]^T$，目标速度大小为 200m/s，具体的机动如图 5.14(a)所示，假设目标运动分为三个阶段，在 $0\sim30\text{s}$ 内目标做匀速直线运动，在 $31\sim60\text{s}$ 内目标做匀速转弯运动，在 $61\sim100\text{s}$ 内，目标做匀加速直线运动。本书采用的运动模型以及基本参数设置与文献[285]保持一致，仿真结果如图 5.14 所示。

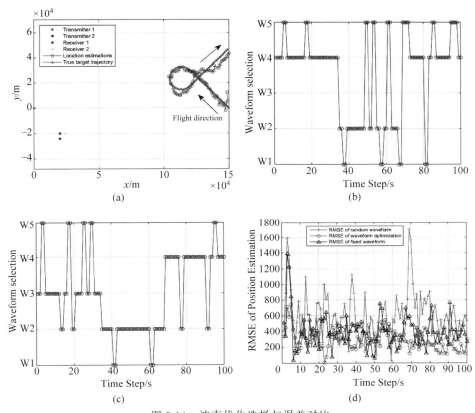

图 5.14　波束优化选择与误差对比

（a）定位与跟踪示意图；（b）发射机 1 波束优化选择；（c）发射机 2 波束优化选择；（d）误差对比

　　假设航空集群平台采用 5 种波束对目标进行探测，对应的波束参数为 $\boldsymbol{\vartheta}_k = \{\boldsymbol{T}_R, \boldsymbol{T}_C\}$，其中，$\boldsymbol{T}_R = [65, 15.4, 12.4, 4.9, 3.4]\mu\mathrm{s}$，$\boldsymbol{T}_C = [13, 3.7, 2.7, 1.7, 1.4]\mu\mathrm{s}$，为方便表述，5 种波束按照 T_R 从大到小的顺序分别称为 W1～W5。

　　图 5.14(a) 为以多基地雷达模糊函数的 CRLB 为目标函数的两发多收波束优化下定位与跟踪示意图。图 5.14(b) 和图 5.14(c) 分别为发射机 1 与发射机 2 在各个时刻对应的波束优化结果。图 5.14(d) 给出了采用随机波束、固定波束以及优化波束下的定位效果对比。由图 5.14 可得，在采用波束优化算法后，发射机能够根据当前时刻的量测值计算不同波束参数对应的下一时刻 CRLB 最小值对应的参数，从而优化选择下一时刻的发射波束。同时注意到，在仅进行波束优化的情况下，定位精度随时间的变化较小，此时定位精度受当前构型的影响较大。

5.6.3　定位构型与波束联合优化结果

　　通过 5.6.1 节和 5.6.2 节的仿真可得，通过构型优化、波束自适应优化可以提升相应的定位效果。本节在此基础上,将两者结合进行航空集群多发多收构型与波束联合优化方法仿真验证。图 5.15 为基于互信息准则对应的联合优化航迹以及对应的误差对比图。此时的最终的航迹优化结果是 TOA 定位体制与模糊函数共同作用的结果。

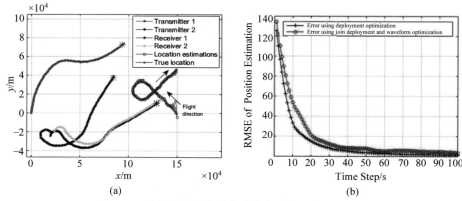

图 5.15　航空集群多发多收定位航迹与波束联合优化
(a)定位构型与波束联合优化航迹;(b)误差对比

由图 5.15(a)可得,运用定位构型与波束联合优化方法可以实现对目标定位跟踪的动态航迹生成。由图 5.15(b)可得,采用联合优化方法能够在更短的时间内降低定位误差,从而尽可能减低初始时刻相对目标定位构型较差带来的影响。由误差变化趋势可得,运用联合优化方法能够获得更高的定位精度,从而尽可能地发挥航空集群多发多收的定位跟踪效果。

小结

本章选取航空集群有源多发多收定位任务,运用平台级、功能级和资源级的跨层任务决策进行研究验证。在航空集群多发多收定位模型的基础上,分别针对多发多收定位最优构型以及多发多收波束进行分析。其中,多发多收定位精度受构型的影响较大,且不同发射机、接收机数目以及收发方式不同的情况下对应的最优构型不同,通过求解不同情况下对应的最优构型,为集群平台级、功能级主体选择与转换提供了理论支撑。在多发多收波束方面,多发多收定位精度同时受构型以及波束参数的影响,通过双基地雷达、多基地雷达模糊函数转换为 CRLB 为航空集群资源级主体选择与转换提供支撑。在此基础上,结合三步最小二乘定位算法以及 IMM 滤波,构建起基于互信息增量的联合优化准则。仿真实验表明,通过平台级、功能级与资源级主体的跨层任务决策,进一步提升了航空集群有源协同定位跟踪精度。

第 6 章　航空集群典型混合任务决策——定位与航迹欺骗

在互为主体层级的划分中,位于最顶层的是任务级主体。这是因为任务需求牵引了作战全流程,通过对任务进行解构和拆分,由其他层级主体实现资源聚合和能力支撑。航空集群作战包含侦察、干扰、探测、通信、攻击、管理和评估等一系列任务,如何根据战场态势的变化,合理下达并转换任务,体现出集群作战的智能水平。在第 4 章中,针对协同搜索任务开展了平台级的同层任务决策研究;在第 5 章中,针对多发多收协同有源定位开展了资源级、功能级和平台级的跨层任务决策研究;本章在第 4 章和第 5 章的基础上,进一步上升到任务级、平台级、功能级和资源级的混合任务决策,契合了未来战争的一体化趋势,也是应对未来一体化作战的方法探索。

在拒止环境作战中,先验信息往往不充分、不精确,航空集群在飞行过程中要遂行对目标的定位任务,从而为后续行动提供可靠的目标位置信息。对于集群作战而言,出于规模和灵活机动的优势,可以边定位边进行航迹欺骗,通过遂行一体化任务进一步提高作战效能,在提高己方态势感知能力的同时扰乱敌方对我方的意图推断。

因此,本章运用混合任务决策,针对航空集群定位与航迹欺骗干扰双任务联合优化问题展开研究。其中,以定位和航迹欺骗干扰为任务级的同层级主体,以航空集群平台为平台主体,以信号转发/接收为功能级主体,以信号参数为资源级主体,对任务级、平台级、功能级和资源级的混合任务决策展开验证。

6.1　航空集群定位与航迹欺骗中的主体选择与转换方法

6.1.1　航迹欺骗问题内涵

如图 6.1 所示,是假目标欺骗的工作原理。无人机基于截获到的敌方雷达信号,利用数字射频存储器(Digital Radio Frequency Memory,DRFM)进行延迟(或导前)信号转发,使得雷达接收到的一个或多个回波信号比真实目标的回波信号靠后(或靠前),解算出目标距雷达位置比真实目标位置远(或近),从而实现假目标或多假目标欺骗。

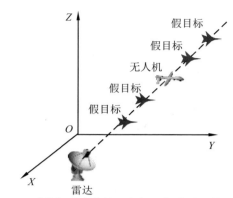

图 6.1　对单部雷达实施距离假目标欺骗干扰示意图

在此基础上,多个连续的假目标点可以形成一段虚假航迹,利用无人机间的深度协同实施更高级别的虚假航迹欺骗干扰,如图 6.2 所示,从而迫使敌方加强空情处置,消耗敌方计算资源,迷惑敌方的空情判断,甚至诱使敌方的隐蔽雷达开机暴露自己,或对假目标进行硬杀伤从而消耗其高价值武器。

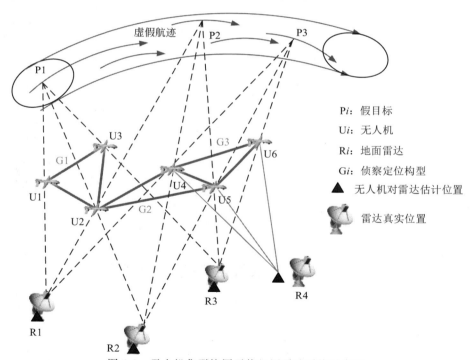

图 6.2　无人机集群协同干扰组网雷达系统示意图

根据航迹欺骗原理,多无人机节点可进行灵活选择,形成多个假目标和虚假航迹。例如,无人机 U1、U2、U3 分别欺骗雷达 R1、R2、R3,无人机与雷达视线(Line

Of Sight，LOS)的延长线交汇于一点 P1，即通过了这三部雷达同源检验的假目标点。同理，无人机 U2、U4、U5 分别欺骗雷达 R1、R2、R3，无人机与雷达 LOS 的延长线交汇于一点 P2，即通过了这三部雷达同源检验的另一个假目标点。多个连续假目标点可形成多段虚假航迹。在进行航迹欺骗的同时，无人机可对地面组网雷达进行侦察定位，通过优化空间构型提高定位精度。例如，无人机 U4、U5、U6 在侦察定位构型 G3 下对雷达 R4 进行协同定位，同时对雷达 R1、R2、R3 进行航迹欺骗，形成假目标 P3 及其航迹。同理，U1、U2、U3 在侦察定位构型 G1 下形成假目标 P1 及其航迹，无人机 U2、U4、U5 在侦察定位构型 G2 下形成假目标 P2 及其航迹。

　　组网雷达自身具有抗干扰特性[122]，通常采用聚类分析、多站联合检测、回波相关性处理以及数据级融合等方法进行信号、信息处理。在组网雷达探测跟踪下，真目标和有源假目标在空间状态(如位置、速度等)上表现出显著的差异：对于真目标，其空间状态与雷达部署位置无关，在统一坐标系中，各雷达探测出的真目标空间状态基本一致，可以认为它们是源自于同一个目标(同源)；对于假目标，它们存在于雷达与干扰机连线以及延长线上，其空间状态由干扰机和雷达部署位置共同决定，不同雷达量测到的有源假目标的空间状态一般是不一致的，组网雷达信息融合中心就会将假目标剔除[286]。这种利用雷达组网观测的目标空间状态进行假目标鉴别的方法称为同源检验[287]，雷达组网航迹融合流程如图 6.3 所示。

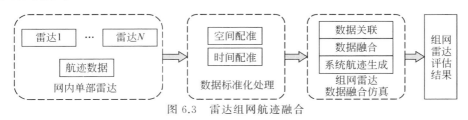

图 6.3　雷达组网航迹融合

　　因此，当采用无人机集群对组网雷达进行欺骗干扰时，利用集群平台之间协同产生的虚假目标信息作用于雷达的信号接收系统，以致雷达组网中每部雷达都接收到包含虚假目标信息的回波信号，雷达在接收到该信号后，将会改变天线波束指向或跟踪波门等对该虚假目标进行定位与跟踪。

6.1.2　定位与航迹欺骗双任务联合优化问题内涵

　　兰德报告《对抗环境中的分布式作战》指出，利用电子战手段进行对敌欺骗可以增加作战弹性[288]。例如，产生假目标并降低敌方的情报、监视与侦察能力，迫使敌方进行两难选择，要么将导弹浪费在不确定目标上，要么冒着遗漏目标的风险停止发射导弹。

　　如图 6.4 所示，是航空集群作战中航迹欺骗与侦察/干扰/打击任务的一体化应用场景示意图。当航空集群与敌方距离较远时,可遂行协同侦察定位任务,随着航空集群与敌方距离逐渐接近,可采用航迹欺骗联合雷达散射截面积(Radar Cross Section,RCS)欺骗、闪烁干扰等其他干扰手段进行佯装和诱骗,并掩护其他战机,在进入近距后,航迹欺骗还可起到自卫和保护我方高价值作战平台的作用。

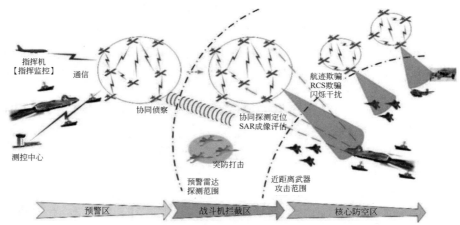

图 6.4   集群作战中航迹欺骗与侦察/干扰/打击任务的一体化应用示意图

航空集群定位与欺骗双任务联合优化流程如图 6.5 所示。由于小型无人机属于低慢小目标,会给雷达探测带来一些困难,以此保证无人机自身的生存能力;或者无人机具有一定的隐身性能,避免雷达的直接探测识别,使雷达只能依靠包含虚假目标信息的回波信号来计算和判断目标位置和类型。此外,无人机成本低廉,可进行消耗性使用,因此目前航迹欺骗任务通常使用无人机作为作战平台,本章中的航空集群平台也指的是无人机。

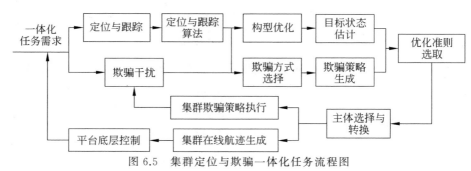

图 6.5   集群定位与欺骗一体化任务流程图

根据组网雷达体制的不同,航迹欺骗可分为"一对多"和"一对一"两种欺骗形式。以如图 6.6 所示情况为例,一发多收体制下的组网雷达有一部发射机和多部接收机,无人机将发射机发射的信号延时转发后被多部接收机接收,形成了一架无人机对多部雷达的态势,即"一对多"的欺骗形式。

自发自收体制下的组网雷达,每部雷达都独立发射并接收信号,可通过一架无

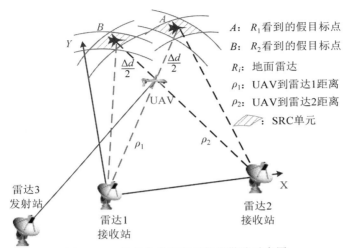

A：R_1看到的假目标点
B：R_2看到的假目标点
R_i：地面雷达
ρ_1：UAV到雷达1距离
ρ_2：UAV到雷达2距离
▨：SRC单元

图 6.6　一发多收体制下的航迹欺骗示意图

人机欺骗一部雷达,协同形成虚假航迹,即"一对一"的欺骗形式,如图 6.7 所示。

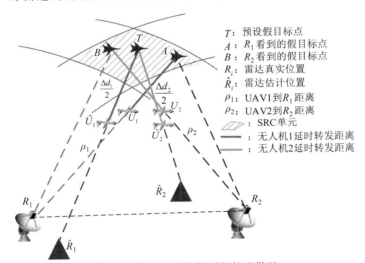

T：预设假目标点
A：R_1看到的假目标点
B：R_2看到的假目标点
R_i：雷达真实位置
$\hat{R}_i$：雷达估计位置
ρ_1：UAV1到R_1距离
ρ_2：UAV2到R_2距离
▨：SRC单元
——：无人机1延时转发距离
——：无人机2延时转发距离

图 6.7　自发自收体制下的航迹欺骗

受到硬件水平和动力学约束等实际因素的约束,航空集群对敌方雷达组网产生航迹欺骗通常要满足以下几个条件。

(1)无人机处在雷达与虚假目标的 LOS 上,即运用主瓣距离欺骗技术来创建欺骗航迹。

(2)考虑到欺骗效果,一般认为无人机质量和体积较小,或者具有一定隐身性能。

(3)雷达位置固定或近似固定,无人机和虚假航迹的运动满足动力学约束。

　　由于以上约束是非常严苛的,如何在满足各类约束的同时设计出合理虚假航迹和求解出可行无人机航迹,就成为技术难点和研究热点。

6.1.3　主体选择与转换

　　如图 6.8 所示是定位与航迹欺骗干扰双任务联合优化的主体选择与转换示意图。由于定位任务和航迹欺骗任务并发遂行,两项任务之间相互约束、相互促进,存在耦合关系。具体来说,相互约束体现为:一方面,航迹欺骗任务的成功率受到目标位置信息准确度的限制,定位精度越高,越有利于形成有效的航迹欺骗;另一

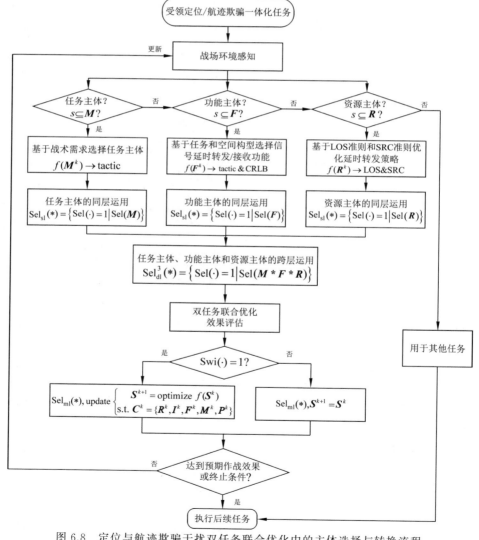

图 6.8　定位与航迹欺骗干扰双任务联合优化中的主体选择与转换流程

方面,无人机定位的空间构型不是随意构成,需要在满足航迹欺骗空间构型的条件下尽量提高定位精度。相互促进体现为:一方面,随着定位精度的逐渐提高,更容易形成有效的航迹欺骗,提高欺骗任务的效果;另一方面,随着欺骗任务的进行和定位时间的累积,对目标的定位精度也逐渐提高。因此,以定位任务为主体时,提高定位精度是主要目标,在定位空间构型的基础上通过信号延时转发尽量形成虚假目标点;以航迹欺骗任务为主体时,在欺骗构型的基础上通过优化无人机位置尽量提高定位精度。

6.2　TDOA/FDOA 定位与航迹欺骗联合优化模型

6.2.1　TDOA/FDOA 定位模型

如图 6.9 所示,是无人机对雷达协同定位示意图。记两架无人机的真实位置分别为 $\boldsymbol{x}_{u1}=[x_{u1},y_{u1},z_{u1}]^\mathrm{T}$ 和 $\boldsymbol{x}_{u2}=[x_{u2},y_{u2},z_{u2}]^\mathrm{T}$,雷达位置为 $\boldsymbol{x}_R=[x_r,y_r,z_r]^\mathrm{T}$。假设 M 架无人机采用 TDOA/FDOA 体制进行对组网雷达的协同定位,则第 i 架和第 j 架无人机对第 k 部雷达的距离差量测值为

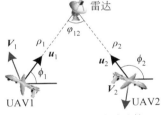

图 6.9　无人机对雷达协同定位示意图

$$r_{ij}^k = r_i^k - r_j^k, \ i,j \in \{1,2,\cdots,M\} \wedge j \neq i \tag{6.1}$$

其中,$r_i^k = \| \boldsymbol{x}_{ui} - \boldsymbol{x}_R \|$ 是第 i 架无人机和第 k 部雷达之间的距离。设 v_i 代表 TOA 量测误差,假设其服从高斯分布,则 TDOA 量测噪声 $v_{ij}=v_i+v_j$ 由两部接收机的量测噪声组成,其方差为 $\sigma_{ri}^2+\sigma_{rj}^2$。

因此,TDOA 量测矢量为

$$\hat{\boldsymbol{r}}=[\hat{r}_{21},\hat{r}_{31},\cdots,\hat{r}_{M1}]^\mathrm{T}=\boldsymbol{r}(\boldsymbol{x}_R)+\boldsymbol{w}_r \tag{6.2}$$

其中,$\boldsymbol{w}_r=[v_{12},v_{13},\cdots,v_{1M}]^\mathrm{T}$ 的方差矩阵为 $\boldsymbol{\Sigma}_r$。

对第 i 架无人机与目标之间的距离求导得:

$$\dot{\boldsymbol{r}}_i=\frac{(\boldsymbol{v}_R-\boldsymbol{v}_i)^\mathrm{T}(\boldsymbol{x}_R-\boldsymbol{x}_i)}{r_i}=(\boldsymbol{v}_R-\boldsymbol{v}_i)^\mathrm{T}\boldsymbol{u}_i \tag{6.3}$$

其中,$\boldsymbol{u}_i$ 是单位矢量。接着,信号的多普勒频移可以表示为

$$f_i=\frac{f_0}{c}(\boldsymbol{v}_R-\boldsymbol{v}_i)^\mathrm{T}\boldsymbol{u}_i \tag{6.4}$$

因此,第 i 架无人机和第 j 架无人机间的 FDOA 量测值为

$$f_{ij}=f_i-f_j=\frac{f_0}{c}((\boldsymbol{v}_R-\boldsymbol{v}_i)\boldsymbol{u}_i-(\boldsymbol{v}_R-\boldsymbol{v}_j)\boldsymbol{u}_j) \tag{6.5}$$

其中,f_0 是信号载频,c 是信号传播速度。

那么服从高斯分布的 FDOA 量测矢量可以表示为

$$\boldsymbol{f} = [\hat{f}_{21}, \hat{f}_{31}, \cdots, \hat{f}_{M1}]^{\mathrm{T}} = \boldsymbol{f}(\boldsymbol{x}_R) + \boldsymbol{w}_f \tag{6.6}$$

其中，$\boldsymbol{w}_f$ 是量测误差，其方差矩阵为 $\boldsymbol{\Sigma}_f$。

因此，TDOA/FDOA 复合定位的总量测矢量为

$$\hat{\boldsymbol{z}} = \boldsymbol{z} + \boldsymbol{w} = \begin{bmatrix} \boldsymbol{r} \\ \boldsymbol{f} \end{bmatrix} + \begin{bmatrix} \boldsymbol{w}_r \\ \boldsymbol{w}_f \end{bmatrix} \tag{6.7}$$

对应的量测噪声矢量为

$$\boldsymbol{\Sigma} = E[\boldsymbol{w}\boldsymbol{w}^{\mathrm{T}}] = E[[\boldsymbol{w}_r^{\mathrm{T}} \quad \boldsymbol{w}_f^{\mathrm{T}}]^{\mathrm{T}}[\boldsymbol{w}_r^{\mathrm{T}} \quad \boldsymbol{w}_f^{\mathrm{T}}]] = \begin{bmatrix} \boldsymbol{\Sigma}_r & 0 \\ 0 & \boldsymbol{\Sigma}_f \end{bmatrix} \tag{6.8}$$

虚假航迹的设计和生成需要选择合理的空间位置，使得虚假航迹既满足我方战术意图，又满足动力学约束，并且对应的无人机实际飞行航迹在满足动力学约束的同时还具有较好的可飞性。这也是虚假航迹设计和生成的难点所在。目前，该部分常用的方法有基于 LOS 导引律的航迹生成算法、基于比例导引的航迹生成算法、基于分布式控制的航迹生成算法。这些方法都可以得到给定起点和终点的一段虚假航迹，但是缺乏对航迹的评估。为了获得更高的定位精度，本章运用 TDOA/FDOA 定位的 FIM 矩阵进行航迹评估，依据 FIM 通用的定义公式可得[289]：

$$\boldsymbol{J}_T(\boldsymbol{x}_R) = \nabla_{\boldsymbol{x}_R}\boldsymbol{z}(\boldsymbol{x}_R)^{\mathrm{T}}\boldsymbol{\Sigma}_t^{-1}\nabla_{\boldsymbol{x}_R}\boldsymbol{z}(\boldsymbol{x}_R) \tag{6.9}$$

因此 TDOA 定位的 FIM 解析表达式可以表示为[290]

$$\boldsymbol{J}_T(\boldsymbol{x}_R) =$$

$$\frac{1}{2\sigma_r^2}\begin{bmatrix} (M-1)\sum_{l=1}^{M}\cos^2(\theta_i) - \sum_{i\neq j}^{M}\cos(\theta_i)\cos(\theta_j) & M\sum_{l=1}^{M}\cos(\theta_i)\sin(\theta_i) - \sum_{i=1}^{M}\cos(\theta_i)\sum_{i=1}^{M}\sin(\theta_i) \\ M\sum_{l=1}^{M}\cos(\theta_i)\sin(\theta_i) - \sum_{i=1}^{M}\cos(\theta_i)\sum_{i=1}^{M}\sin(\theta_i) & (M-1)\sum_{l=1}^{M}\sin^2(\theta_i) - \sum_{i\neq j}^{M}\sin(\theta_i)\sin(\theta_j) \end{bmatrix}$$

$$\tag{6.10}$$

其中，θ_i 是第 i 架无人机和雷达 $\boldsymbol{x}_R$ 间的夹角。

同理，FDOA 定位的 FIM 显式表达为

$$\boldsymbol{J}_F(\boldsymbol{x}_R) =$$

$$\frac{2}{\sigma_f^2}\begin{bmatrix} \sum_{i=1}^{M}\omega_i^2\sin^2(\phi_i) - \frac{1}{M}\left(\sum_{i=1}^{M}\omega_i\sin\phi_i\right)^2 & \frac{1}{M}\sum_{i=1}^{M}\omega_i\cos\phi_i\sum_{i=1}^{M}\omega_i\sin\phi_i - \sum_{i=1}^{M}\omega_i^2\cos(\phi_i)\sin(\phi_i) \\ \frac{1}{M}\sum_{i=1}^{M}\omega_i\cos\phi_i\sum_{i=1}^{M}\omega_i\sin\phi_i - \sum_{i=1}^{M}\omega_i^2\cos(\phi_i)\sin(\phi_i) & \sum_{i=1}^{M}\omega_i^2\cos^2(\phi_i) - \frac{1}{M}\left(\sum_{i=1}^{M}\omega_i\cos\phi_i\right)^2 \end{bmatrix}$$

$$\tag{6.11}$$

其中，ω_i 是第 i 架无人机与目标间的角速度。

给定 TDOA/FDOA 量测矢量 $\hat{\boldsymbol{z}}$，则 TDOA/FDOA 对静止目标复合定位的

FIM 矩阵 $\boldsymbol{J}_{\mathrm{TF}}$ 为

$$\boldsymbol{J}_{\mathrm{TF}}(\boldsymbol{x}_R) = \boldsymbol{J}_T(\boldsymbol{x}_R) + \boldsymbol{J}_F(\boldsymbol{x}_R)$$

$$= 2 \left[\begin{array}{l} \dfrac{1}{\sigma_r^2}\sum_{i=1}^{M}\cos^2(\phi_i) - \dfrac{1}{M\sigma_r^2}\Big(\sum_{i=1}^{M}\cos\phi_i\Big)^2 + \dfrac{1}{\sigma_f^2}\sum_{i=1}^{M}\omega_i^2\sin^2(\phi_i) - \dfrac{1}{M\sigma_f^2}\Big(\sum_{i=1}^{M}\omega_i\sin\phi_i\Big)^2 \\[4mm] \dfrac{1}{\sigma_r^2}\sum_{i=1}^{M}\cos(\phi_i)\sin(\phi_i) - \dfrac{1}{M\sigma_r^2}\sum_{i=1}^{M}\cos\phi_i\sum_{i=1}^{M}\sin\phi_i + \dfrac{1}{M\sigma_f^2}\sum_{i=1}^{M}\omega_i\cos\phi_i\sum_{i=1}^{M}\omega_i\sin\phi_i - \dfrac{1}{\sigma_f^2}\sum_{i=1}^{M}\omega_i^2\cos(\phi_i)\sin(\phi_i) \end{array} \right.$$

$$\left. \begin{array}{l} \dfrac{1}{\sigma_r^2}\sum_{i=1}^{M}\cos(\phi_i)\sin(\phi_i) - \dfrac{1}{M\sigma_r^2}\sum_{i=1}^{M}\cos\phi_i\sum_{i=1}^{M}\sin\phi_i + \dfrac{1}{M\sigma_f^2}\sum_{i=1}^{M}\omega_i\cos\phi_i\sum_{i=1}^{M}\omega_i\sin\phi_i - \dfrac{1}{\sigma_f^2}\sum_{i=1}^{M}\omega_i^2\cos(\phi_i)\sin(\phi_i) \\[4mm] \dfrac{1}{\sigma_r^2}\sum_{i=1}^{M}\sin^2(\phi_i) - \dfrac{1}{M\sigma_r^2}\Big(\sum_{i=1}^{M}\sin\phi_i\Big)^2 + \dfrac{1}{\sigma_f^2}\sum_{i=1}^{M}\omega_i^2\cos^2(\phi_i) - \dfrac{1}{M\sigma_f^2}\Big(\sum_{i=1}^{M}\omega_i\cos\phi_i\Big)^2 \end{array} \right]$$

$$\tag{6.12}$$

因此,无人机协同定位对 N 部雷达定位的总体 FIM 为

$$\boldsymbol{J}_{\mathrm{TF\_total}} = \boldsymbol{J}_{\mathrm{TF}}(\boldsymbol{x}_{R_1}) + \boldsymbol{J}_{\mathrm{TF}}(\boldsymbol{x}_{R_2}) + \cdots + \boldsymbol{J}_{\mathrm{TF}}(\boldsymbol{x}_{R_N}) \tag{6.13}$$

由式(6.13)可得,无人机集群与各个雷达之间的夹角、角速度不同,得到的总的 $\boldsymbol{J}_{\mathrm{TF\_total}}$ 值不同。因此,在虚假目标航迹设计和无人机飞行航迹生成的过程中均需要运用 FIM 矩阵进行分析。

6.2.2　航迹欺骗模型

考虑雷达站址误差和无人机位置误差的航迹欺骗场景如图 6.10 所示。两架无人机协同欺骗两部雷达,预设的理想假目标是点 $\boldsymbol{T}$。两部雷达实际位置分别为 $\boldsymbol{R}_1$ 和 $\boldsymbol{R}_2$,由于无人机对雷达位置没有先验信息,在飞行过程中对雷达进行协同定位存在一定的量测误差,因此无人机对雷达的估计位置分别为 $\hat{\boldsymbol{R}}_1$ 和 $\hat{\boldsymbol{R}}_2$。理想情

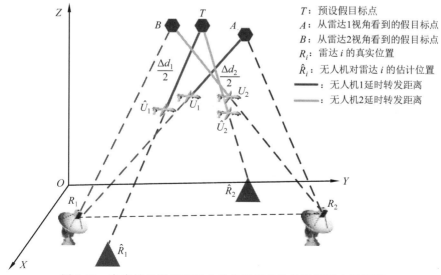

图 6.10　考虑站址误差和无人机位置误差的航迹欺骗空间模型

况下,无人机应该位于雷达与预设假目标的 LOS 上,此时对应的无人机位置分别为 $\hat{U}_1$ 和 $\hat{U}_2$。但是,受到平台性能约束、控制误差和风力因素等多种影响,无人机的实际位置分别为 U_1 和 U_2。为方便计算,将 DRFM 对信号的延时转发量转换为延时转发距离 $\Delta d_1, \Delta d_2$,即两架无人机对雷达的欺骗距离分别为 $\Delta d_1/2$ 和 $\Delta d_2/2$。考虑雷达站址误差和无人机位置误差后,实际形成的假目标在空间中产生了"分裂",雷达 1 看到的假目标为点 A,雷达 2 看到的假目标为点 B。

记两架无人机的真实位置分别为 $\boldsymbol{x}_{u1} = [x_{u1}, y_{u1}, z_{u1}]^T$ 和 $\boldsymbol{x}_{u2} = [x_{u2}, y_{u2}, z_{u2}]^T$,理想位置为 $\hat{\boldsymbol{x}}_{u1} = [\hat{x}_{u1}, \hat{y}_{u1}, \hat{z}_{u1}]^T$ 和 $\hat{\boldsymbol{x}}_{u2} = [\hat{x}_{u2}, \hat{y}_{u2}, \hat{z}_{u2}]^T$。两部雷达的真实位置为 $\boldsymbol{x}_{R1} = [x_{r1}, y_{r1}, z_{r1}]^T$ 和 $\boldsymbol{x}_{R2} = [x_{r2}, y_{r2}, z_{r2}]^T$,而无人机对雷达通过 TDOA/FDOA 复合定位的估计位置为 $\hat{\boldsymbol{x}}_{R1} = [\hat{x}_{r1}, \hat{y}_{r1}, \hat{z}_{r1}]^T$ 和 $\hat{\boldsymbol{x}}_{R2} = [\hat{x}_{r2}, \hat{y}_{r2}, \hat{z}_{r2}]^T$。航迹欺骗预设假目标的位置是 $\boldsymbol{x}_T = [x_T, y_T, z_T]^T$。由于雷达站址误差和无人机位置误差的存在,实际形成的假目标在空间中出现了"分裂",位置分别为 $A = [x_a, y_a, z_a]^T$ 和 $B = [x_b, y_b, z_b]^T$。这种"分裂"情况对航迹欺骗效果产生的影响可以用 $|AR_1 - BR_1|$ 和 $|AR_2 - BR_2|$ 来表征,代表了从雷达视角看到的假目标分裂程度。

6.2.3 航迹欺骗不确定性预估

出于非合作特性,我方无人机通过预先侦察获得敌方雷达的大概位置,但存在雷达站址定位误差。在实际航迹欺骗过程中,站址误差导致我方无人机通过延时转发形成的预设假目标点并不是严格处于雷达和无人机连线形成的 LOS 上。不同雷达视角下观测到的假目标点在空间中出现"分裂",如图 6.11 和图 6.12 所示。以雷达空间分辨力为单位进行空间网格搜索,各距离分辨单元的重叠区域为 SRC,而站址误差和无人机位置误差可能导致实际形成的假目标点不在同一个 SRC 内。因此,首先需要分析误差对航迹欺骗造成的不确定性影响。

假设对每部雷达而言的站址误差区域是以侦测位置为中心,半径为 δ 的圆形区域,如图 6.11 所示,当真实雷达位置和无人机连线与误差圆相切时,产生最大距离偏差 $\Delta R_{\max}$ 和角度偏差 $\Delta \theta_{\max}$。

考虑站址误差的无人机对一发多收体制雷达的欺骗干扰如图 6.12 所示。

以接收站雷达 1 的位置为原点建立直角坐标系,接收站雷达 2 置于 x 轴上,与侦测的接收站 1 间基线长度为 L。设延时转发产生的假目标距无人机距离为 $\Delta d/2$,在两个雷达接收站的侦测位置视角看,延时转发后产生的假目标点分别为点 A 和点 B,如图 6.12 所示。然而,侦测位置和真实位置之间存在站址误差,范围是半径为 δ 的圆形区域。当雷达真实位置与无人机位置形成的 LOS 与误差圆相切时,产生假目标点最大距离和角度偏差,此时接收站 1 对应产生的假目标点为 A_1 和 A_2,接收站 2 对应产生的假目标点为 B_1 和 B_2,将以上四个假目标点称为误

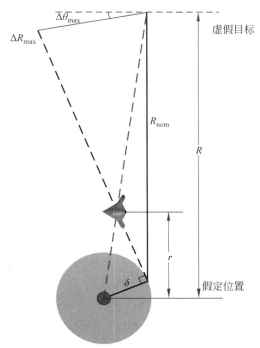

图 6.11　自发自收体制下站址误差导致的假目标点空间分裂

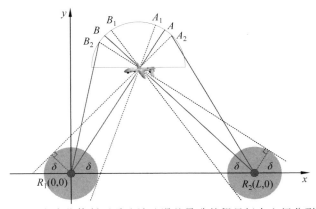

图 6.12　一发多收体制下雷达站址误差导致的假目标点空间分裂情况

差边界点。

　　假目标点要通过组网雷达 SRC 同源检验的条件如下：

$$\begin{cases} \mid AR_1 - BR_1 \mid \leqslant \delta_1 \\ \mid AR_2 - BR_2 \mid \leqslant \delta_2 \end{cases} \tag{6.14}$$

　　当考虑站址误差时，式(6.14)很容易拓展运用，只要假目标点在最大偏差情况下仍满足 SRC 条件，则假目标点可以通过两部雷达的同源检验。

如图 6.13 所示。两部雷达的分辨单元分别为 δ_1 和 δ_2。为了计算各类几何关系,在三维空间中从 $\boldsymbol{U}_1$ 做到 $\boldsymbol{R}_1\boldsymbol{R}_2$ 的空间垂线,垂足记为 $\boldsymbol{H}_1$;从 $\boldsymbol{U}_2$ 做到 $\boldsymbol{R}_1\boldsymbol{R}_2$ 的空间垂线,垂足记为 $\boldsymbol{H}_2$。为表述方便,记无人机 1 到雷达 1 的距离为 $\boldsymbol{U}_1\boldsymbol{R}_1 = \rho_1$,无人机 2 到雷达 2 的距离为 $\boldsymbol{U}_2\boldsymbol{R}_2 = \rho_2$。

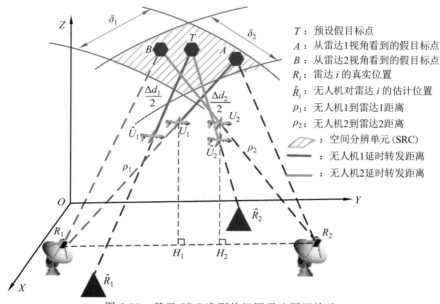

图 6.13 基于 SRC 准则的组网雷达同源检验

在空间直角三角形 $\Delta U_1 R_1 H_1$ 中,$\boldsymbol{U}_1\boldsymbol{H}_1 \perp \boldsymbol{R}_1\boldsymbol{R}_2$,$\boldsymbol{R}_1\boldsymbol{H}_1$ 和 $\boldsymbol{R}_1\boldsymbol{R}_2$ 共线,故可以计算出 $\boldsymbol{H}_1$ 坐标:

$$\begin{cases} (x_{u1} - x_{h1}, y_{u1} - y_{h1}, z_{u1} - z_{h1}) \cdot (x_{r2} - x_{r1}, y_{r2} - y_{r1}, z_{r2} - z_{r1}) = 0 \\ (x_{h1} - x_{r1}, y_{h1} - y_{r1}, z_{h1} - z_{r1}) = k \cdot (x_{r2} - x_{r1}, y_{r2} - y_{r1}, z_{r2} - z_{r1}) \end{cases}$$

$$(6.15)$$

同理,在空间三角形 $\Delta U_2 R_2 H_2$ 中,$\boldsymbol{U}_2\boldsymbol{H}_2 \perp \boldsymbol{R}_1\boldsymbol{R}_2$,$\boldsymbol{R}_2\boldsymbol{H}_2$ 和 $\boldsymbol{R}_1\boldsymbol{R}_2$ 共线,故 $\boldsymbol{H}_2$ 坐标为

$$\begin{cases} (x_{u2} - x_{h2}, y_{u2} - y_{h2}, z_{u2} - z_{h2}) \cdot (x_{r2} - x_{r1}, y_{r2} - y_{r1}, z_{r2} - z_{r1}) = 0 \\ (x_{h2} - x_{r2}, y_{h2} - y_{r2}, z_{h2} - z_{r2}) = k \cdot (x_{r2} - x_{r1}, y_{r2} - y_{r1}, z_{r2} - z_{r1}) \end{cases}$$

$$(6.16)$$

以两架无人机协同欺骗两部雷达为例,基于 SRC 的同源检验准则为

$$\begin{cases} |\boldsymbol{A}\boldsymbol{R}_1 - \boldsymbol{B}\boldsymbol{R}_1| \leqslant \delta_1 \\ |\boldsymbol{A}\boldsymbol{R}_2 - \boldsymbol{B}\boldsymbol{R}_2| \leqslant \delta_2 \end{cases}$$

$$(6.17)$$

在 ΔAR_1R_2 中,雷达真实位置 $\boldsymbol{x}_{r1}$、无人机真实位置 $\boldsymbol{x}_{u1}$ 和假目标 $\boldsymbol{A}$ 三点共线。那么假目标 $\boldsymbol{A}$ 和雷达 $\boldsymbol{R}_1$ 间的距离可以用延时转发对应的欺骗距离来表示:

$$AR_1 = R_1U_1 + AU_1 = \rho_1 + \frac{\Delta d_1}{2} \tag{6.18}$$

同理,可以在 $\triangle BR_1R_2$ 中计算出假目标 B 和真实雷达 R_2 的距离:

$$BR_2 = R_2U_2 + BU_2 = \rho_2 + \frac{\Delta d_2}{2} \tag{6.19}$$

接着分别在 $\triangle AR_1R_2$ 和 $\triangle BR_1R_2$ 中运用余弦定理,可以得到:

$$\begin{cases} AR_2 = \sqrt{\left(\rho_1 + \dfrac{\Delta d_1}{2}\right)^2 + L_{12}^2 - 2 \cdot \left(\rho_1 + \dfrac{\Delta d_1}{2}\right) \cdot L_{12} \cdot \dfrac{R_1H_1}{\rho_1}} \\ BR_1 = \sqrt{\left(\rho_2 + \dfrac{\Delta d_2}{2}\right)^2 + L_{12}^2 - 2 \cdot \left(\rho_2 + \dfrac{\Delta d_2}{2}\right) \cdot L_{12} \cdot \dfrac{R_2H_2}{\rho_2}} \end{cases} \tag{6.20}$$

根据假目标 A 和 B 的空间位置,下面分为四种情况进行分类讨论。

情况 1:当满足 $\begin{cases} AR_1 > BR_1 \\ AR_2 > BR_2 \end{cases}$ 时,由于 $\dfrac{R_2H_2}{\rho_2} = \cos\theta_2 \leqslant 1$,假目标分裂情况可表示为

$$|AR_1 - BR_1|$$
$$= \rho_1 + \Delta d_1/2 - \left[(\rho_2 + \Delta d_2/2)^2 + L_{12}^2 - 2 \cdot (\rho_2 + \Delta d_2/2) \cdot L_{12} \cdot \frac{|R_2H_2|}{\rho_2}\right]^{1/2}$$
$$= \rho_1 + \Delta d_1/2 - (\rho_2 + \Delta d_2/2)\left\{1 + \left(\frac{L}{\rho_2 + \Delta d_2/2}\right)^2 - 2\frac{L_{12}}{\rho_2 + \Delta d_2/2}\frac{|R_2H_2|}{\rho_2}\right\}^{1/2}$$
$$\leqslant \rho_1 + \Delta d_1/2 - (\rho_2 + \Delta d_2/2)\left(1 - \frac{|R_2H_2|}{\rho_2}\frac{L_{12}}{\rho_2 + \Delta d_2/2}\right)$$
$$= \rho_1 - \rho_2 + \frac{1}{2}(\Delta d_1 - \Delta d_2) + \frac{L_{12} \cdot |R_2H_2|}{\rho_2} \tag{6.21}$$

由此可得,当且仅当 $\dfrac{|R_2H_2|}{\rho_2} = 1$ 时,即无人机位于 X 轴上,式(6.21)中的等号成立。为表述方便,记 $\Delta dt = (\Delta d_1 - \Delta d_2)/2$,同理可得:

$$|AR_2 - BR_2| \leqslant \rho_2 - \rho_1 + \Delta dt + \frac{L_{12} \cdot |R_1H_1|}{\rho_1} \tag{6.22}$$

因此,两架无人机欺骗两部雷达的 SRC 准则可表示为

$$\begin{cases} \rho_1 - \rho_2 + \Delta dt + \dfrac{L_{12} \cdot |R_2H_2|}{\rho_2} \leqslant \delta_1 \\ \rho_2 - \rho_1 + \Delta dt + \dfrac{L_{12} \cdot |R_1H_1|}{\rho_1} \leqslant \delta_2 \end{cases} \tag{6.23}$$

整理式(6.23)可得,要形成有效欺骗,欺骗距离 Δdt 需要满足:

$$\begin{cases} \Delta dt \leqslant \delta_1 - (\rho_1 - \rho_2) - \dfrac{L_{12} \cdot |R_2H_2|}{\rho_2} \\ \Delta dt \leqslant \delta_2 + (\rho_2 - \rho_1) - \dfrac{L_{12} \cdot |R_1H_1|}{\rho_1} \end{cases} \tag{6.24}$$

综上，可以使得空间分裂的两个假目标位于同一个 SRC 内，形成有效欺骗的约束为

$$\Delta \mathrm{d}t = (\Delta d_1 - \Delta d_2)/2$$
$$= \min\left[\delta_1 - (\rho_1 - \rho_2) - \frac{L_{12} \cdot |\boldsymbol{R}_2 \boldsymbol{H}_2|}{\rho_2}, \delta_2 + (\rho_2 - \rho_1) - \frac{L_{12} \cdot |\boldsymbol{R}_1 \boldsymbol{H}_1|}{\rho_1}\right]$$
$$(6.25)$$

情况 2：当 $\begin{cases} \boldsymbol{AR}_1 > \boldsymbol{BR}_1 \\ \boldsymbol{AR}_2 < \boldsymbol{BR}_2 \end{cases}$ 时，$|\boldsymbol{AR}_1 - \boldsymbol{BR}_1|$ 与情况 1 相同，$|\boldsymbol{AR}_2 - \boldsymbol{BR}_2|$ 变为

$$|\boldsymbol{AR}_2 - \boldsymbol{BR}_2|$$
$$= \rho_2 + \Delta d_2/2 - \left[(\rho_1 + \Delta d_1/2)^2 + L_{12}^2 - 2 \cdot (\rho_1 + \Delta d_1/2) \cdot L_{12} \cdot \frac{|\boldsymbol{R}_1 \boldsymbol{H}_1|}{\rho_1}\right]^{1/2}$$
$$= \rho_2 + \Delta d_2/2 - (\rho_1 + \Delta d_1/2)\left\{1 + \left(\frac{L_{12}}{\rho_1 + \Delta d_1/2}\right)^2 - 2\frac{L_{12}}{\rho_1 + \Delta d_1/2}\frac{|\boldsymbol{R}_1 \boldsymbol{H}_1|}{\rho_1}\right\}^{1/2}$$
$$\leqslant \rho_2 + \Delta d_2/2 - (\rho_1 + \Delta d_1/2)\left(1 - \frac{|\boldsymbol{R}_1 \boldsymbol{H}_1|}{\rho_1}\frac{L_{12}}{\rho_1 + \Delta d_1/2}\right)$$
$$= \rho_2 - \rho_1 - \Delta \mathrm{d}t + \frac{L_{12} \cdot |\boldsymbol{R}_1 \boldsymbol{H}_1|}{\rho_1}$$
$$(6.26)$$

因此，形成有效欺骗的约束为

$$\begin{cases} \Delta \mathrm{d}t \leqslant \delta_1 - (\rho_1 - \rho_2) - \dfrac{L_{12} \cdot |\boldsymbol{R}_2 \boldsymbol{H}_2|}{\rho_2} \\ \Delta \mathrm{d}t \geqslant -\delta_2 - (\rho_1 - \rho_2) + \dfrac{L_{12} \cdot |\boldsymbol{R}_1 \boldsymbol{H}_1|}{\rho_1} \end{cases}$$
$$(6.27)$$

情况 3：当 $\begin{cases} \boldsymbol{AR}_1 < \boldsymbol{BR}_1 \\ \boldsymbol{AR}_2 < \boldsymbol{BR}_2 \end{cases}$ 时，$|\boldsymbol{AR}_2 - \boldsymbol{BR}_2|$ 与情况 2 相同，$|\boldsymbol{AR}_1 - \boldsymbol{BR}_1|$ 变为

$$|\boldsymbol{AR}_1 - \boldsymbol{BR}_1|$$
$$= \left[(\rho_2 + \Delta d_2/2)^2 + L_{12}^2 - 2 \cdot (\rho_2 + \Delta d_2/2) \cdot L_{12} \cdot \frac{|\boldsymbol{R}_2 \boldsymbol{H}_2|}{\rho_2}\right]^{1/2} - (\rho_1 + \Delta d_1/2)$$
$$= \left\{1 + \left(\frac{L}{\rho_2 + \Delta d_2/2}\right)^2 - 2\frac{L_{12}}{\rho_2 + \Delta d_2/2}\frac{|\boldsymbol{R}_2 \boldsymbol{H}_2|}{\rho_2}\right\}^{1/2} - (\rho_1 + \Delta d_1/2(\rho_2 + \Delta d_2/2))$$
$$\geqslant (\rho_2 + \Delta d_2/2)\left(1 - \frac{|\boldsymbol{R}_2 \boldsymbol{H}_2|}{\rho_2}\frac{L_{12}}{\rho_2 + \Delta d_2/2}\right) - (\rho_1 + \Delta d_1/2)$$
$$= \rho_2 - \rho_1 + \frac{1}{2}(\Delta d_2 - \Delta d_1) - \frac{L_{12} \cdot |\boldsymbol{R}_2 \boldsymbol{H}_2|}{\rho_2}$$
$$(6.28)$$

在这种情况下，不等式的缩放与情况 1 和情况 2 中不同，此时形成有效欺骗的约束为

$$\begin{cases} \rho_2 - \rho_1 - \Delta \mathrm{d}t - \dfrac{L_{12} \cdot |\, \boldsymbol{R_2 H_2}\,|}{\rho_2} \leqslant |\, \boldsymbol{AR_1} - \boldsymbol{BR_1}\,| \leqslant \delta_1 \\[3mm] \rho_2 - \rho_1 - \Delta \mathrm{d}t + \dfrac{L_{12} \cdot |\, \boldsymbol{R_1 H_1}\,|}{\rho_1} \leqslant \delta_2 \end{cases} \tag{6.29}$$

情况 4：当 $\begin{cases} \boldsymbol{AR_1} < \boldsymbol{BR_1} \\ \boldsymbol{AR_2} > \boldsymbol{BR_2} \end{cases}$ 时，$|\,\boldsymbol{AR_1} - \boldsymbol{BR_1}\,|$ 与情况 3 中相同，$|\,\boldsymbol{AR_2} - \boldsymbol{BR_2}\,|$ 与情况 1 中相同，此时形成有效欺骗的约束为

$$\begin{cases} \rho_2 - \rho_1 - \Delta \mathrm{d}t - \dfrac{L_{12} \cdot |\, \boldsymbol{R_2 H_2}\,|}{\rho_2} \leqslant |\, \boldsymbol{AR_1} - \boldsymbol{BR_1}\,| \leqslant \delta_1 \\[3mm] \rho_2 - \rho_1 + \Delta \mathrm{d}t + \dfrac{L_{12} \cdot |\, \boldsymbol{R_1 H_1}\,|}{\rho_1} \leqslant \delta_2 \end{cases} \tag{6.30}$$

接下来分析形成有效欺骗对延时转发对应的欺骗距离的下界约束。

在极端情况下，如果 $\Delta d_1, \Delta d_2 \rightarrow 0$，则对应的 SRC 准则表示为

$$\begin{cases} |\, \boldsymbol{U_1 U_2}\,| \leqslant \delta_1 \\ |\, \boldsymbol{U_1 U_2}\,| \leqslant \delta_2 \end{cases} \tag{6.31}$$

此时两架无人机自身就位于同一个 SRC 内，即使不生成假目标，雷达也无法正确分辨无人机的数量，此时可以结合航迹欺骗作为一种特殊的欺骗策略。

通常情况下，依然要推导形成有效欺骗对欺骗距离的上下界约束：

$$(\boldsymbol{AR_1} - \delta_1)^2 \leqslant \boldsymbol{BR_1^2} \tag{6.32}$$

代入具体量，可以得到：

$$\left(\rho_1 + \dfrac{\Delta d_1}{2} - \delta_1 \right)^2 \leqslant \left(\rho_2 + \dfrac{\Delta d_2}{2} \right)^2 + L_{12}^2 - 2 \cdot \left(\rho_2 + \dfrac{\Delta d_2}{2} \right) \cdot L_{12} \cdot \dfrac{\boldsymbol{R_2 H_2}}{\rho_2} \tag{6.33}$$

整理式（6.33）可得：

$$\left[\left(\dfrac{\Delta d_1}{2} \right)^2 - \left(\dfrac{\Delta d_2}{2} \right)^2 \right] + (\rho_1 \Delta d_1 - \rho_2 \Delta d_2) + \dfrac{L_{12} \cdot |\, \boldsymbol{R_2 H_2}\,|}{\rho_2} \cdot \Delta d_2 - \delta_1 \Delta d_1$$

$$\leqslant -(\rho_1^2 - \rho_2^2) + 2\rho_1 \delta_1 - \delta_1^2 + L_{12}^2 - 2 L_{12} \cdot |\, \boldsymbol{R_2 H_2}\,| \tag{6.34}$$

同理，可以得到：

$$\boldsymbol{AR_2^2} \leqslant (\boldsymbol{BR_2} + \delta_2)^2 \tag{6.35}$$

$$\left(\rho_1 + \dfrac{\Delta d_1}{2} \right)^2 + L_{12}^2 - 2 \cdot \left(\rho_1 + \dfrac{\Delta d_1}{2} \right) \cdot L_{12} \cdot \dfrac{\boldsymbol{R_1 H_1}}{\rho_1} \leqslant \left(\rho_2 + \dfrac{\Delta d_2}{2} + \delta_2 \right)^2 \tag{6.36}$$

将上式重新整理为

$$\left[\left(\dfrac{\Delta d_1}{2} \right)^2 - \left(\dfrac{\Delta d_2}{2} \right)^2 \right] + (\rho_1 \Delta d_1 - \rho_2 \Delta d_2) - \dfrac{L_{12} \cdot |\, \boldsymbol{R_1 H_1}\,|}{\rho_1} \cdot \Delta d_1 - \delta_2 \Delta d_2$$

$$\leqslant -(\rho_1^2 - \rho_2^2) + 2\rho_2 \delta_2 + \delta_2^2 - L_{12}^2 + 2 L_{12} \cdot |\, \boldsymbol{R_1 H_1}\,| \tag{6.37}$$

上面两式相减可以得到 Δd_1 和 Δd_2 的下界约束为

$$\frac{L_{12} \cdot |\boldsymbol{R}_1 \boldsymbol{H}_1|}{\rho_1} \cdot \Delta d_1 + \frac{L_{12} \cdot |\boldsymbol{R}_2 \boldsymbol{H}_2|}{\rho_2} \cdot \Delta d_2 + \delta_2 \Delta d_2 - \delta_1 \Delta d_1$$

$$\leqslant 2(\rho_1 \delta_1 - \rho_2 \delta_2) - (\delta_1^2 + \delta_2^2) + 2L_{12}^2 - 2L_{12}(|\boldsymbol{R}_2 \boldsymbol{H}_2| - |\boldsymbol{R}_1 \boldsymbol{H}_1|) \quad (6.38)$$

综上,要形成对两部雷达的有效欺骗,两架无人机延时转发对应的欺骗距离之间需要满足上述耦合约束,才能使空间分裂的假目标位于同一个 SRC 内从而通过同源检验。

6.3 定位/航迹欺骗双任务联合优化方法

提高航迹欺骗效果有两个关键问题,一是通过优化无人机空间构型提高对组网雷达的协同定位精度,即平台主体的选择与转换;二是运用定位估计值作为控制量来更新无人机航迹点和每个时刻的信号延时转发,即资源级主体的重构。在上述过程中,定位任务需要运用信号接收功能,航迹欺骗任务需要运用信号延时转发功能,进行双任务联合优化时涉及的接收/发射即功能级主体的选择与转换。

为了解决上述问题,本章运用混合任务决策,提出一种 TDOA/FDOA 协同定位与航迹欺骗的双任务联合优化方法,以定位量测值为桥梁,将定位与航迹欺骗结合起来。一方面,定位量测值作为控制量,用于偏差补偿,使无人机尽量处于雷达与预设假目标点的 LOS 上,从而减小无人机位置误差对航迹欺骗效果造成的影响;另一方面,出于无人机运动特性和平台能力约束,无人机从当前时刻到下个时刻的航迹点存在可飞区域,如图 6.14 所示。

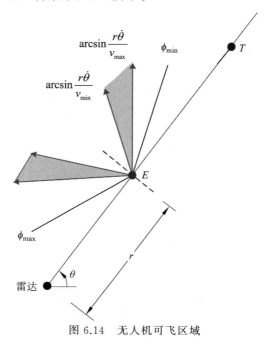

图 6.14 无人机可飞区域

为了从可飞区域内选择出最优航迹点,本章以雷达和假目标点的 LOS 为约束,基于 FIM 矩阵优化定位构型,选取 LOS 上使定位效能最优的点作为无人机下一时刻的飞行航迹点并更新对应的信号时延,从而进一步提高定位精度和偏差补偿水平,形成动态闭环反馈。

6.3.1　基于 LOS 导引律的航迹欺骗偏差补偿方法

从 6.2.3 节的分析可知,雷达站址误差和无人机位置误差的存在使得实际形成的假目标位置与预设的理想假目标位置有差异,对航迹欺骗效果产生影响。要尽量减小无人机的位置偏差,需要从两方面解决:一是随着无人机对雷达定位精度的提高,雷达站址误差会逐渐减小;二是随着无人机位置误差减小,飞机尽可能处于雷达与预设假目标点的 LOS 上,实际生成的假目标点与预设假目标点间的差距减小。因此,针对无人机位置误差,本章以定位量测值为控制量,采用偏差补偿方法使得无人机尽量位于理想 LOS 上。

从图 6.15 可以分别定义由方位角和俯仰角偏差引起的无人机角度偏差 ε_1 和 ε_2 为

$$\begin{cases} \varepsilon_1 = \theta_T - \theta_E \\ \varepsilon_2 = \phi_T - \phi_E \end{cases} \tag{6.39}$$

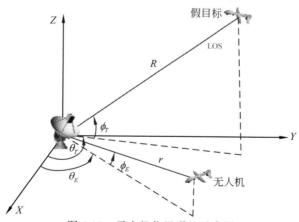

图 6.15　无人机位置误差示意图

其中,θ_T 是预设假目标的方位角,θ_E 是无人机实际位置的方位角,ϕ_T 是预设假目标的俯仰角,ϕ_E 是无人机实际位置的俯仰角。

由于角度偏差一般较小,因此对应的距离偏差可以近似表示为

$$\begin{cases} l_1 = r\cos\phi_T(\theta_T - \theta_E) \\ l_2 = r(\phi_T - \phi_E) \end{cases} \tag{6.40}$$

本章引入波束制导的思想用于无人机的位置控制,使无人机位于雷达和虚假

目标的 LOS 上。因此，一种基于波束制导的偏差补偿方法是使无人机的横向加速度指令与位置偏差成比例。

$$\begin{cases} \hat{a}_{E1} = k_1 l_1 = k_1 r \cos\phi_T (\theta_T - \theta_E) \\ \hat{a}_{E2} = k_2 l_2 = k_2 r (\phi_T - \phi_E) \end{cases} \tag{6.41}$$

其中，k_1、k_2 是制导增益，为了避免产生振荡响应，将超前补偿器 $G(s)$ 设置为

$$\begin{cases} a_{E1} = k_1 G(s) r \cos\phi_T (\theta_T - \theta_E) \\ a_{E2} = k_2 G(s) r (\phi_T - \phi_E) \\ G(s) = \dfrac{1 + s/a}{1 + s/b} \end{cases} \tag{6.42}$$

其中，a 和 b 是正常数，b 的取值比 a 大约一个数量级。

本节使用位置偏差而不是角度偏差来形成横向加速度命令，因为即使角度偏差 ε_1 和 ε_2 是常数的情况下，距离偏差也会随着无人机位置的变化而变化，无法表征完整的偏差情况。基于波束制导的偏差补偿控制系统如图 6.16 所示。

图 6.16　偏差补偿控制系统

飞行控制系统将无人机的加速度指令 a_E 转换成机身的加速度。无人机机身是飞行控制系统中的受控对象。在这个飞行控制系统中，定向陀螺仪测量无人机的角度，并反馈这些信息以产生误差信号。定向陀螺仪随后将误差信号发展成横向加速度指令。自动驾驶仪是飞行控制系统的另一部分，是将加速指令 a_E 转换为尾翼检测指令。然后执行器接收自动驾驶仪的电气输出指令，并根据尾翼偏转指令，通过适当的角度偏转移动无人机控制面（鸭翼、机翼或尾翼）。

6.3.2　基于 FIM 的定位构型优化

如图 6.17 所示，由于假目标位于雷达和无人机 LOS 的延长线上，其运动学参数满足一定关系。又由于假目标是在模拟一架真实空中飞行器的状态，因此其速度同样有上下限。

在实际运用中，无人机受到硬件性能的约束，其飞行速度 v_E 应在最小速度 $v_{E\min}$ 和最大速度 $v_{E\max}$ 之间，即 $v_{E\min} \leqslant v_E \leqslant v_{E\max}$，从而保证无人机的正常工作。同样，为了使假目标具有逼真的运动特性，假目标的飞行速度也需要在合理的区间范围内。

文献[190]推导了纯 TDOA/FDOA 定位过程中最优构型以及相应的以最优观测为目标函数下对应的优化航迹。本节在此基础上，为了从可飞区域内选择出最优航迹点，以雷达和假目标点的 LOS 为约束，基于 FIM 矩阵优化定位构型，选

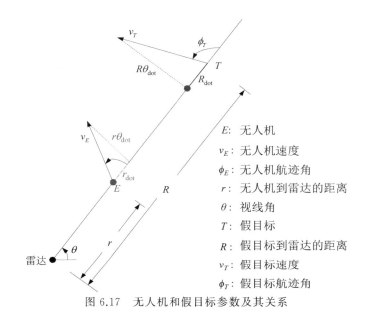

图 6.17　无人机和假目标参数及其关系

取 LOS 上使定位效能最优的点作为无人机下一时刻的飞行航迹点并更新对应的信号时延，从而进一步提高定位精度和偏差补偿水平，形成动态闭环反馈。

6.3.3　双任务联合优化流程

由定位量测值搭建起定位和航迹欺骗两个任务间的桥梁，双任务联合优化的总体流程如图 6.18 所示。具体实现步骤如下。

步骤 1：各个无人机平台在 k 时刻接收到目标辐射源信号，传感器经过信号处理与解算得到 TDOA/FDOA 量测值，通过定位算法得到该时刻对地面组网雷达位置的估计值。

步骤 2：根据 6.2.1 节的 FIM 计算公式（6.13）得到该时刻对目标位置估计的 FIM 矩阵的行列式 $\det(\boldsymbol{J}_k)$，并将 $\det(\boldsymbol{J}_k)$ 与定位过程中历史最优 FIM 行列式值 $\det(\boldsymbol{J}_{\mathrm{best}})$ 进行对比，将两者中的最大值作为当前时刻对雷达位置的最优估计值。

步骤 3：根据步骤 2 中得到的无人机对组网雷达的估计位置，结合任务需要，设计欺骗虚假航迹。

步骤 4：根据当前时刻无人机位置、无人机对雷达的估计位置及估计误差，结合 SRC 同源检验准则进行不确定性分析，基于 6.2.3 节中形成有效航迹欺骗的欺骗距离耦合约束，得到各无人机平台对应的欺骗距离和信号延时转发时间。

步骤 5：利用 6.3.1 节中的超前补偿器进行偏差补偿，尽可能使无人机位于预设虚假目标点和雷达的 LOS 上。

步骤 6：根据记录的最优定位估计值，在满足无人机位于预设虚假目标点和雷

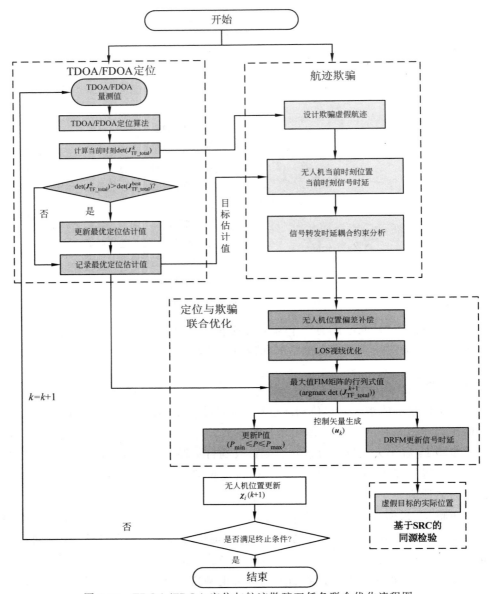

图 6.18　TDOA/FDOA 定位与航迹欺骗双任务联合优化流程图

达 LOS 上的约束条件下,基于 FIM 矩阵优化下一时刻各个无人机的航迹点,确定下一时刻无人机平台的控制量。

步骤 7:根据优化后的无人机位置,计算并更新对应的信号时延转发时间。

步骤 8:判断是否满足终止条件,若不满足,令 $k=k+1$,返回步骤 2;若满足,则任务结束。

如图 6.19 所示,是联合优化流程中核心优化部分的逻辑关系图。需要注意的是,本章中所提出的优化既不同于单纯的定位优化,也不同于单纯的航迹优化,其区别在于:①本章中需要进行偏差补偿,是为了消除站址误差和无人机误差对航迹欺骗的影响,使无人机尽可能位于雷达和虚假目标的 LOS 上,从而减小实际形成的假目标点在空间的分裂程度;②本章中的定位构型优化理论工具是 FIM,但是无人机位置存在 LOS 约束,即求解无人机位于 LOS 情况下的最小 FIM 从而获得约束条件下的最优定位构型;③在满足前两点的基础上,实现对无人机飞行航迹的航迹优化,从可飞区域中求解出最优航迹。

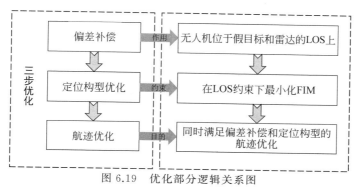

图 6.19　优化部分逻辑关系图

6.4　仿真验证案例

为了验证上述对航迹欺骗影响因素的分析和本书提出算法的有效性,仿真分析分为三部分开展,分别是:虚假航迹设计性能分析,延时转发策略/欺骗距离性能分析,以及 TDOA/FDOA 定位与航迹欺骗双任务联合优化性能分析。

为了方便表述无人机位置,引入航迹控制因子 p_i:

$$p_i = \frac{\rho_i}{\rho_i + \Delta d_i/2} \tag{6.43}$$

其中,ρ_i 表示第 i 架无人机到它对应欺骗的雷达的距离,$\rho_i + \Delta d_i/2$ 表示生成的虚假目标点到雷达的距离。在每个时刻,航迹控制因子 p_i 根据文献[157]进行计算。本书中,无人机的初始航迹控制因子设置为 $p_1 = 0.6, p_2 = 0.4, p_3 = 0.4, p_4 = 0.5$。

假设敌方四部雷达的坐标分别为 $\boldsymbol{x}_{R1} = [0, -10, 0]^{\mathrm{T}} \mathrm{km}, \boldsymbol{x}_{R2} = [0, 10, 0]^{\mathrm{T}} \mathrm{km}, \boldsymbol{x}_{R3} = [-15, 0, 0]^{\mathrm{T}} \mathrm{km}, \boldsymbol{x}_{R4} = [15, 0, 0]^{\mathrm{T}} \mathrm{km}$。我方预设要形成的虚假航迹起始点坐标为 $\boldsymbol{x}_T(1) = [-7, -2, 3]^{\mathrm{T}} \mathrm{km}$,虚假目标以 $[100, 100, 10]^{\mathrm{T}} \mathrm{m/s}$ 的速度做匀速直线运动。TDOA 初始量测噪声为 $\sigma_r = 0.15$,FDOA 初始量测噪声为 $\sigma_f = 0.15$。

6.4.1　虚假航迹设计性能分析

本节仿真主要分析虚假航迹设置对无人机协同定位精度的影响,而无人机协同定位精度会进一步影响航迹欺骗效果。前文中已经通过计算 FIM 行列式最大值得到了无人机定位过程中平台主体的最优空间构型,为了更清晰地描述无人机在特定构型下的定位精度情况,本节选取两个不同的虚假航迹起始点,分别位于 $\boldsymbol{x}_{T1}(1)=[-30,-12,3]$km 和 $\boldsymbol{x}_{T2}(1)=[-7,-2,3]$km,计算对应的 GDOP,定位精度如图 6.20 所示。

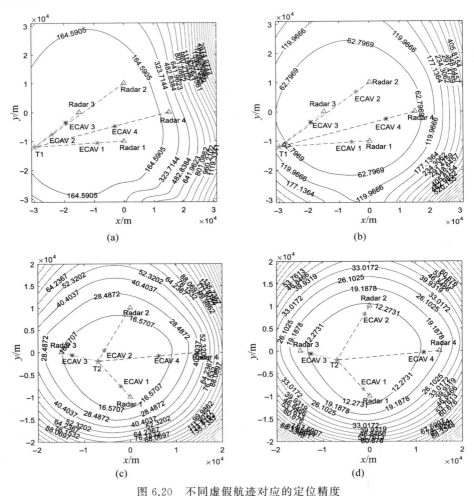

图 6.20　不同虚假航迹对应的定位精度

(a)当假目标点在雷达组网围成区域的外部时;(b)基于 FIM 优化(a)场景下的定位构型;
(c)当假目标点在雷达组网围成区域的内部时;(d)基于 FIM 优化(c)场景下的定位构型

如图 6.20 所示,设置两种不同的虚假航迹,并对应计算出无人机航迹点,可以看出两种情况对应的 GDOP 分布不同。在图 6.20(a)中,当假目标点距离雷达较远时,定位误差较大,对雷达 4 的定位误差甚至达到了 315.44m,很明显,在这种情况下欺骗成功率较低。为了提高定位效果,通过最大化 FIM 行列式的方式对无人机空间构型进行优化,优化后的无人机构型和对应的定位精度如图 6.20(b)所示,平均量测误差减小到了 30.12m。通过对比图 6.20(a)和图 6.20(b)可以看出,在设定的虚假目标点相同的情况下,运用 FIM 进行平台主体的空间构型优化可以减小定位误差,提高定位精度。

图 6.20(c)是设置虚假目标点位于 T_2 情况下的定位误差分布情况,T_2 距离雷达组网较近。在这种场景下,无人机对雷达的平均定位误差是 30.19m,定位效果明显优于图 6.20(a)的情况。为了进一步提高定位效果,通过最大化 FIM 行列式的方式对无人机空间构型进行优化,优化后的平台主体空间构型和对应的定位精度如图 6.20(d)所示,平均定位误差减小为 13.29m,其欺骗成功率也因此增大。综上所述,虚假航迹设置对无人机定位精度有很大的影响。

6.4.2　延时转发策略/欺骗距离性能验证

在同源检验中,信号延时转发属于资源级主体,对应的欺骗距离对航迹欺骗效果起到重要影响,仿真以两架无人机协同欺骗两架雷达为例,如图 6.21 所示。

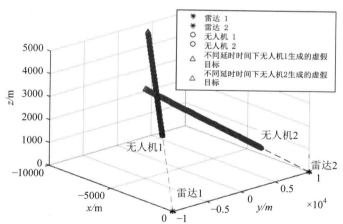

图 6.21　两架无人机在不同转发时间下对应形成的假目标点集合

在每个时刻,延时转发时间决定了欺骗距离和对应的假目标点位置。图中无人机对应在空间中形成的两个假目标点间的分裂程度可以通过 $|AR_1-BR_1|$ 和 $|AR_2-BR_2|$ 表征。组网雷达采用同源检验的方式对目标进行判断,如果两个假目标点位于同一个 SRC 内,则可以通过同源检验,被组网雷达看作一个目标。

因此,问题的关键在于两架无人机要高度协同,欺骗距离要满足一定的耦合关系。为了验证耦合欺骗距离策略,组网雷达所看到的两个虚假目标的分裂距离仿真结果分别如图 6.22 和图 6.23 所示。

如图 6.24 所示,当且仅当雷达 1 和雷达 2 所看到的虚假目标的分裂程度同时小于空间分辨单元时,假目标才能通过同源检验,欺骗是有效的,验证了两架无人机延时策略(或欺骗距离)的耦合约束。

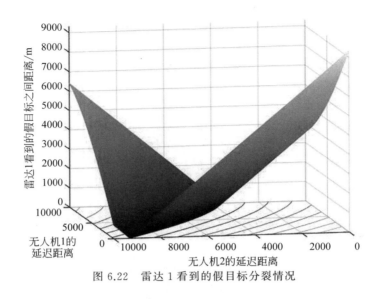

图 6.22 雷达 1 看到的假目标分裂情况

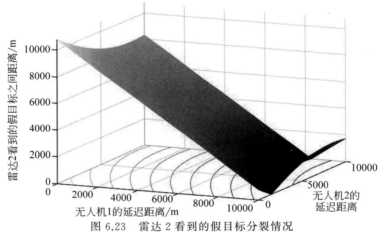

图 6.23 雷达 2 看到的假目标分裂情况

6.4.3 TDOA/FDOA 定位与航迹欺骗双任务联合优化性能验证

场景 1：三架无人机对三部组网雷达定位与欺骗双任务联合优化性能分析。假设组网雷达布站和设定的虚假航迹如图 6.25 所示，三部雷达位置分别为 $x_{R1} = [0, -10, 0]^T$ km, $x_{R2} = [0, 10, 0]^T$ km, $x_{R3} = [-15, 0, 0]^T$ km，虚假航迹的起始点为 $x_T(1) = [-7, -2, 3]$ km，假目标以 $[100, 100, 10]$ m/s 的速度进行匀速运动。航迹控制因子的取值范围设置为 $[0.2, 0.9]$，初始值为 $p_1 = 0.6, p_2 = 0.4, p_3 = 0.45$，则可以求解出三架无人机的实际飞行航迹，和实际形成的假目标点在空间中"分裂"情况如图 6.26 所示，由于雷达定位误差和无人机定位误差，三架无人机实际形成的假目标点在空间中围绕着设计的理想虚假轨迹产生分裂。如果分裂程度

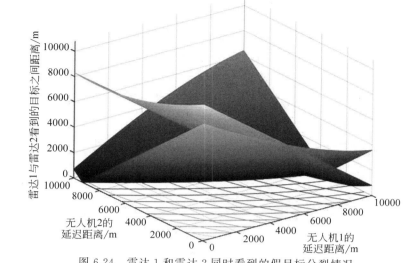

图 6.24　雷达 1 和雷达 2 同时看到的假目标分裂情况

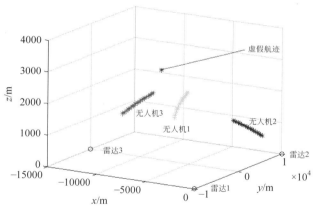

图 6.25　三架无人机欺骗三部雷达的理想航迹欺骗

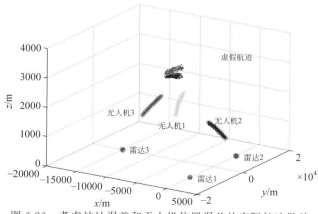

图 6.26　考虑站址误差和无人机位置误差的实际航迹欺骗

小于 SRC,假目标点可以通过同源检验,那么欺骗是有效的;否则,雷达网可以识别并剔除假目标点。

表 6.1 和表 6.2 为不同雷达分辨率和不同定位误差下同源检验的通过率。显然,定位误差越小,通过率越高。仿真结果验证了定位精度对航迹欺骗有效性的影响。同时,SRC 越大,通过率越高。仿真结果验证了雷达分辨率是影响欺骗效果的重要指标。

表 6.1　三架无人机欺骗三部雷达时不同 SRC 和定位误差对应的同源检验通过率 1

（单位：%）

定 位 误 差		SRC δ_1						
		20	30	40	50	60	70	80
$\sigma_t=0.075$	$\sigma_f=0.15$	68.32	72.26	76.59	81.47	86.19	92.34	94.74
$\sigma_t=0.15$	$\sigma_f=0.15$	51.47	68.74	72.37	78.26	83.21	89.74	91.80
$\sigma_t=0.3$	$\sigma_f=0.15$	48.42	54.84	68.26	71.16	79.47	85.88	88.05
$\sigma_t=0.45$	$\sigma_f=0.15$	32.63	45.26	58.53	61.47	68.58	74.05	86.47
$\sigma_t=0.075$	$\sigma_f=0.3$	66.58	70.11	72.91	79.26	84.21	90.63	92.35
$\sigma_t=0.15$	$\sigma_f=0.3$	50.36	67.53	70.78	76.84	81.13	88.53	90.74
$\sigma_t=0.3$	$\sigma_f=0.3$	44.84	51.63	65.42	69.00	75.63	82.27	87.22

表 6.2　三架无人机欺骗三部雷达时不同 SRC 和定位误差对应的同源检验通过率 2

（单位：%）

定 位 误 差		SRC δ_1						
		20	30	40	50	60	70	80
$\sigma_t=0.15$	$\sigma_f=0.075$	42.16	63.05	73.47	82.21	90.11	92.84	93.47
$\sigma_t=0.15$	$\sigma_f=0.15$	41.47	58.74	69.37	80.26	88.21	92.74	92.80
$\sigma_t=0.15$	$\sigma_f=0.225$	35.58	50.63	66.84	77.89	87.68	90.95	91.05
$\sigma_t=0.3$	$\sigma_f=0.075$	35.47	60.63	69.58	78.74	88.53	90.74	92.00
$\sigma_t=0.3$	$\sigma_f=0.15$	38.42	54.84	73.26	83.16	89.47	90.88	91.05
$\sigma_t=0.3$	$\sigma_f=0.225$	34.84	56.42	69.47	79.89	83.37	89.47	90.23

场景 2:四架无人机对四部组网雷达定位与欺骗双任务联合优化性能分析。假设组网雷达布站和设定的虚假航迹如图 6.27 所示,雷达位置分别为 $x_{R1}=[0,-10,0]^T\mathrm{km}$,$x_{R2}=[0,10,0]^T\mathrm{km}$,$x_{R3}=[-15,0,0]^T\mathrm{km}$,$x_{R4}=[15,0,0]^T\mathrm{km}$。

虚假航迹的起始点为$[-7,-2,3]$km,假目标以$[100,100,10]$m/s的速度进行匀速运动。航迹控制因子的取值范围设置为$p_i \in [0.2,0.9]$,初始值为$p_1=0.3,p_2=0.8,p_3=0.3,p_4=0.4$,则可以求解出三架无人机的实际飞行航迹和实际形成的假目标点在空间中"分裂"情况如图 6.28 所示,由于雷达定位误差和无人机定位误差,四架无人机实际形成的假目标点在空间中围绕着设计的理想虚假轨迹产生分裂。如果分裂程度小于 SRC,假目标点可以通过同源检验,那么欺骗是有效的;否则,雷达网可以识别并剔除假目标点。

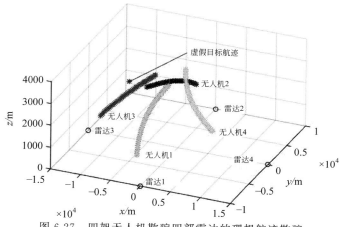

图 6.27　四架无人机欺骗四部雷达的理想航迹欺骗

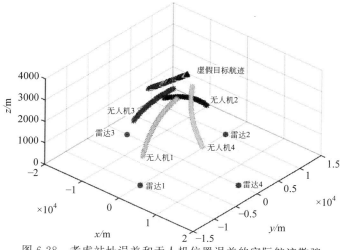

图 6.28　考虑站址误差和无人机位置误差的实际航迹欺骗

表 6.3 显示了不同雷达分辨率和不同定位误差下同源检验的通过率。显然,定位误差越小,通过率越高。仿真结果验证了定位精度对航迹欺骗有效性的影响。同时,SRC 越大,通过率越高。仿真结果验证了雷达分辨率是影响欺骗效果的重

要指标。

表 6.3　四架无人机欺骗四部雷达时不同 SRC 和定位误差对应的同源检验通过率

（单位：%）

定 位 误 差		SRC δ_1					
		1	3	5	7	10	15
$\sigma_t=0.15$	$\sigma_f=0.15$	36.52	56.67	68.20	78.33	88.49	96.33
$\sigma_t=0.3$	$\sigma_f=0.15$	35.27	55.28	65.17	77.83	88.01	95.12
$\sigma_t=0.3$	$\sigma_f=0.225$	34.11	48.94	59.11	71.78	82.53	91.04

　　将表 6.3 与表 6.1、表 6.2 进行比较,可以看出场景 2 中四架无人机对组网雷达进行定位和欺骗可以在更小的 SRC 中获得更高的同源检验通过率,其原因是无人机数量的增加使 TDOA/FDOA 定位精度获得了提高。因此,各无人机在每一时刻生成的假目标点的空间分裂程度较小,这意味着实际生成的假目标点与预先设计的理想假目标点更接近。因此,虽然四部雷达的同源检测更为严格,但四架无人机进行航迹欺骗的效果要优于场景 1 中的三架无人机航迹欺骗效果。

　　仿真结果表明,在对敌方雷达位置先验知识不足的情况下,利用无人机进行 TDOA/FDOA 定位和虚假航迹欺骗双任务联合优化是可行的。该方法可以扩展应用于无人机集群作战场景中,并且随着无人机数量的增加,对组网雷达的协同定位精度会得到提高,从而使实际生成的假目标点更接近于预设的假目标点,进而提高虚假航迹欺骗的成功率。此外,在实际应用中,无人机集群还可以配合战术执行任务,获得更大的应用灵活性。

　　为了进一步验证定位和虚假航迹欺骗双任务联合优化的有效性,本节对所提出的双任务联合优化方法、单纯的航迹欺骗优化方法、单纯的定位构型优化进行对比。在场景 1 无人机、组网雷达位置相同的情况下,同时假设地面组网雷达的空间分辨单元 $\delta_1=30$,频率误差 $\sigma_f=0.15$ 固定不变,σ_t 由小变大的情况下,分别采用三种方法对航迹欺骗的性能进行对比分析,结果如图 6.29 所示。

　　从图 6.29 可得,在定位误差方差较小 $\sigma_t=0.05$ 的情况下,双任务联合优化方法、单纯的航迹欺骗优化方法通过同源检验的概率都比较高,分别达到 90.8% 和 85.69%。但随着 σ_t 的增大,单纯的航迹欺骗优化方法的同源检验通过率迅速下降,主要是由于在这种情况下,对地面组网雷达的定位估计值误差较大。如果不考虑误差影响仅进行欺骗,欺骗的成功率较低,在 $\sigma_t=0.15$ 时,通过率降为 30.19%,而采用联合优化算法得到的通过率为 68.74%。在单纯的定位构型优化中,由于无人机平台航迹优化的主要目的是提升定位效果,在此过程中很难保证无人机处于雷达和预设假目标的 LOS 上,因而欺骗成功率低。在目标先验信息缺失的情况下,无源定位任务能够提供精确目标指示信息,同时欺骗任务能够保证无人机平台的安全、达成特定战术意图,两者相互促进、相互补充。因此在运用过程中,应尽可能实现两个任务主体之间的选择与转换,采用本章的联合优化方法能够尽可能通过无人机平台构型优化提升定位效果,进而提高航迹欺骗的成功率。

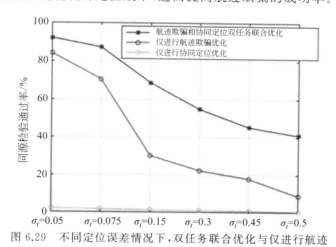

图 6.29　不同定位误差情况下,双任务联合优化与仅进行航迹欺骗或定位优化的航迹欺骗同源检验通过率对比

小结

　　本章运用混合互为主体任务决策,针对航空集群定位与航迹欺骗干扰双任务联合优化问题开展了研究。其中,定位任务和航迹欺骗干扰任务为任务级的同层级主体,以定位任务为主体时,提高定位精度是主要目标,在定位空间构型的基础上通过信号延时转发尽量形成虚假目标点;以航迹欺骗任务为主体时,在欺骗构型的基础上通过优化无人机位置尽量提高定位精度。同时,信号接收和信号延时转发为功能级主体,信号参数为资源级主体。在考虑雷达站址误差和无人机位置误差的情况下,基于 TDOA/FDOA 复合定位算法进行无人机对雷达的协同定位,基于 DRFM 进行无人机对雷达的航迹欺骗,运用 SRC 同源检验准则进行欺骗通过率评估计算延时转发策略,并为虚假航迹设计提供闭环反馈,引入 LOS 导引律作为无人机航迹约束,通过最大化 FIM 优化定位构型,从而求解出遂行定位/航迹欺骗干扰的最优航迹。仿真实验表明,通过混合任务决策,实现了定位与航迹欺骗干扰的一体化运用,有效减小了航迹欺骗对先验信息的依赖性,实现实际作战中无人机集群对雷达的边定位边航迹欺骗,提高集群作战整体效能。

第 7 章　航空集群协同任务——干扰抑制

在实际作战应用中,航空集群在执行侦察、干扰、探测、通信、攻击等一系列任务的同时,也会面临战场复杂电磁环境和军用多设备电磁干扰的威胁。以无人机平台为例,向无人机发射一定功率的 GPS 干扰信号,对无人机的上行飞控信道和卫星定位信道进行阻塞式干扰,可以使搭载了 GPS 定位系统的无人机无法获知精准的坐标数据,从而使其失去飞控指令和卫星定位信息,使之无法正常飞行。因此,航空集群必须具备高精度的干扰参数识别能力和稳健有效的干扰抑制能力。

因此,本章针对目前复杂电磁环境下航空集群平台的稳健性和安全性面临的严峻挑战,研究航空集群干扰抑制技术。重点开展单航空平台卫星导航抗干扰方法和航空集群分布式协同抗干扰方法研究。其中,以干扰抑制为任务级的同层级主体,以航空集群平台为平台主体,对航空集群协同干扰抑制任务决策展开验证。

7.1　航空集群协同干扰抵制中的主体选择与转换方法

如图 7.1 所示,为协同抗干扰中的主体选择与转换流程。当无人机间没有建立通信时,每架无人机都在进行独立干扰抑制,此时每架无人机都是抗干扰主体;当无人机间满足通信距离约束产生信息交互时,面向不同干扰抑制任务的搜索策略对应不同的行为需求;面对窄带干扰,可以选择空时抗干扰策略,利用空时域滤波有效抑制窄带干扰;面对宽带干扰,可以选择空频抗干扰策略,一方面能够有效抑制宽带干扰,另一方面能降低运算量,缩短运算时间;面对与信号空间来向相近的主瓣干扰,可以选择极化空域抗干扰策略,利用极化空域滤波有效抑制主瓣干扰;面对单机无法完成的抗干扰任务,需要利用航空集群分布式特点,各个单机建立通信网络,组成分布式协同抗干扰系统,根据实际作战场景,确定每台无人机的飞行约束条件,选择无人机群首,调整无人机飞行编队空间构型。对于干扰抑制过程而言,抗干扰主体会依据上述过程进行自主选择和转换。

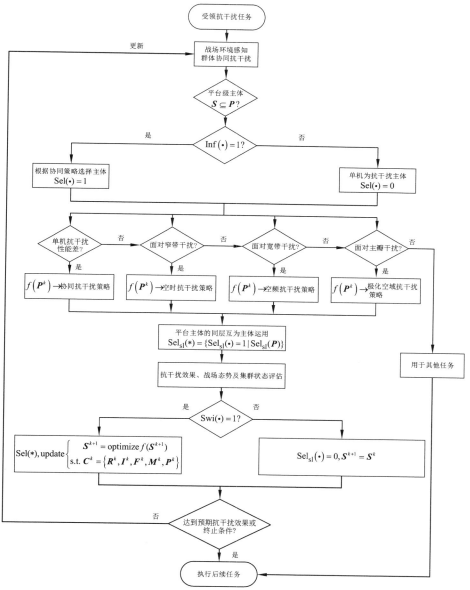

图 7.1　协同干扰抑制中的主体选择与转换流程

7.2　单航空平台卫星导航抗干扰方法

  航空集群导航定位工作主要由组合定位定向导航系统组成。组合定位定向导航系统输出无人机位置和姿态信息,为飞机提供精确的方位基准和位置坐标,同时对飞行姿态进行预测。组合定位定向导航系统由捷联式惯性导航系统和卫星定位导航系统组成。其中,由于卫星距离地面非常遥远且卫星发射机功率不是很大,使得卫星信号到达地面时已非常微弱。信号非常容易受到来自各方面的干扰,特别是人为施加的恶意干扰,这将会导致卫星定位系统的精度下降甚至无法正常工作,卫星导航抗干扰技术变得尤为重要[291]。

在众多的抗干扰技术中,基于自适应阵列信号处理的自适应抗干扰技术是许多联合域处理的基础[292],能够对快速变化的信号环境实现自适应干扰抑制,可以极大地提高单航空平台卫星导航的抗干扰性能。自适应抗干扰技术通过一定的加权合并对天线阵列接收信号进行处理,在保持天线阵列方向图主瓣指向期望信号方向的同时使系统的输出功率最小,达到增强期望信号、抑制干扰和噪声的目的。自适应抗干扰技术可方便地进行波束控制,并有效地抑制空间干扰和噪声,增强有用信号。

自适应抗干扰技术目前主要包括三大方面的应用:空时域滤波[293]、空频域滤波[294]和极化-空域自适应滤波[295]。其自适应的基本原理是相同的,应用于不同环境主要是实现结构的不同。下面重点对空时域滤波、空频域滤波和极化空域自适应滤波技术进行详细介绍,并对不同方法的抗干扰性能进行详细的仿真验证分析。

7.2.1 自适应阵列信号处理模型

1. 阵列信号接收

如图 7.2 所示,令信号的载波为 $\mathrm{e}^{\mathrm{j}2\pi f_c t}$,以平面波形式在空间沿波束矢量 $\boldsymbol{k}$ 的方向传播,基准点接收信号为 $s(t)\mathrm{e}^{\mathrm{j}2\pi f_c t}$,则距基准点 r 处的阵元接收信号为 $s(t)\mathrm{e}^{\mathrm{j}(2\pi f_c t - r^{\mathrm{T}}k)}$, $r^{\mathrm{T}}\boldsymbol{k}$ 表示载波在 r 处相对于参考点的滞后相位。

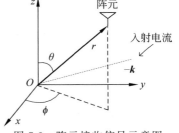

图 7.2 阵元接收信号示意图

假设空间中有一个由 N 个天线组成的阵列,以第一个天线为基准点,其他天线相对于基准天线的位置表示为 $r_i(i=1,2,\cdots,N)$,阵列接收信号变换到基带进行处理,将阵列信号用矢量形式表示为

$$s(t) = s(t)\mathrm{e}^{\mathrm{j}2\pi f_c t}\left[\mathrm{e}^{-\mathrm{j}r_1^{\mathrm{T}}k}, \mathrm{e}^{-\mathrm{j}r_2^{\mathrm{T}}k}, \cdots, \mathrm{e}^{-\mathrm{j}r_N^{\mathrm{T}}k}\right]^{\mathrm{T}} \tag{7.1}$$

式(7.1)中矢量部分称为导向矢量,记作 $\boldsymbol{a}(\theta,\phi)$,当阵列的几何结构和波长确定时,该矢量只与到达波的空间角矢量有关。

假设远场处 1 个期望信号和 P 个干扰以平面波入射,到达角分别为 (θ_0,ϕ_0) 和 $(\theta_i,\phi_i)(i=1,2,\cdots,P)$, θ 表示俯仰角, ϕ 表示方位角,则阵列接收数据可表示为

$$\begin{bmatrix} x_1(t) \\ x_2(t) \\ \cdot \\ \cdot \\ x_N(t) \end{bmatrix} = \begin{bmatrix} a_1(\theta_0,\phi_0) & a_1(\theta_1,\phi_1) & \cdots & \cdots & a_1(\theta_P,\phi_P) \\ a_2(\theta_0,\phi_0) & a_2(\theta_1,\phi_1) & \cdots & \cdots & a_2(\theta_P,\phi_P) \\ \vdots & \vdots & & & \vdots \\ \vdots & \vdots & & & \vdots \\ a_N(\theta_0,\phi_0) & a_N(\theta_1,\phi_1) & \cdots & \cdots & a_N(\theta_P,\phi_P) \end{bmatrix} \begin{bmatrix} s_0(t) \\ s_1(t) \\ \cdot \\ \cdot \\ s_P(t) \end{bmatrix} + \begin{bmatrix} n_1(t) \\ n_2(t) \\ \cdot \\ \cdot \\ n_N(t) \end{bmatrix}$$

$$\tag{7.2}$$

式(7.2)可写成矢量形式:

$$\boldsymbol{X}(t) = \boldsymbol{A}\boldsymbol{S}(t) + \boldsymbol{n}(t) \tag{7.3}$$

式中, $\boldsymbol{X}(t)$ 为阵列接收信号, $\boldsymbol{n}(t)$ 为阵列噪声矢量, $\boldsymbol{S}(t)$ 为接收信号复包络矢量, $\boldsymbol{A}$ 是由各个信号的导向矢量组成的阵列流形矩阵,即

$$\boldsymbol{A} = [\boldsymbol{a}(\theta_0,\phi_0),\boldsymbol{a}(\theta_1,\phi_1),\cdots,\boldsymbol{a}(\theta_P,\phi_P)]^\mathrm{T} \tag{7.4}$$

其中,

$$\boldsymbol{a}(\theta_i,\phi_i) = [a_1(\theta_i,\phi_i),a_2(\theta_i,\phi_i),\cdots,a_N(\theta_i,\phi_i)]^\mathrm{T} \quad i=0,1,2,\cdots,P \tag{7.5}$$

阵列的协方差矩阵定义为

$$\boldsymbol{R}_{xx} = E[\boldsymbol{X}(t)\boldsymbol{X}^H(t)] = \boldsymbol{A}\boldsymbol{R}_s\boldsymbol{A}^H + \sigma_n^2\boldsymbol{I} \tag{7.6}$$

其中, $\boldsymbol{R}_s = E[\boldsymbol{S}(t)\boldsymbol{S}^H(t)]$ 为信号复包络的协方差矩阵, $\boldsymbol{I}$ 为单位阵, σ_n^2 为阵元噪声功率。

为了方便地表示阵列输入信号中期望信号、干扰及噪声之间的功率对比,定义信号噪声比(即信噪比,SNR)、干扰噪声比(即干噪比,INR)。

信噪比定义为每个阵元上的期望信号功率与噪声功率之比:

$$\mathrm{SNR} = \frac{\sigma_s^2}{\sigma_n^2} \tag{7.7}$$

其中, $\sigma_s^2 = E[|s_0(t)|^2]$ 为期望信号功率,信噪比可用 dB 数表示为

$$\mathrm{SNR(dB)} = 10\log\left(\frac{\sigma_s^2}{\sigma_n^2}\right) \tag{7.8}$$

第 k 个干扰的干噪比定义为

$$\mathrm{INR}_k = \frac{\sigma_k^2}{\sigma_n^2} \tag{7.9}$$

其中, $\sigma_k^2 = E[|s_k(t)|^2]$ 为第 k 个干扰的功率,同样,干噪比可用 dB 数表示为

$$\mathrm{INR(dB)} = 10\log\left(\frac{\sigma_k^2}{\sigma_n^2}\right) \tag{7.10}$$

2. 导向矢量计算

均匀线阵模型如图 7.3 所示。

对于均匀线阵,阵元间距为 d ,信号为平面波,不同阵元接收的平面波信号差异在于波程差 s 的不同,以第

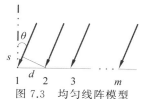

图 7.3　均匀线阵模型

一个阵元为参考阵元,则第 m 个阵元与参考阵元的波程差为

$$s_i = (i-1) \cdot s, i = 1, 2, \cdots, m \tag{7.11}$$

其中:

$$s = d \cdot \sin\theta \tag{7.12}$$

则相位差为

$$\varphi_i = \frac{2\pi s_i}{\lambda} = \frac{2\pi(i-1)d\sin\theta}{\lambda}, i = 1, 2, \cdots, m \tag{7.13}$$

则均匀线阵的导向矢量为

$$s = d(\cos\varphi\sin\theta, \sin\varphi\sin\theta)$$

$$\boldsymbol{a}(\theta) = [1, e^{\frac{j2\pi d\sin\theta}{\lambda}}, \cdots, e^{\frac{j2\pi d(m-1)\sin\theta}{\lambda}}] \tag{7.14}$$

式中,λ 为波长,通常 $d \leqslant \dfrac{\lambda}{2}$。

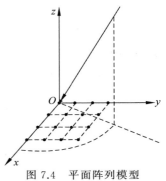

图 7.4　平面阵列模型

平面阵列模型如图 7.4 所示。以平面阵列坐标原点处的阵元为参考阵元,入射信号与 z 轴的夹角为俯仰角 θ,入射信号的方位角 ϕ 为 x 轴与其在 x-y 平面的投影的夹角,设 x-y 平面内阵元坐标为 (x_i, y_i),$i = 1, 2, \cdots, M$,则平面内某个阵元相对于第一个阵元的波程差为

$$s_i = x_i\cos\phi\sin\theta + y_i\sin\phi\sin\theta \tag{7.15}$$

则导向矢量为

$$\boldsymbol{a}(\theta, \phi) = [1, e^{\frac{j2\pi}{\lambda}(x_2\cos\phi\sin\theta + y_2\sin\theta\sin\phi)}, \cdots, e^{\frac{j2\pi}{\lambda}(x_M\cos\phi\sin\theta + y_M\sin\theta\sin\phi)}] \tag{7.16}$$

3. 自适应阵列信号处理

自适应阵列信号处理系统如图 7.5 所示,由接收天线阵列单元、波束形成网络和自适应处理器等组成。每个天线单元后均连接一个独立的信号通道,最后加权

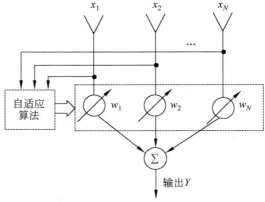

图 7.5　自适应阵列信号处理系统

合并输出,自适应算法处理单元对天线所接收的信号进行数字采样处理后,对各个通道中的信号进行加权处理,即相当于使各阵元的幅度和相位发生改变,从而组合天线阵的各阵元的输出形成期望的波束,其方向图干扰信号来向方位产生陷波零点,达到增强期望信号并抑制干扰的目的。自适应阵列输出为

$$Y = W^H X(t) \tag{7.17}$$

其中,

$$W = [w_1, w_2, \cdots, w_N] \tag{7.18}$$

为自适应权矢量,w_n 为第 n 个天线接收信号的加权系数。

阵列方向图反映了阵列权矢量对不同角度信号的阵列响应。定义阵列方向图为

$$F(\theta, \phi) = W^H a(\theta, \phi) \tag{7.19}$$

对式(7.19)取模的平方并归一化处理,取对数,得到方向图增益为

$$G(\theta, \phi) = \frac{|F(\theta, \phi)|^2}{\max |F(\theta, \phi)|^2} \tag{7.20}$$

$$G(\theta, \phi)(\mathrm{dB}) = 10 \log G(\theta, \phi) \tag{7.21}$$

自适应权矢量根据阵列接收信号的统计特性求得,而阵列信号的统计特性一般根据有限快拍数据估计得到。自适应权矢量的求取一般依据一定寻优准则,这些准则主要包括:最小均方误差(MMSE)准则、最大信干噪比(MSINR)准则以及最小方差无失真响应(Minimum Variance Distortionless Response,MVDR),这三种准则是在不同应用背景下导出的,一定条件下是等价的。三种准则比较关系如表 7.1[296] 所示。

表 7.1　三种准则比较关系

准则	MMSE	MSINR	MVDR
方法	使阵列输出与期望响应的均方误差最小	使输出期望信号功率与噪声功率之比最大	使期望信号方向增益恒定同时使输出总功率最小
最优权	$W = R_{xx}^{-1} r_{Xd}$	$W = u R_{i+n}^{-1} a(\theta_0, \phi_0)$	$W = \dfrac{R_{xx}^{-1} a(\theta_0, \phi_0)}{a^H(\theta_0, \phi_0) R_{xx}^{-1} a(\theta_0, \phi_0)}$

比较这三种准则的特性,MMSE 准则必须知道参考信号 $d(t)$,MSINR 准则必须知道干扰噪声的统计特性 R_{i+n} 和期望信号方向,MVDR 准则必须知道期望信号方向。在实际工程应用中,考虑到可实现性,在卫星导航抗干扰技术中,最常用的准则是 MVDR 准则。

自适应权矢量主要有两种更新方式:一种是连续自适应,另一种是块自适应。每接收一次快拍数据,连续自适应处理的权矢量就更新一次,权矢量的更新速度较快,因此连续自适应处理适合应用于非平稳环境,但其自适应权矢量的连续更新应用方式决定了难以得到不含期望信号的训练快拍数据,因此受导向矢量失配的影

响较大。块自适应波束形成的每组权值均是通过对阵列接收的 K 个快拍数据进行统计计算得出的。连续自适应算法可采用开环的递推最小二乘算法（RLS 算法）和闭环的最小均方误差算法（LMS 算法）。典型的块自适应算法为采样协方差矩阵（SMI）算法。工程上多采用 SMI 算法，SMI 先由采样快拍数据计算采样协方差矩阵，再来计算自适应权矢量。

基于 MVDR 准则下的 SMI 算法，就是约束期望方向增益为 1（称为单位约束），使阵列输出功率最小。它的表达式为

$$\min_{\boldsymbol{w}} \quad P = E\{\,|\,\boldsymbol{W}^H \boldsymbol{X}(t)\,|^2\,\} = \boldsymbol{W}^H \boldsymbol{R}_{xx} \boldsymbol{W},$$
$$\text{s. t.} \quad \boldsymbol{W}^H \boldsymbol{a}(\theta_0, \phi_0) = 1 \tag{7.22}$$

由 Lagrange 乘子法，可解得 Capon 波束形成器的权值为

$$\boldsymbol{w}_{\text{Capon}} = \frac{\boldsymbol{R}_{xx}^{-1} \boldsymbol{a}(\theta_0, \varphi_0)}{\boldsymbol{a}^H(\theta_0, \varphi_0) \boldsymbol{R}_{xx}^{-1} \boldsymbol{a}(\theta_0, \varphi_0)} \tag{7.23}$$

7.2.2　空时域卫星导航抗干扰方法

空时自适应二维处理（STAP）将一维的时域、频域及空域滤波推广到时间与空间的二维域中，形成空时二维处理结构。图 7.6 为空时自适应滤波结构图，对每个阵元通道，各级抽头延时形成了有限冲击响应滤波（FIR），对干扰进行时域滤除；针对相同延迟节点，各个阵元形成了空域自适应滤波，通过有用信号和干扰信号在空间来向的不同对分布在空间中的干扰进行抑制，因此空时自适应技术具有在空时二维域上抑制干扰的能力。对于每个阵元通道而言，各级延时构成了 FIR

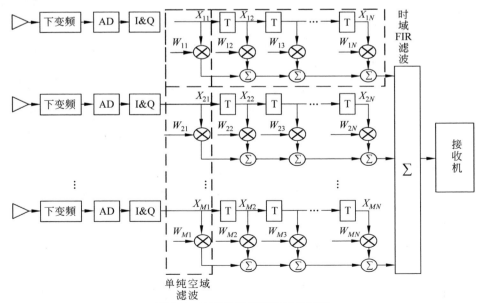

图 7.6　空时自适应滤波结构框图

滤波,可以在时域上去除干扰;对于相同的时间延迟节点而言,不同阵元构成了空域的自适应滤波,可以分辨空间干扰源,形成空域零陷抑制空域干扰。因此空时处理具有在空时二维域剔除干扰的能力。

假设图 7.6 结构中的阵元数目为 M,每个通道的时间延迟单元数目为 N,则同时可以处理空域和时域两维上的 $M \times N$ 个数据。若同一阵元上相邻抽头之间的延时单元的时延是 T,B 是处理带宽,同时要求阵元后所有延时线总时延大于干扰多径信号中相对直射信号的最大的时延 $\tau_{\max}$,即 $(N-1)T > \tau_{\max}$。可以用 $MN \times 1$ 维的权矢量 $\boldsymbol{W}$ 表示该处理器的权矢量,即

$$\boldsymbol{W} = [w_{11}, w_{21}, \cdots, w_{M1}, w_{12}, w_{22}, \cdots, w_{M2}, \cdots, w_{1N}, w_{2N}, \cdots, w_{MN}]^{\mathrm{T}} \quad (7.24)$$

其中,$w_{mn}(m=1,2,\cdots,M, n=1,2,\cdots,N)$ 为空时二维权系数。

$\boldsymbol{X}$ 为 $MN \times 1$ 维接收数据矢量:

$$\boldsymbol{X} = [x_{11}, x_{21}, \cdots, x_{M1}, x_{12}, x_{22}, \cdots, x_{M2}, \cdots, x_{1N}, x_{2N}, \cdots, x_{MN}]^{\mathrm{T}} \quad (7.25)$$

基于 MVDR 准则,该处理器可描述为一个有约束的最优化问题:

$$\boldsymbol{W}_{\mathrm{opt}} = \arg \min_{\boldsymbol{W}} \boldsymbol{W}^H \boldsymbol{R} \boldsymbol{W}$$

$$\mathrm{s.t.} \quad \boldsymbol{W}^H \boldsymbol{S} = 1 \quad (7.26)$$

式中 $\boldsymbol{S}$ 表示空时二维导向矢量,$\boldsymbol{S} = \boldsymbol{S}_t \otimes \boldsymbol{S}_s$,其中,$\otimes$ 为克罗奈克积(Kronecker Product),$\boldsymbol{S}_t$ 为时间矢量,$\boldsymbol{S}_s$ 为空间方向矢量。$\boldsymbol{R} = E(\boldsymbol{X} \boldsymbol{X}^H)$ 为接收数据协方差矩阵,其维数为 $MN \times MN$。

利用 Lagrange 乘子法可计算出式(7.25)中空时最优权为

$$\boldsymbol{W}_{\mathrm{opt}} = (\boldsymbol{S}^H \boldsymbol{R}^{-1} \boldsymbol{S})^{-1} \boldsymbol{R}^{-1} \boldsymbol{S} = \mu \boldsymbol{R}^{-1} \boldsymbol{S} \quad (7.27)$$

式中,μ 为常数因子,因此,最优解主要由协方差逆矩阵及目标矢量两部分组成。

空时自适应滤波技术有效地克服了空域滤波自由度受限的问题,通过增加延时抽头,使得阵列在不增加阵元数目的情况下提升了自由度,从而使得系统可以处理更多的干扰,对天线阵列的小型化提供了技术支撑,在保证系统抗干扰性能不下降的同时降低功耗,具有较高的实际应用价值。空时自适应技术的应用使自适应算法的设计更为灵活有效,从联合空时二维角度进行信号处理,有效提升抗干扰能力。

7.2.3　空频域卫星导航抗干扰方法

空频自适应处理(SFAP)是为了减少空时自适应处理中矩阵处理的维数而提出的一种次优选择。空频自适应处理的基本思想是通过快速傅里叶变换(FFT)将天线接收到的信号变换到频域,然后在每个频带上进行空域的最优化权值计算,再通过逆 FFT 变换得到时域滤波数据,以此来抑制干扰。

假设阵列有 M 个阵元,每个阵元后有 N 个延迟节点。空时自适应处理为了估计权值,必须对 $MN \times MN$ 维的矩阵进行求逆运算。而空频自适应处理由于频

域权值在每个频点上独立计算,使得操作在 $M \times M$ 维矩阵中进行,从而降低了系统计算的复杂度。

空频自适应处理的基本思想是将操作带宽 B 划分为 N 个子带,每个子带的带宽为 B/N。然后在每个子带内计算各个阵元的权值,从而达到抑制干扰的目的。

一阶空频自适应处理的处理框图如图 7.7 所示。

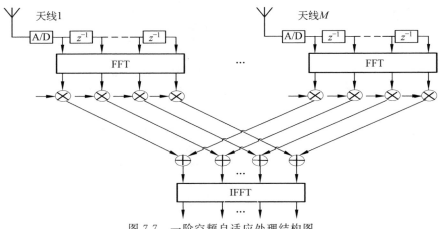

图 7.7   一阶空频自适应处理结构图

考虑一个包含 M 个阵元的天线阵列,每个阵元后有一个长度为 N 的数字缓存。信号入射到这些阵元上首先被下变频,然后被 A/D 采样。第 n 个采样值可表示为

$$x_m(n,t) = x(t + \tau_m(\theta,\phi) - (n-1)T_0), m = 1,2,\cdots,M, n = 1,2,\cdots,N$$

(7.28)

其中,t 是当前采样时刻,$\tau_m(\theta,\phi)$ 为信号从 (θ,ϕ) 方向入射时阵元之间的时间延迟,而 T_0 为延迟节点之间的时间间隔。为表述方便,忽略任意时刻标志 t,则第 m 个阵元后第 n 个延迟节点的信号可简化表示为 $x_m(n)$。将第 m 个阵元的 N 个采样点表示成列矢量,可得:

$$\boldsymbol{x}_m = [x_m(0), \cdots, x_m(n), \cdots, x_m(N-1)]^T$$

(7.29)

SFAP 中自适应处理在频域进行。选择合适的 N 点,对每个阵元后的 N 个采样值进行傅里叶变换得到频域信号,可表示为

$$\tilde{x}_m(k) = \sum_{n=1}^{N} w_n x_m(n) e^{-j\frac{2\pi}{N}(n-1)(k-1)}, m = 1,2,\cdots,M, k = 1,2,\cdots,N \quad (7.30)$$

其中,$x_m(n)$ 为对应的时域中,第 m 个阵元后的第 n 个采样值,w_n 为时域的窗函数在第 n 个系数,而 $\tilde{x}_m(k)$ 为频域中的第 m 个阵元后的第 k 个采样值。可将式 (7.30) 写成矢量的乘积形式:

$$\widetilde{x}_m(k) = \boldsymbol{f}^H(k)\boldsymbol{x}_m, m = 1, 2, \cdots, M, k = 1, 2, \cdots, N \tag{7.31}$$

式中,

$$\boldsymbol{f}(k) = (w_1, w_2 \mathrm{e}^{\mathrm{j}\frac{2\pi}{N}(k-1)}, \cdots, w_N \mathrm{e}^{\mathrm{j}\frac{2\pi}{N}(N-1)(k-1)})^{\mathrm{T}} \tag{7.32}$$

对于第 k 个频点,M 个阵元所组成的矢量为

$$\widetilde{\boldsymbol{x}}(k) = (\widetilde{x}_1(k), \widetilde{x}_2(k), \cdots, \widetilde{x}_M(k))^{\mathrm{T}} \tag{7.33}$$

针对每个频点,可求得频域信号的协方差矩阵为

$$\widetilde{\boldsymbol{R}}(k) = E\{\widetilde{\boldsymbol{x}}(k)\widetilde{\boldsymbol{x}}^H(k)\} \tag{7.34}$$

而整个阵列共有 N 个这样的频域协方差矩阵。该协方差矩阵的第 m 行、第 l 列处的元素对应于第 m 个阵元和第 l 个阵元的第 k 个频点值之间的协方差,利用式(7.31),其值可表示为

$$\begin{aligned}
[\widetilde{\boldsymbol{R}}(k)]_{ml} &= E\{\widetilde{\boldsymbol{x}}_m(k)\widetilde{\boldsymbol{x}}_l^*(k)\} \\
&= E\{[\boldsymbol{f}^H(k)\boldsymbol{x}_m][\boldsymbol{f}^H(k)\boldsymbol{x}_l]^H\} \\
&= E\{\boldsymbol{f}^H(k)\boldsymbol{x}_m\boldsymbol{x}_l^H\boldsymbol{f}(k)\} \\
&= \boldsymbol{f}^H(k)E\{\boldsymbol{x}_m\boldsymbol{x}_l^H\}\boldsymbol{f}(k) \\
&= \boldsymbol{f}^H(k)\boldsymbol{R}(m,l)\boldsymbol{f}(k)
\end{aligned} \tag{7.35}$$

其中,$\boldsymbol{R}(m,l)$ 为阵元 m 和 l 及其延迟节点信号之间组成的 $N \times N$ 维时域协方差矩阵。在实际应用中,往往通过多个快拍求均值的方式来获得该矩阵的期望估计值。对于式(7.34)给出的频域协方差矩阵,可通过同样的方式求取,假设快拍数为 J,则其值可近似为

$$\widetilde{\boldsymbol{R}}(k) = \frac{1}{J}\sum_{j=1}^{J}\widetilde{\boldsymbol{x}}(k)\widetilde{\boldsymbol{x}}^H(k) \tag{7.36}$$

因为接收信号和噪声为非相关、零均值随机信号,所以与 STAP 模型中类似,阵列的协方差矩阵可以被分解为独立的干扰、噪声和期望信号协方差矩阵。获得每个频点的协方差矩阵之后,利用线性约束最小方差准则(LCMV),可将每个频点权系数的估值问题转换为如下的最优化问题:

$$\min_{\widetilde{\boldsymbol{h}}(k)} \widetilde{\boldsymbol{h}}^H(k)\widetilde{\boldsymbol{R}}(k)\widetilde{\boldsymbol{h}}(k)$$

$$\text{s.t.} \quad \widetilde{\boldsymbol{h}}^H(k)\widetilde{\boldsymbol{u}}(k) = \widetilde{f}_k \tag{7.37}$$

其中,$\widetilde{\boldsymbol{u}}(k)$ 为信号从期望方向入射时,在第 k 个频点形成的导向矢量,$\widetilde{f}_k$ 为该入射方向在该频点指定的约束响应。利用 Lagrange 乘子法,可求得各个阵元第 k 个频点的稳定权系数为

$$\widetilde{\boldsymbol{h}}(k) = \frac{\widetilde{\boldsymbol{R}}^{-1}(k)\widetilde{\boldsymbol{u}}(k)\widetilde{f}_k}{\widetilde{\boldsymbol{u}}^H(k)\widetilde{\boldsymbol{R}}^{-1}(k)\widetilde{\boldsymbol{u}}(k)}, k = 1, 2, \cdots, N \tag{7.38}$$

式(7.38)中 $\widetilde{\boldsymbol{h}}(k)$ 是一个 M 维的矢量,元素对应于每个阵元第 k 个频点上的权值:

$$\widetilde{\boldsymbol{h}}(k) = [\widetilde{h}_1(k), \widetilde{h}_k(k), \cdots, \widetilde{h}_M(k)]^{\mathrm{T}}, k = 1, 2, \cdots, N \tag{7.39}$$

由于卫星导航信号功率在噪声之下,可将约束响应设置为得到平坦的功率谱,即对每个频点均取 $\widetilde{f}_k$ 为 1,则式(7.39)可简化为

$$\widetilde{\boldsymbol{h}}(k) = \frac{\widetilde{\boldsymbol{R}}^{-1}(k)\widetilde{\boldsymbol{u}}(k)}{\widetilde{\boldsymbol{u}}^H(k)\widetilde{\boldsymbol{R}}^{-1}(k)\widetilde{\boldsymbol{u}}(k)}, k = 1, 2, \cdots, N \tag{7.40}$$

由此可得,第 k 个频点的输出为

$$\widetilde{y}(k) = \sum_{m=1}^{M} \widetilde{h}_m^*(k)\widetilde{\boldsymbol{x}}_m(k) = \widetilde{\boldsymbol{h}}^H(k)\widetilde{\boldsymbol{x}}(k), k = 1, 2, \cdots, N \tag{7.41}$$

求得每个频点的权值后,对于一阶 SFAP,可利用逆傅里叶变换求得 N 个时域输出 $y(n), n = 1, 2, \cdots, N$。

全阶空频自适应处理的结构如图 7.8 所示,对于全阶空频自适应处理,在利用式(7.41)求得各个频点输出 $\widetilde{y}(k)$ 后,可直接将其均值作为时域输出,而无需 IFFT。

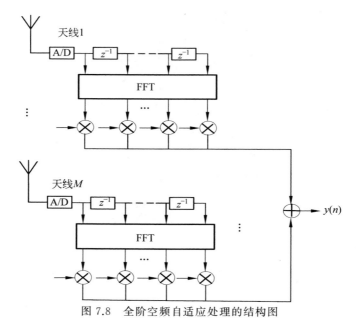

图 7.8　全阶空频自适应处理的结构图

其输出 $y(n)$ 可表示为

$$y(n) = \frac{1}{N}\sum_{k=1}^{N} \widetilde{y}(k) \tag{7.42}$$

对于全阶空频自适应处理,处理器每个阵元输入 N 个采样点对应一个输出值。实际上,全阶空频自适应处理与一阶空频自适应处理的主要区别在于:全阶空频自适应处理每次处理后只取直流分量作为输出值。从傅里叶变换的性质可

知,这相当于只取反傅里叶变换的第一个样值。

7.2.4　极化空域卫星导航抗干扰方法

1. 极化敏感阵列接收模型

对于空间传播的电磁波而言,传播方向、极化状态是其重要的特征参量,包含空间电磁信号的重要信息。信号传播方向描述了信号源的空间位置,极化状态描述了电磁波的矢量运动特征。极化敏感阵列是指极化敏感阵元按一定方式在空间排列所构成的阵列系统:利用极化敏感阵元可以获得空间电磁信号的极化信息,表现为阵元正交极化通道之间的相关性;利用阵列几何结构进行空域采样可以获取空域信息,表现为相邻阵元间的相位延迟。和传统阵列相比,极化敏感阵列具有较强的抗干扰能力、稳健的检测能力、较高的系统分辨能力和极化多址能力。

假设无穷远处 TEM 电磁波信号沿 $-e_r$ 方向传播,如图 7.9 所示。电场和磁场位于由球坐标系单位矢量决定的平面内,可以看出,沿任意方向振动的电场和磁场可以由沿 e_θ、e_ϕ 两个方向振动的电场合成,因此可以将 e_θ、e_ϕ 两个垂直单位矢量作为一对线极化基。电磁波在 $x\text{-}y$ 平面的投影与 x 轴的正向夹角 ϕ 定义为方位角,与 z 轴正向夹角 θ 定义为俯仰角。

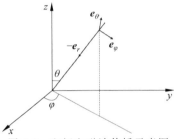

图 7.9　空间电磁波传播示意图

单位功率的电场矢量 e 可以表示为

$$e = \cos(\gamma)e_\phi + \sin(\gamma)\exp(j\eta)e_\theta \tag{7.43}$$

球坐标系 (e_r, e_θ, e_ϕ) 与直角坐标系单位矢量 (i, j, k) 之间的变换关系如下:

$$\begin{bmatrix} e_r & e_\theta & e_\phi \end{bmatrix} = \begin{bmatrix} i \\ j \\ k \end{bmatrix} \begin{bmatrix} \sin\theta\cos\phi & \cos\theta\cos\phi & -\sin\phi \\ \sin\theta\sin\phi & \cos\theta\sin\phi & \cos\phi \\ \cos\theta & -\sin\theta & 0 \end{bmatrix} \tag{7.44}$$

将式(7.43)写成矢量形式:

$$e = \begin{bmatrix} -\sin\theta & \cos\theta\cos\phi \\ \cos\phi & \cos\theta\sin\phi \\ 0 & -\sin\theta \end{bmatrix} \begin{bmatrix} \cos\gamma \\ \sin\gamma\exp(j\eta) \end{bmatrix} \tag{7.45}$$

根据电场、磁场以及坡印廷矢量之间的叉乘关系得:

$$h = e_r \times e = \cos\gamma \cdot e_\theta - \sin\gamma\exp(j\eta) \cdot e_\phi \tag{7.46}$$

将坐标转换公式(7.44)代入上式,再将结果写成矢量形式得:

$$h = \begin{bmatrix} \cos\theta\cos\phi & \sin\phi \\ \cos\theta\sin\phi & -\cos\phi \\ -\sin\theta & 0 \end{bmatrix} \begin{bmatrix} \cos\gamma \\ \sin\gamma\exp(j\eta) \end{bmatrix} \tag{7.47}$$

因此，阵元接收的信号极化矢量在直角坐标系下表示为

$$s_p = \begin{bmatrix} e \\ h \end{bmatrix} = \begin{bmatrix} -\sin\phi & \cos\theta\cos\phi \\ \cos\phi & \cos\theta\sin\phi \\ 0 & -\sin\theta \\ \cos\theta\cos\phi & \sin\phi \\ \cos\theta\sin\phi & -\cos\phi \\ -\sin\theta & 0 \end{bmatrix} \begin{bmatrix} \cos\gamma \\ \sin\gamma\exp(j\eta) \end{bmatrix} \tag{7.48}$$

对于电磁信息不完备的极化敏感阵元，接收的信号只要取相应的电场、磁场分量即可。以三正交偶极子为例，能接收到 x、y 和 z 三个方向的电场矢量，则其极化矢量为

$$s_p = \vec{e} \tag{7.49}$$

极化敏感阵元接收的信号表达式为

$$x_p(t) = a(t) \cdot s_p \tag{7.50}$$

其中，$a(t)$ 为信号的时域波形。

假定完全极化电磁波以平面波的形式在空间以 (θ,ϕ) 方向入射，信号频率为 f_0，方向矢量为

$$r = (\sin\theta\cos\phi, \sin\theta\sin\phi, \cos\theta) \tag{7.51}$$

极化敏感阵列由 N 个阵元组成，阵元在空间任意排列，以坐标原点为参考点，那么第 i 个阵元的位置坐标矢量为

$$r_i = (r_{xi}, r_{yi}, r_{zi}) = (r_i\sin\theta_i\cos\theta_i, r_i\sin\theta_i\sin\phi_i, r_i\cos\theta_i) \tag{7.52}$$

式中，$r_i = \sqrt{r_{xi}^2 + r_{yi}^2 + r_{zi}^2}$ $(i=1,2,\cdots,N)$ 是第 i 号阵元与原点之间的距离。阵元 i 接收到的信号相对参考点的空间相位滞后为

$$\tau_i(\theta,\varphi) = \frac{r \cdot r_i}{c} = \frac{r_{xi}\sin\theta_i\cos\theta_i, r_{yi}\sin\theta_i\sin\phi_i, r_{zi}\cos\theta_i}{c} \tag{7.53}$$

阵列空域归一化导向矢量为

$$s_s = \begin{bmatrix} e^{j(-2\pi f_0\tau_1)} & e^{j(-2\pi f_0\tau_2)} & \cdots & e^{j(-2\pi f_0\tau_N)} \end{bmatrix}^T / \sqrt{N} \tag{7.54}$$

假定位于坐标原点处的阵元接收的信号如式(7.50)所示，则第 i 个阵元接收的信号为

$$z_n(t) = x_p(t)\exp(j\tau_i) \tag{7.55}$$

整个阵列的接收信号为

$$z(t) = \begin{bmatrix} z_1(t) \\ z_2(t) \\ \vdots \\ z_N(t) \end{bmatrix} = \begin{bmatrix} x_p(t)\exp(j\tau 1) \\ x_p(t)\exp(j\tau 2) \\ \vdots \\ x_p(t)\exp(j\tau N) \end{bmatrix} = \sqrt{N} s_p \otimes s_s \cdot a(t) \tag{7.56}$$

信号极化空域导向矢量表示为

$$s = s_p \otimes s_s \tag{7.57}$$

式(7.57)可写为

$$z(t) = \sqrt{N} s \cdot a(t) \tag{7.58}$$

当 K 个信号源同时入射并且存在独立的热噪声信号时,阵列接收的信号为各个信号响应的叠加,表示为

$$x(t) = \sqrt{N} \sum_{m=1}^{K} s_k \cdot a_k(t) + n(t) \tag{7.59}$$

其中,$n(t)$ 为热噪声信号。式(7.59)写为矩阵形式为

$$x(t) = \sqrt{N} S \cdot A(t) + n(t) \tag{7.60}$$

式中,$S = [s_1, s_2, \cdots, s_K]$ 为阵列信号矢量矩阵,$A(t) = [a_1(t), a_2(t), \cdots, a_K(t)]^{\text{T}}$ 为信号时域波形矢量。

2. 极化空域自适应处理

实际系统应用中,通常情况下,双正交电偶极子阵列即可完成信号滤波的任务,因此没必要采用三正交电偶极子阵列。极化敏感阵列自适应信号处理器结构如图 7.10 所示,H 端和 V 端分别代表两个正交的单极化通道。每个信号通道独立处理,最后用相加器进行合并输出。自适应算法处理器对从天线经信道送来的信号进行抽样处理后,反过来对各个信道信号进行加权调整,相当于使各通道的增益或相位发生改变,从而在天线阵的方向图中产生对着干扰源方向的零点,以增加抗干扰的性能。对于极化敏感阵列,极化-空域联合处理实质上是将一维空域滤波原理推广到极化域-空域二维联合域中,将阵列波束定义在极化-空域中,称为极化-空域联合波束。

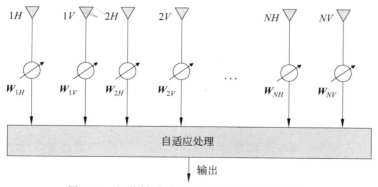

图 7.10　极化敏感阵列自适应信号处理器结构

假设空间中存在 1 个期望信号和 $K(1 \leqslant K \leqslant 2N-1)$ 个干扰信号,则阵列接收的期望信号和干扰可以表示为

$$X_s = \sqrt{N} s \cdot a(t) \tag{7.61}$$

$$\boldsymbol{X}_i = \sqrt{N} \sum_{m=1}^{K} \boldsymbol{i}_m \cdot i_m(t) \tag{7.62}$$

其中，$\boldsymbol{s}$ 和 $\boldsymbol{i}_m (1 \leqslant m \leqslant K)$ 分别为期望信号和干扰信号的极化域-空域联合导向矢量，$a(t)$ 和 $i_m(t)(1 \leqslant m \leqslant K)$ 分别为期望信号和干扰信号的时域波形。

考虑信道传输过程的噪声：

$$\boldsymbol{X}_n = \begin{bmatrix} \boldsymbol{n}_1(t) & \boldsymbol{n}_2(t) & \cdots & \boldsymbol{n}_N(t) \end{bmatrix}^{\mathrm{T}} \tag{7.63}$$

其中，$\boldsymbol{n}_i(t) = \begin{bmatrix} n_{ix}(t) & n_{iy}(t) \end{bmatrix}^{\mathrm{T}}, 1 \leqslant i \leqslant N$。

则接收到的复信号为

$$\boldsymbol{X}(t) = \boldsymbol{X}_s + \boldsymbol{X}_i + \boldsymbol{X}_n \tag{7.64}$$

阵列响应数据协方差矩阵表示为

$$\boldsymbol{R}_{xx} = E[\boldsymbol{X}(t)\boldsymbol{X}^{\mathrm{H}}(t)] \tag{7.65}$$

基于 MVDR 准则，该处理器可以表述为一个有约束的最优化问题：

$$\boldsymbol{W}_{\mathrm{opt}} = \arg \min_{\boldsymbol{W}} \boldsymbol{W}^{\mathrm{H}} \boldsymbol{R}_{xx} \boldsymbol{W}$$

$$\mathrm{s.t.} \quad \boldsymbol{W}^{\mathrm{H}} \boldsymbol{s} = 1 \tag{7.66}$$

利用 Lagrange 乘子法可计算出极化空域最优权为

$$\boldsymbol{W}_{\mathrm{opt}} = \frac{\boldsymbol{R}_{xx}^{-1} \boldsymbol{s}}{\boldsymbol{s}^{\mathrm{H}} \boldsymbol{R}_{xx}^{-1} \boldsymbol{s}} \tag{7.67}$$

极化空域联合自适应处理利用了极化域和空域信息，能够有效地滤除干扰信号，得到期望信号，进一步提高接收机的信噪比，从而提高接收机的性能和指标。

7.3　航空集群分布式协作抗干扰方法

前面章节给出了基于单机航空平台的抗干扰方法。但是由于单机航空平台上可装配的设备有限，单机的抗干扰性能经常会难以满足需求，因此研究如何发挥多机编队情况下的系统抗干扰优势就有着重大意义。本节提供了一种航空集群分布式协作系统的抗干扰方法。

7.3.1　航空集群分布式协作系统

图 7.11 给出了一种航空集群分布式协作系统[297]，其包括多架无人机及用于管理前述多架无人机的基站，每架无人机都配备相同的天线结构单元，阵元 1~2 个，所述基站内设置有自检系统，该自检系统能完成基站自身硬件运行在基站上软件的自检工作，还能完成能被该基站控制的无人机的硬件及运行在前述无人机上软件的自检工作；前述多架无人机根据基站的派遣指令执行飞行及既定分编任务，从而使前述多架无人机协同完成同一既定目标任务，该既定目标任务即为前述多架无人机完成的既定分编任务的融合，执行飞行及既定分编任务的多架无人机在飞行期间，选择排列成直线阵列或圆形阵列或矩形阵列进行列队飞行。

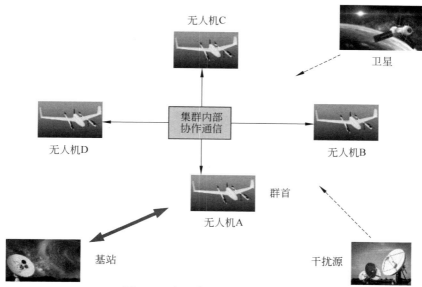

图 7.11　航空集群分布式协作系统

7.3.2　航空集群分布式协作抗干扰流程

图 7.12 为航空集群分布式协作系统流程图,其分布式协作抗干扰通过如下步骤完成。

步骤 1:基站及无人机初始化

(1) 基站通过自检系统,完成基站自身及无人机自检工作,同时完成无人机与基站之间的通信检测,以保证无人机与基站之间的通信状态畅通。

(2) 基站采集外界实时信息,将包含有地理位置和空域的环境信息加以分析,根据每台无人机的燃料和电能的供给限制,确定每台无人机的飞行约束条件,这里的飞行约束条件包括无人机的飞行时间、飞行位置和飞行速度。

步骤 2:无人机编队调整及链路建立

(1) 基站先派遣第一架无人机,该无人机应完成前述自检工作,并与基站之间的通信状态畅通,让其作为临时群首担任临时链路中心,然后基站根据既定目标任务及无人机与基站之间的通信状态给一定数目剩余的无人机发出预派遣指示。

(2) 接收到预派遣的无人机根据与基站及与临时群首之间的通信状态选择加入或退离编队操作,基站或临时群首则根据接收到预派遣的无人机选择加入或退离编队操作,以及既定目标任务的执行环境,进行编队数目调整。

(3) 机组数目调整完毕后,选择加入编队的无人机则根据基站的派遣指令开始执行飞行及既定分编任务,前述既定目标任务即为前述加入编队的多台无人机的既定分编任务的融合,此时,临时群首作为核心节点,构建加入编队的所有无人

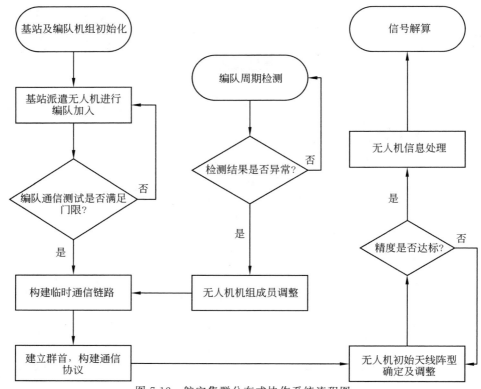

图 7.12　航空集群分布式协作系统流程图

机之间的临时通信链路。

步骤 3：无人机编队群首的确立和调整

（1）临时通信链路确立后，加入编队的所有无人机内部发起群首选举，加入编队的所有的无人机都作为一个信息传输节点，进行编队内部的信息传输过程。

（2）加入编队的所有无人机都参与信息传输后，进行横向比较，根据对包括信息处理速度、时延信息的比较，选取出性能最佳的无人机作为群首，担任群首的无人机为主机，其余加入编队的无人机作为从机。

（3）群首确立后，临时群首由既有的临时通信链路将群首确认信息发送给其余无人机及基站，再通过群首构建的新的通信中心节点，调整新的通信链路并确立所有加入编队的无人机之间的通信协议。

（4）群首将新的通信链路及所有加入编队的无人机之间的通信协议先发送给基站，基站则通过与群首通信来下达指令，若出现群首故障或性能不足，则所有加入编队的无人机内部重新选举群首进行调整。

步骤 4：无人机飞行阵型的初始确定及变换

（1）加入编队的无人机在进行信息传输前，要确定阵型来保证无人机天线增益。若加入编队的无人机数目小于或等于 3 台,则所有加入编队的无人机排列成直线阵列为初始阵列进行列队飞行,若加入编队的无人机数目大于或等于 4 台,则所有加入编队的无人机排列成圆形阵列为初始阵列进行列队飞行。

(2)若加入编队的无人机数目小于或等于 3 台,且加入编队的无人机在信息传输过程中,若出现干扰源数目大于预定数目,则所有加入编队的无人机排列变换成圆形阵列进行列队飞行;若干扰信号的方向能精确地估计,则所有加入编队的无人机排列再变换成直线阵列进行列队飞行;若加入编队的无人机数目大于或等于 4,且出现干扰源数目大于预定数目,则所有加入编队的无人机变换成矩形阵列进行列队飞行。

7.4　仿真验证案例

本节基于无人机集群平台,分别针对空时域、空频域、极化空域抗干扰方法进行仿真验证。

7.4.1　空时域卫星导航抗干扰方法验证

本节对空时抗干扰算法进行仿真分析,建立卫星导航信号、干扰信号及噪声信号模型,对不同干扰场景下不同维数空时权矢量空频响应二维谱进行数字仿真,得到空时抗干扰的一些有益结论,并通过各种类型干扰消耗空时自由度的深入分析,对所得结论给予合理解释。

(1)阵列模型:天线阵列为带有中心阵元的七阵元圆形阵,阵元间距为卫星导航信号中心频点半波长。以阵列法向为俯仰角 0°,x 轴正半轴为方位角 0°,逆时针为正。

(2)信号模型:仿真中各种信号的生成尽可能地模拟实际系统中信号的真实情况,系统采样频率 62MHz。卫星导航信号为宽带扩频序列信号经调制后形成的射频信号,噪声信号为宽带高斯白噪声。宽带干扰信号为覆盖信号有用带宽的干扰信号,窄带干扰为单一频点干扰。这里的宽带干扰、部分频带干扰均是相对于卫星导航信号带宽而言的。从射频角度来看,这些宽带干扰和部分频带干扰带宽相对于载波频率来讲都非常小,可视为窄带干扰。不同形式干扰的干噪比均为 90dB,各信号中频频谱如图 7.13 所示,信号定义具体如下。

① 卫星导航信号:射频中心频率为 1.26852GHz,带宽为 20MHz,转换至中频中心频率为 46.52MHz,入射角度为 $(0°,0°)$,信噪比为 −33dB。

② 干扰信号 1:窄带干扰信号,射频中心频率为 1.262GHz,转换至中频中心频率为 40MHz,来向为 $(100°,45°)$。

③ 干扰信号 2:宽带干扰,射频中心频率为 1.272GHz,带宽为 20MHz,转换至中频中心频率为 50MHz,采样频率为 62MHz,来向为 $(200°,45°)$。

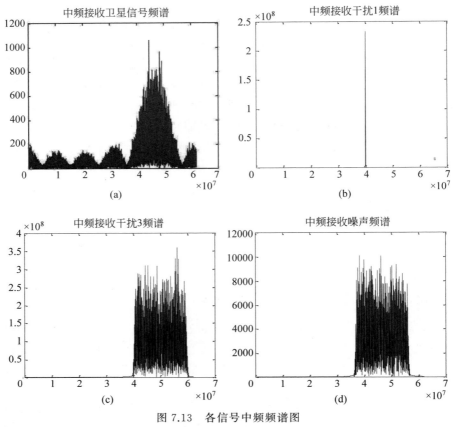

图 7.13　各信号中频频谱图

(a)卫星导航信号中频频谱；(b)干扰信号 1 中频频谱；
(c)干扰信号 3 中频频谱；(d)噪声信号中频频谱

④ 噪声信号：射频中心频率为 1.26852GHz，带宽为 20MHz，转换至中频频率为 46.52MHz。

（3）下面针对不同抽头数目空时抗干扰算法对不同形式干扰的抑制能力进行分析。

① 首先，给出不同形式干扰在空时抗干扰处理前的归一化数据频谱，如图 7.14 所示。

② 对抽头数目为 1 时（即纯空域抗干扰）的空时抗干扰算法进行仿真，不同形式干扰经空时抗干扰处理后的归一化数据频谱及空域、频域响应如图 7.15 和图 7.16 所示。

对比图 7.15 中空时抗干扰算法前后数据归一化频谱可以发现，在信号带宽内不同形式干扰均被有效抑制，输出信号频谱在信号带宽内频谱较为平坦。图 7.16(a)、图 7.16(b)分别为不同干扰场景下卫星导航信号中心频点处空域加权方向图，可以

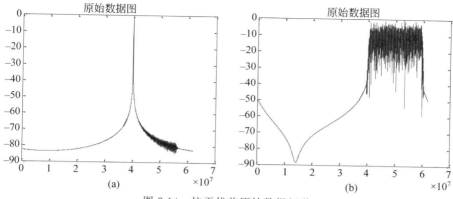

图 7.14　抗干扰前原始数据频谱

（a）窄带干扰；（b）宽带干扰

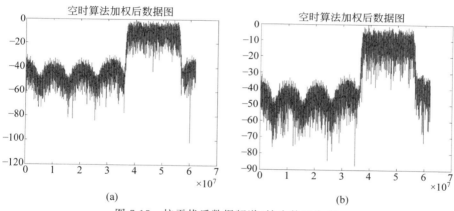

图 7.15　抗干扰后数据频谱（抽头数目为 1）

（a）窄带干扰；（b）宽带干扰

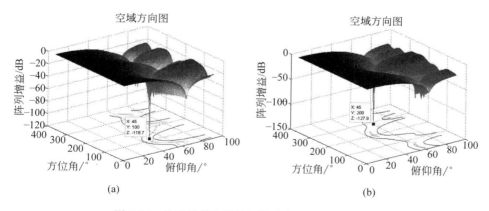

图 7.16　抗干扰后空域及频域响应（抽头数目为 1）

（a）窄带干扰空域方向图；（b）宽带干扰空域方向图；

（c）窄带干扰空时域方向图；（d）宽带干扰空时域方向图

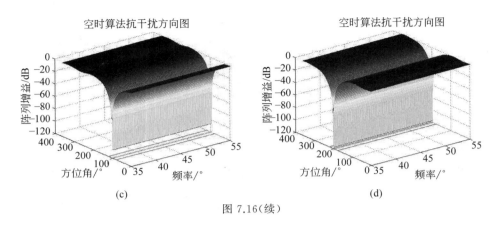

图 7.16(续)

看出抽头数目为 1 的抗干扰算法可以对各种形式干扰进行有效抑制。图 7.16(c)、图 7.16(d)为固定俯仰角 45°时,不同干扰场景下空时算法在所有方位角和频率处的响应情况,这里频率范围只给出了我们所关心的信号带宽内频率。从图中可以看出,当抽头数目为 1 时(即纯空域算法)对于所有类型干扰均不具有频率分辨力,在信号带宽所有频点处对应角度处均产生相同深度零陷。因此,如果期望信号与干扰入射角度相同,则不论频率是否相同,都会被削弱。

③ 增加抽头数目,对抽头数目为 4 时的空时抗干扰算法进行仿真,不同形式干扰经空时抗干扰处理后的归一化数据频谱及空域、频域响应如图 7.17 和图 7.18 所示。

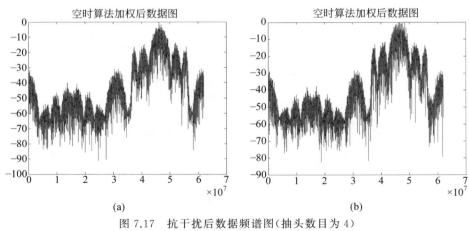

图 7.17　抗干扰后数据频谱图(抽头数目为 4)

(a)窄带干扰;(b)宽带干扰

观察图 7.17 空时抗干扰算法后数据归一化频谱可以发现,在信号带宽内不同类型干扰均被有效抑制,但是由于时域存在抽头延时,致使输出频谱不太平坦。

图 7.18(a)、图 7.18(b)分别为不同干扰场景下卫星导航信号中心频点处空域

加权方向图。图 7.18(c)、图 7.18(d)为固定俯仰角 45°时,不同干扰场景下空时算法在所有方位角和频率处的响应情况。

　　可以看出,当抽头数目为 4 时,对于窄带干扰,观察图 7.18(a)空域方向图,发现卫星导航信号中心频点处的最优权加权方向图并未在干扰方向形成明显的零陷,但是通过观察输出频谱却发现干扰得到有效抑制。这是因为当抽头数目为 4 时,系统在频域上具有一定分辨力,可以在频域直接进行干扰抑制。观察图 7.18(c)可以发现,抗干扰算法在干扰方向、干扰频点形成了一个针状零陷,而不是包含整个信号带宽的针状零陷,因此在图 7.18(a)中无明显零陷。这样,当干扰与期望信号来向相同时,只要其频率不同,期望信号不会受到抑制。

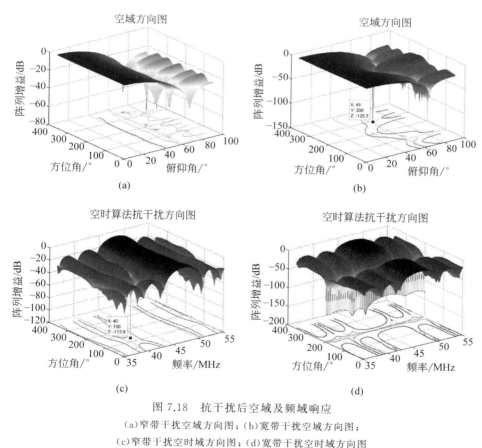

图 7.18　抗干扰后空域及频域响应

(a)窄带干扰空域方向图;(b)宽带干扰空域方向图;
(c)窄带干扰空时域方向图;(d)宽带干扰空时域方向图

　　对于宽带干扰,当抽头数目为 4 时,观察图 7.18(b)空域方向图,在卫星导航信号中心频点处最优权加权方向图中干扰方向处存在明显零陷。观察图 7.18(d),分析四抽头空时算法的空频响应,在干扰来向形成带状零陷,覆盖整个信号带宽。此时,由于干扰频带与信号频带相同,抽头延时所带来的频率分辨力无法对干扰和期望信号进行区分,只能通过空域自由度来进行干扰抑制。

综合上述分析可以得到如下结论,随着抽头数目的增加,空时抗干扰算法的频率分辨能力得以提高,可以从频率上分辨单频干扰及窄带干扰,进而从频域进行抑制,一定程度上节约了空域自由度,而对于宽带干扰,空时抗干扰算法无法从频率上予以剔除,需要消耗空域自由度来抑制宽带干扰。

对于 M 阵元、N 抽头的空时处理,其空域自由度为 $(M-1)$,每个空域自由度上在期望信号频带范围内有 N 个频域自由度,因此共存在 $N(M-1)$ 个空频自由度。每抑制 1 个单频干扰,系统将消耗 1 个空频自由度,因为空时抗干扰算法可以从频域和空域两个维度同时将其区分出来,因此仅在单频干扰所在方向和频点产生零陷;每抑制一个窄带干扰,系统将消耗 p 个自由度(假设窄带干扰占据 1 个空域自由度中的 p 个频点),因为空时抗干扰算法不仅可以在空域对窄带进行辨别,也可以在频域对其进行区分,不过需要消耗多个频域自由度;每抑制一个宽带干扰,系统需要消耗 N 个空频自由度,因为宽带干扰占据信号有用带宽的全频带,空时算法只能在空域对其进行辨别而不能从频域对其进行区分。因此,从这个角度而言,空时抗干扰算法对于宽带干扰抑制并无优势,而由于频域分辨力的提升,其对于窄带干扰和单频干扰的抑制能力将会得到提高。但是,实际系统测试发现,相对于空域抗干扰算法,空时抗干扰算法对于宽带干扰的抑制能力是存在一定优势的,这一现象可能是因为时域抽头的增加使阵列接收信号矩阵维数变大,干扰的特征值得到分散,同等程度的干扰在对应于空时算法中的特征值相比于纯空域算法的特征值较小,进而从另一方面体现为抗干扰能力的提升。因此,笔者认为,可以从时域抽头延时使矩阵展宽进而使干扰特征值得到分散这一方面对其进行详细分析。另外值得指出的是,空时处理是一种全局选优的结果,而不是空域、时域完全隔离开来的,因此对于抗干扰空频自由度的分析仅是一种近似分析。

7.4.2 空频域卫星导航抗干扰方法验证

本节验证空频域卫星导航抗干扰方法性能,仿真条件与空时抗干扰算法相同,包含一个卫星导航信号,三个不同形式干扰,系统采样频率为 62MHz。数据总长度为 30720,分为 30 段,每段数据长度为 1024,分别对每段数据做 1024 点 FFT,然后进行后续 SFAP 处理。

下面对不同干扰场景空频抗干扰算法的空域、频域响应进行仿真分析如下。

1. 窄带干扰

图 7.19(a)为干扰中心频点处的空频二维权矢量空域响应图,图 7.19(b)为空频抗干扰处理后数据频谱图,图 7.19(c)为固定俯仰角 45°时空频二维权矢量在所有方位角和频率点处的空频响应谱,图 7.19(d)为空频响应谱的侧视图,图 7.19(e)为空频响应谱在固定方位角 100°处的截面图。

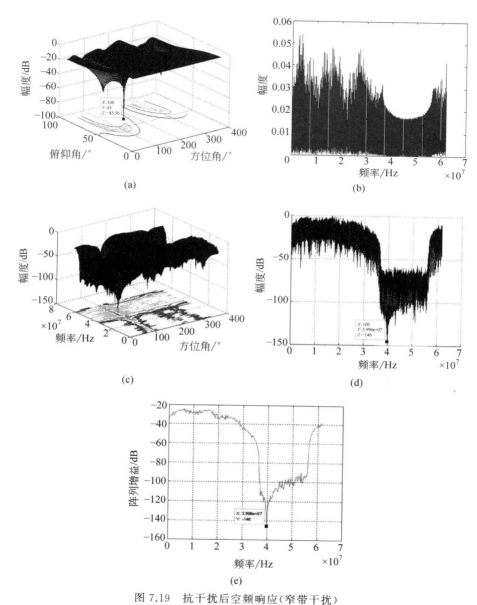

图 7.19　抗干扰后空频响应(窄带干扰)

(a)干扰中心频点处空域方向图；(b)空频抗干扰处理后数据频谱图；(c)空频响应谱；
(d)空频响应谱 y-z 视角；(e)空频响应谱在固定方位角 100°处截面图

2. 宽带干扰

图 7.20 中,图 7.20(a)为干扰中心频点处的空频二维权矢量空域响应图,图 7.20(b)为空频抗干扰处理后数据频谱图,图 7.20(c)为固定方位角 45°时空频二维权矢量

在所有方位角和频率点处的空频响应谱,图 7.20(d)为空频响应谱的侧视图,图 7.20(e)为空频响应谱在固定方位角 200°处的截面图。从上述图形可以看出,空频自适应抗干扰算法可以在空域形成准确的零陷,有效地对干扰进行抑制,并可对不同形式的干扰在频率域加以区分,在窄带干扰处形成点状零陷,在宽带干扰处形成带状零陷,进一步说明该算法可同时对窄带干扰和宽带干扰进行有效抑制。

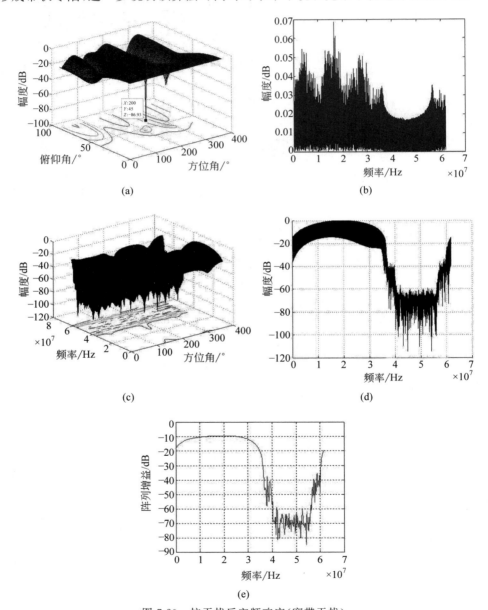

图 7.20　抗干扰后空频响应(宽带干扰)

(a)干扰中心频点处空域方向图；(b)空频抗干扰处理后数据频谱图；(c)空频响应谱；
(d)空频响应谱 y-z 视角；(e)方位角 200°处截面图

7.4.3　极化空域卫星导航抗干扰方法验证

本节采用的极化敏感阵列几何结构如图 7.21 所示。构成极化敏感阵元的两正交偶极子分别沿 x 轴和 y 轴方向放置，中心阵元位于原点，阵元间距为仿真信号半波长，仿真模型设置为七阵元。下面分别验证了不同场景下极化空域抗干扰方法的性能。

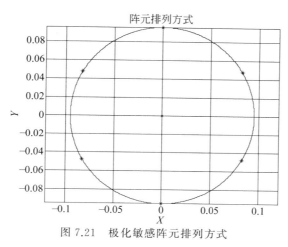

图 7.21　极化敏感阵元排列方式

（1）期望信号和干扰源的极化域参数和空域参数均不一致。

期望信号的入射方位角为 $\theta_s=10°,\phi_s=60°$，相位描述子分别为 $\gamma_s=30°,\eta_s=70°$，信噪比 SNR$=-30$dB；干扰源的入射方位角为 $\theta_i=120°,\phi_i=70°$，相位描述子分别为 $\gamma_i=60°,\eta_i=10°$，干噪比 INR$=70$dB。信号中频为 45MHz，采样频率为 60MHz，干扰源频率为 45MHz。基于 MVDR 准则的波束形成算法原始数据频率、抑制干扰后的数据频谱、极化域和空域的抗干扰阵列方向图分别如图 7.22～图 7.25 所示。

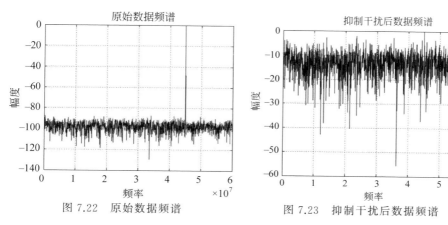

图 7.22　原始数据频谱　　　　　图 7.23　抑制干扰后数据频谱

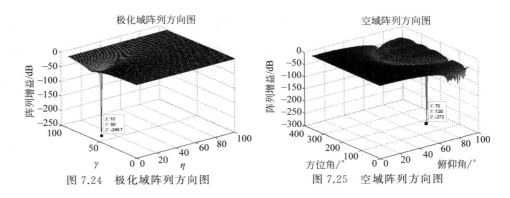

图 7.24 极化域阵列方向图 　　　　　 图 7.25 空域阵列方向图

从图 7.22 和图 7.23 可见,原始数据频谱在频点 45MHz 左右存在明显尖峰,为仿真时设置的干扰信号。经过干扰抑制后,数据频谱中无明显尖峰,即干扰信号已经成功抑制。从图 7.24 和图 7.25 可知,极化域阵列方向图存在唯一的零陷,位于点 $(10°,60°)$;空域阵列方向图也存在唯一的零陷,位于点 $(70°,120°)$。不论是在极化域还是空域,算法均能实现唯一的针状零陷,在抑制干扰的同时也保证了期望信号的通过。

(2)期望信号和干扰源的极化域参数不一致,空域参数一致。

期望信号的入射方位角为 $\theta_s=10°$,$\phi_s=60°$,相位描述子分别为 $\gamma_s=30°$,$\eta_s=70°$,信噪比 SNR$=-30$dB;干扰源的入射方位角为 $\theta_i=\theta_s=10°$,$\phi_i=\phi_s=60°$,相位描述子分别为 $\gamma_i=60°$,$\eta_i=10°$,干噪比 INR$=70$dB。信号中频为 45MHz,采样频率为 60MHz,干扰源频率为 45MHz。基于 MVDR 准则的波束形成算法原始数据频率、抑制干扰后的数据频谱、极化域和空域的抗干扰阵列方向图分别如图 7.26～图 7.29 所示。

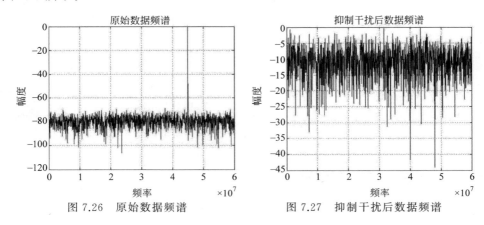

图 7.26 原始数据频谱 　　　　　 图 7.27 抑制干扰后数据频谱

从图 7.26 和图 7.27 可知,原始数据频谱和抑制干扰后的数据频谱与情形一相同,成功滤除掉干扰信号。在图 7.28 中,极化域阵列方向图在点 $(10°,60°)$ 处存在唯一的针状零陷;在图 7.29 中,空域方向图在点(10°,60°)处存在唯一的针状零陷。分析空域阵列方向图可知,干扰被滤除的同时,信号也被抑制,而极化阵列方向图能够有效地滤除干扰源,不影响期望信号的通过。

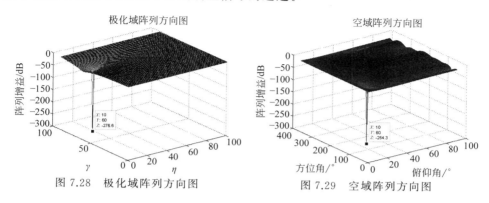

图 7.28　极化域阵列方向图　　　　　　图 7.29　空域阵列方向图

（3）期望信号和干扰源的极化域参数一致,空域参数不一致。

期望信号的入射方位角为 $\theta_s = 10°$, $\phi_s = 60°$,相位描述子分别为 $\gamma_s = 30°$, $\eta_s = 70°$,信噪比 SNR = -30dB;干扰源的入射方位角为 $\theta_i = 120°$, $\phi_i = 70°$,相位描述子分别为 $\gamma_i = \gamma_s = 30°$, $\eta_i = \eta_s = 70°$,干噪比 INR = 70dB。信号中频为 45MHz,采样频率为 60MHz,干扰源频率为 45MHz。基于 LCMV 准则的波束形成算法原始数据频率、抑制干扰后的数据频谱、极化域和空域的抗干扰阵列方向图分别如图 7.30～图 7.33 所示。

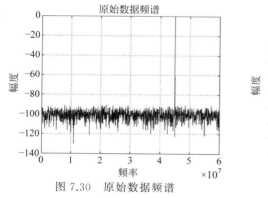

图 7.30　原始数据频谱

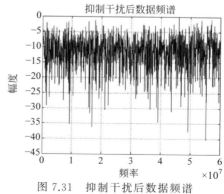

图 7.31　抑制干扰后数据频谱

从图 7.30 和图 7.31 可知,原始数据频谱和抑制干扰后的数据频谱与情形二相同,成功滤除掉干扰信号。在图 7.32 中,极化域阵列方向图在点(70°,30°)处存在唯一的针状零陷;在图 7.33 中,空域方向图在点(70°,120°)处存在唯一的针状零陷。分析空域阵列方向图可知,干扰被滤除的同时保证了信号顺利通过,而极化阵列方向图同时抑制了干扰源和期望信号。

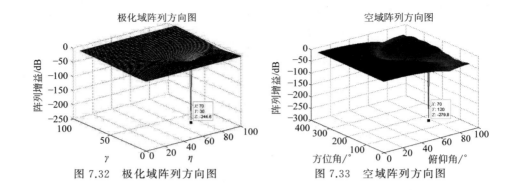

图 7.32　极化域阵列方向图　　　　　　图 7.33　空域阵列方向图

小结

　　本章开展基于航空集群平台的干扰抑制技术研究,给出了三种多维域卫星导航抗干扰方法及航空集群分布式协作抗干扰方法。仿真实验表明,所提方法可应用于不同场景,能够有效地抑制干扰,极大地提高航空集群平台的抗干扰性能,进而提高集群作战整体效能。

第8章 结　束　语

　　未来战争正朝着一体化、智能化方向不断迈进,作战样式向着集群化趋势迅猛发展。近年来,任务决策的自主能力已经成为衡量系统智能化水平的重要指标;分布式结构能够实现高效灵活的集群控制,已成为普遍采用的系统架构;信息融合能有效处理传感器收集的各类信息,为系统决策提供依据和支撑,愈发受到关注。以上几点看似独立,实则具有深刻的内在联系,即智能主体及主体间的相互作用,在集群作战运用中具体体现为执行任务时的主体选择和转换。

　　本书针对航空集群任务决策开展研究,将互为主体思想引入集群作战运用之中,探索性地提出基于互为主体的同层、跨层和混合任务决策方法,以面向战术需求的协同搜索策略、多发多收定位最优构型与波束优化、定位/虚假航迹欺骗一体化任务等集群作战关键任务为例展开了研究。本书主要特色如下。

　　(1)针对传统任务决策机制流程固化、灵活性差和决策周期长的问题,将哲学领域的互为主体思想引入航空集群理论与作战运用领域中,建立基于互为主体思想的航空集群体系架构,给出互为主体航空集群的作战运用样式,为集群作战效能的发挥提供理论和架构支撑。

　　(2)针对航空集群的任务决策机制,分析了航空集群作战典型任务,提出了主体的重构方法,给出了同层、跨层和混合三种互为主体在航空集群典型任务中的运用方式,建立了航空集群作战互为主体任务决策流程。

　　(3)针对典型同层任务决策,以集群对地面群目标的协同搜索任务为例开展研究。以无人机平台为搜索主体,提出了三种面向不同战术任务需求的搜索策略,分别为最大密度收敛、快速随机穿越和精确搜索。当无人机间无通信时,每架无人机作为主体独立搜索;当建立通信时,针对当前群目标决定谁留下、谁离开,即搜索主体的选择与转换。针对每种搜索策略,分别设计了目标函数、无通信和有通信情况下的速度更新规则,运用地理围栏应对禁飞区、区域边界处理和无人机避撞问题,设置跳出机制和重访机制,提高了无人机集群对群目标的协同搜索效率。

　　(4)针对典型跨层任务决策,以航空集群多发多收有源定位与波束联合优化为例开展研究。从影响定位精度的两个因素出发,一方面以无人机平台为定位主体,以发射和接收为功能主体,基于CRLB求解最优定位空间构型,涉及谁发射、谁接收、采用何种空间构型;另一方面以探测波束为资源主体,基于雷达模糊函数选择每个时刻采用何种波形。通过功能级与资源级互为主体优化,进一步提升了航空集群有源协同定位跟踪精度。

(5)针对典型混合任务决策,以定位/航迹欺骗干扰一体化任务为例开展研究。一方面在任务级,以定位任务为主体时,通过计算合理的延时转发时间形成尽可能多的假目标点;以航迹欺骗任务为主体时,在满足 LOS 约束的前提下优化定位构型,获得尽可能高的定位精度。另一方面在功能级,定位及接收功能互为主体。因此,在联合优化过程中,既有任务级和功能级内部的同层互为主体运用,又有两个层级的跨层互为主体运用,属于混合互为主体运用。在提高航空集群态势感知能力的同时进行航迹欺骗干扰,实现了双任务的联合优化。

(6)针对航空集群平台的稳健性和安全性面临的严峻挑战,以无人机群干扰抑制任务为例开展研究,提出了单航空平台卫星导航抗干扰方法和航空集群分布式协作抗干扰方法。有效地抑制了干扰,极大地提高了航空集群平台的抗干扰性能,进而提高了集群作战整体效能。

参 考 文 献

[1] 李大鹏. 决策中心战概念开启认知域为制胜域[J]. 军事文摘, 2021(4): 57-62.

[2] 王维佳. 航空集群定位跟踪最优构型与传感器互牵引研究[D]. 西安: 空军工程大学, 2019.

[3] 段海滨, 张岱峰, 范彦铭, 等. 从狼群智能到无人机集群协同决策[J]. 中国科学: 信息科学, 2019, 49(1): 112-118.

[4] 樊邦奎. 无人机侦察目标定位技术[M]. 北京: 国防工业出版社, 2014.

[5] PRIEBE M, VICK A, HEIM J, et al. Distributed Operations in a Contested Environment: Implications for USAF Force Presentation[M]. [S.I.], 2019.

[6] 柏鹏, 梁晓龙, 王鹏, 等. 新型航空集群空中作战体系研究[J]. 空军工程大学学报(军事科学版), 2016, 16(2): 1-4.

[7] 胡笑旋, 陈意. 深度不确定环境下的决策分析方法: 研究现状与展望[J]. 控制与决策, 2015, 30(3): 385-394.

[8] 纪晓婷. 基于概率模型检验的无人机不确定决策理论与方法研究[D]. 长沙: 国防科学技术大学, 2016.

[9] 李东兵, 申超, 蒋琪. SoSITE 等项目推动美军分布式空战体系建设和发展[J]. 飞航导弹, 2016(9): 6.

[10] JANG I, SHIN H S, TSOURDOS A, et al. An Integrated Decision-Making Framework of a Heterogeneous Aerial Robotic Swarm for Cooperative Tasks with Minimum Requirements[J]. Proceedings of the Institution of Mechanical Engineers Part G Journal of Aerospace Engineering, 2018(6): 155-162.

[11] SHIN H S, SEGUI G P. UAV Swarms: Decision-Making Paradigms[M]. John Wiley & Sons, Ltd, 2014.

[12] JANG I, SHIN H S, TSOURDOS A. A Comparative Study of Game-theoretical and Markov-chain-based Approaches to Division of Labour in a Robotic Swarm[C]// International Federation of Automatic Control Conference, 2018, 51(12): 62-68.

[13] LOPE J D, MARAVALL D, QUINONEZ Y. Self-Organizing Techniques to Improve the Decentralized Multi-Task Distribution in Multirobot Systems[J]. Neurocomputing, 2015, 163(9): 47-55.

[14] LOPE J D, MARAVALL D, QUINONEZ Y. Response Threshold Models and Stochastic Learning Automata for Self Coordination of Heterogeneous Multi-Task Distribution in Multi-Robot Systems[J]. Robotics and Autonomous Systems, 2013, 61(7): 714-720.

[15] KURDI H A, EBTESAM A, MARAM A, et al. Autonomous Task Allocation for Multi-

UAV Systems Based on the Locust Elastic Behavior[J]. Applied Soft Computing，2018，71(10)：110-126.

[16]　ZHEN Z，XING D，GAO C. Cooperative Search-Attack Mission Planning for Multi-UAV Based on Intelligent Self-Organized Algorithm[J]. Aerospace Science and Technology，2018，76(5)：402-411.

[17]　LOWE R，WU Y，TAMAR A，et al. Multi Agent Actor Critic for Mixed Cooperative Competitive Environments[J]. Advances in Neural Information Processing Systems，2017，12：6382-6393.

[18]　任佳，杜文才，白勇. 基于贝叶斯网络自适应推理的无人机任务决策[J]. 系统工程理论与实践，2013，33(10)：2575-2582.

[19]　戴晶帼，任佳，崔亚妮，等. 基于时变离散 DBN 的无人机任务决策模型[J]. 计算机工程与设计，2016，37(5)：1346-1351.

[20]　谭雁英，童明，张艳宁，等. 基于加权模糊 Petri 网的无人机自主任务推理决策研究[J]. 西北工业大学学报，2016，34(6)：951-956.

[21]　黄长强，唐传林，黄汉桥，等. 考虑目标重要性及历史任务信任度的无人机任务决策方法[J]. 兵工学报，2013，34(3)：339-345.

[22]　张耀中，陈岚，史国庆，等. 时序耦合约束下的多无人机协同任务决策研究[J]. 西北工业大学学报，2018，36(5)：890-896.

[23]　张耀中，谢松岩，张蕾，等. 异构型多 UAV 协同侦察最优化任务决策研究[J]. 西北工业大学学报，2017，35(3)：385-392.

[24]　唐嘉钰，李相民，代进进，等. 复杂约束条件下异构多智能体联盟任务分配[J]. 控制理论与应用，2020，37(11)：2413-2422.

[25]　杜永浩，邢立宁，蔡昭权. 无人飞行器集群智能调度技术综述[J]. 自动化学报，2020，46(2)：222-241.

[26]　刘重，高晓光，符小卫，等. 未知环境下异构多无人机协同搜索打击中的联盟组建[J]. 兵工学报，2015，36(12)：2284-2297.

[27]　吴蔚楠，关英姿，郭继峰，等. 基于 SEAD 任务特性约束的协同任务分配方法[J]. 控制与决策，2017，32(9)：1574-1582.

[28]　柏鹏，梁晓龙，王鹏. 新型航空集群空中作战体系研究[J]. 空军工程大学学报(军事科学版)，2016，16(2)：1-4.

[29]　朱黔，许诺，黄蓓. 基于角色切换策略的多无人机协同区域搜索[J]. 北京航空航天大学学报，2021，47(5)：928-938.

[30]　韩旭，盛怀洁. 多无人机协同搜索研究综述[J]. 飞航导弹，2018，39(3)：40-45.

[31]　吴青坡，周绍磊，闫实. 复杂区域多 UAV 覆盖侦察方法研究[J]. 战术导弹技术，2016，1：50-55.

[32]　CHAKRAVORTY S，RAMIREZ J. Fuel Optimal Maneuvers for Multi-spacecraft Interferometric Imaging Systems[J]. Journal of Guidance Control & Dynamics，2007，30(1)：227-236.

[33]　POLYCARPOU M M，YANG Y，PASSINO K M. A Cooperative Search Framework for

Distributed Agents［C］//Proceeding of the 2001 IEEE International Symposium on Intelligent Control. Mexico City，Mexico，2001，7169156.

［34］ 黄杰，孙伟，高渝. 双属性概率图优化的无人机集群协同目标搜索［J］. 系统工程与电子技术，2020，42(1)：118-127.

［35］ 吴傲，杨任农，梁晓龙，等. 基于信息素决策的无人机集群协同搜索算法［J］. 北京航空航天大学学报，2021，47(4)：814-827.

［36］ 刘重，高晓光，符小卫. 带信息素回访机制的多无人机分布式协同目标搜索［J］. 系统工程与电子技术，2017，39(9)：1998-2011.

［37］ 侯岳奇，梁晓龙，何吕龙，等. 未知环境下无人机集群协同区域搜索算法［J］. 北京航空航天大学学报，2019，45(2)：124-133.

［38］ 沈东，魏瑞轩，祁晓明，等. 基于 MTPM 和 DPM 的多无人机协同广域目标搜索滚动时域决策［J］. 自动化学报，2014，40(7)：1391-1403.

［39］ 杨春宁，杜黎明，李春. 未知区域无人机协同搜索方法及效率分析［J］. 航空科学技术，2019，30(10)：56-63.

［40］ 轩永波，黄长强，吴文超，等. 多无人机协同搜索随机目标决策［J］. 控制与决策，2013，28(5)：711-715.

［41］ 朱利，符小卫. 基于 Voronoi 图质心的多无人机协同区域搜索算法［J］. 无人系统技术，2019，2(2)：39-51.

［42］ 戴健，许菲，陈琪锋. 多无人机协同搜索区域划分与路径规划研究［J］. 航空学报，2020，41(S1)：149-156.

［43］ 彭辉，沈林成，朱华勇. 基于分布式模型预测控制的多 UAV 协同区域搜索［J］. 航空学报，2010，31(3)：593-601.

［44］ 朱梦圆，吕娜，陈柯帆，等. 航空集群协同搜索马尔可夫运动目标方法［J］. 系统工程与电子技术，2019，41(9)：2041-2047.

［45］ 王瑞安，魏文军. 基于 Stackelberg 多步博弈的无人机协同搜索路径规划［J］. 计算机工程与应用，2019，55(8)：34-39.

［46］ 杜继永，张凤鸣，毛红保，等. 多 UAV 协同搜索的博弈论模型及快速求解方法［J］. 上海交通大学学报，2013，47(4)：667-673.

［47］ 吴宇，苏析超，崔佳鹏，等. USV&AUV 水下目标协同搜索与打击航迹规划［J］. 控制与决策，2021，36(4)：825-834.

［48］ 王涛，胡军，黄克明. 多无人机协同作战系统运用方式研究［J］. 舰船电子工程，2015，35(3)：4-7.

［49］ 吴文超，黄长强，宋磊，等. 不确定环境下的多无人机协同搜索航路规划［J］. 兵工学报，2011，32(11)：1337-1342.

［50］ 张云正，薛颂东，曾建潮. 群机器人多目标搜索中的合作协同和竞争协同［J］. 机器人，2015，37(2)：142-151.

［51］ 张云正，薛颂东，曾建潮. 群机器人多目标搜索中带闭环调节的动态任务分工［J］. 机器人，2014，36(1)：57-68.

［52］ 周晓光，李为民，刘毅. 基于近正交试验的无人机搜索策略建模［J］. 计算机工程，2010，

36(9)：1-3.

[53] 王嘉博，刘莉，王祝，等. 持续监视问题多无人机协同搜索策略[J]. 弹箭与制导学报，2013，33(1)：171-175.

[54] 严明强，刘博. 基于模糊 C 均值聚类的多无人机协同搜索策略[J]. 战术导弹技术，2013(1)：55 -63.

[55] 杨少环，高晓光，符小卫. 基于博弈论的无人机搜索路径规划[J]. 系统工程与电子技术，2011，33(10)：2254-2257.

[56] 魏瑞轩，周凯，茹常剑，等. 多无人机协同搜索的模糊认知决策方法研究[J]. 中国科学：技术科学，2015，45(6)：595-601.

[57] 张哲璇，龙腾，徐广通，等. 重访机制驱动的多无人机协同动目标搜索方法[J]. 航空学报，2020，41(5)：220-232.

[58] 杜继永，张凤鸣，毛红保，等. 未知环境下多 UAV 搜索的区域再入[J]. 应用科学学报，2013，31(3)：315-320.

[59] 张民强，宋建梅，薛瑞彬. 通信距离受限下多无人机分布式协同搜索[J]. 系统工程理论与实践，2015，35(11)：2980-2986.

[60] WU X，BAI W，XIE Y，et al. A Hybrid Algorithm of Particle Swarm Optimization，Metropolis Criterion and RTS Smoother for Path Planning of UAVs[J]. Applied Soft Computing，2018，73(1)：735-747.

[61] WANG W，BAI P，LIANG X，et al. Performance Analysis and Path Planning for UAVs Swarms Based on RSS Measurements[J]. Aerospace Science and Technology，2018，81(1)：157-166.

[62] ZHAO Y，ZHENG Z，LIU Y. Survey on Computational-Intelligence-Based UAV Path Planning[J]. Knowledge-Based Systems，2018，158(1)：54-64.

[63] GUI T，MA C，FENG W，et al. Survey on Swarm Intelligence Based Routing Protocols for Wireless Sensor Networks：An Extensive Study［C］//2016 IEEE International Conference on Industrial Technology，Taipei，Taiwan，China，2016：1-6.

[64] HU X，LIU Y，WANG G. Optimal Search for Moving Targets with Sensing Capabilities Using Multiple UAVs[J]. Journal of Systems Engineering and Electronics，2017，28(3)：526-535.

[65] SZCZERBA R J，GALKOWSKI P. Robust Algorithm for Real-Time Route Planning[J]. IEEE Transactions on Aerospace and Electronic Systems，2000，36(3)：869-878.

[66] KOENIG S，LIKHACHEV M. Fast Replanning for Navigation in Unknown Terrain[J]. IEEE Transactions on Robotics，2005，21(3)：354-363.

[67] DUAN H，LI P，SHI Y，et al. Interactive Learning Environment for Bio-Inspired Optimization Algorithms for UAV Path Planning[J]. IEEE Transactions on Education，2015，58(4)：276-281.

[68] ROBERGE V，TARBOUCHI M，LABONTE G. Fast Genetic Algorithm Path Planner for Fixed-Wing Military UAV Using GPU[J]. IEEE Transactions on Aerospace and Electronic Systems，2018，54(5)：2105-2117.

[69] PEREZ C，SARA，BESADA P，et al. Ant Colony Optimization for Multi-UAV Minimum Time Search in Uncertain Domains[J]. Applied Soft Computing，2018，62：789-806.

[70] FU Y，DING M，ZHOU C. Phase Angle-Encoded and Quantum-Behaved Particle Swarm Optimization Applied to Three-Dimensional Route Planning for UAV [J]. IEEE Transactions on Systems，Man，and Cybernetics-Part A：Systems and Humans，2012，42：511-526.

[71] 王瑞，肖冰松. 基于改进鸽群优化和马尔可夫链的多无人机协同搜索方法[J]. 工程科学学报，2019，41(10)：1342-1350.

[72] 张水平，高栋. 动态搜索和协同进化的鲸鱼优化算法[J]. 计算机应用研究，2020，37(9)：2645-2650.

[73] LIU Y，ZHANG X，GUAN X，et al. Adaptive Sensitivity Decision Based Path Planning Algorithm for Unmanned Aerial Vehicle with Improved Particle Swarm Optimization[J]. Aerospace Science and Technology，2016(58)：92-102.

[74] HEREFORD J M，SIEBOLD M，NICHOLS S. Using the Particle Swarm Optimization Algorithm for Robotic Search Applications[C]//IEEE Swarm Intelligence Symposium，Honolulu，USA，2007，1-6.

[75] HEREFORD J M. A Distributed Particle Swarm Optimization Algorithm for Swarm Robotic Applications[C]//IEEE Congress on Evolutionary Computation，Canada，2006，1-7.

[76] AYARI A，BOUAMAMA S. A New Multi-Robot Path Planning Algorithm：Dynamic Distributed Particle Swarm Optimization[C]//The 2017 IEEE International Conference on Real-time Computing and Robotics (RCAR). Okinawa Japan，2017：1-6.

[77] SPANOGIANOPOULOS S. Particle Swarm Optimization and Applications in Robotics：A Survey[C]//2018 9th International Conference on Information，Intelligence，Systems and Applications (IISA). Zakynthos，Greece，2018：1-7.

[78] SANCHEZ-GARCIA J，REINA D G，TORAL S L. A Distributed PSO-Based Exploration Algorithm for a UAV Network Assisting a Disaster Scenario[J]. Future Generation Computer Systems，2018，90(JAN.)：129-148.

[79] YANG H，CHUN J，CHAE D. Hyperbolic Localization in MIMO Radar Systems[J]. IEEE Antennas and Wireless Propagation Letters，2015，14(1)：618-621.

[80] LIANG J，LEUNG C S，SO H C. Lagrange Programming Neural Network Approach for Target Localization in Distributed MIMO Radar [J]. IEEE Transactions on Signal Processing，2016，64(6)：1574-1585.

[81] GODRICH H，HAIMOVICH A M，BLUM R S. Target Localization Accuracy Gain in MIMO Radar-Based Systems[J]. IEEE Transactions on Information Theory，2010，56(6)：2783-2803.

[82] AMIRI R，BEHNIA F，SADR M.Exact Solution for Elliptic Localization in Distributed MIMO Radar Systems[J]. IEEE Transactions on Vehicular Technology，2017，67(2)：

1075-1086.

[83] QIN Z T，WEI S M，WANG J. Efficient Closed-Form Estimator for Joint Elliptic and Hyperbolic Localization in Multistatic System[J]. Electronics Letters，2018，54（8）：525-527.

[84] YANG H，CHUN J. An Improved Algebraic Solution for Moving Target Localization in Noncoherent MIMO Radar Systems[J]. IEEE Transactions on Signal Processing，2015：258-270.

[85] 白晶，王国宏，王娜. 测向交叉定位系统中的最优交会角研究[J]. 航空学报，2009，30（2）：298-304.

[86] WANG G H，BAI J，HE Y. Optimal Deployment of Multiple Passive Sensors in the Sense of Minimum Concentration Ellipse[J]. IET Radar Sonar & Navigation，2008，3（1）：8-17.

[87] 樊皓，姜家财，孙学. 双机协同交叉定位的三维航迹规划[J]. 传感器与微系统，2020（1）：26-28.

[88] 李超强，李晓波，张靖. 基于多机协同的机载无源定位分析[J]. 现代雷达，2017，39（11）：11-14.

[89] 汪波，薛磊. 基于遗传算法的 TDOA 定位系统的最优布站算法[J]. 系统工程与电子技术，2009，31(9)：2125-2128.

[90] 杨丽丽，孙晓闻. 无人机载多站无源定位系统精度分析[J]. 中国电子科学研究院学报，2014，9(4)：348-352.

[91] WANG X，HUANG Z，ZHOU Y. Underdetermined DOA Estimation and Blind Separation of Non-Disjoint Sources in Time-Frequency Domain Based on Sparse Representation Method[J]. Journal of Systems Engineering and Electronics，2014，25（1）：17-25.

[92] 刘永坚，贾兴江，周一宇. 运动多站无源定位技术[M]. 北京：国防工业出版社，2015.

[93] BISHOP A N，FIDAN B，ANDERSON B，et al. Optimality Analysis of Sensor-Target Geometries in Passive Localization：Part 1：Bearing-Only Localization[C]//International Conference on Intelligent Sensors Sensor Networks and Information Processing. Melbourne，Australia，2007：7-12.

[94] BISHOP A N，FIDAN B，ANDERSON B，et al. Optimality Analysis of Sensor-Target Geometries in Passive Localization：Part 2：Time-of-Arrival Based Localization[C]// International Conference on Intelligent Sensors Sensor Networks and Information Processing. Melbourne，Australia，2007：13-19.

[95] WANG W，BAI P，ZHOU Y，et al. Optimal Configuration Analysis of AOA Localization and Optimal Heading Angles Generation Method for UAV Swarms[J] IEEE Access，2019(7)：70117-70129.

[96] RUI L，HO K C. Elliptic Localization：Performance Study and Optimum Receiver Placement[J]. IEEE Transactions on Signal Processing，2014，62(18)：4673-4688.

[97] NGUYEN N H，DOGANCAY K. Optimal Geometry Analysis for Multistatic TOA

Localization[J]. IEEE Transactions on Signal Processing, 2016, 64(16): 4180-4193.

[98] PARK C H, CHANG J H. Closed-Form Localization for Distributed MIMO Radar Systems Using Time Delay Measurements [J]. IEEE Transactions on Wireless Communications, 2016, 15(2): 1480-1490.

[99] AGGARWAL V, HUIE L. Antenna Placement for MIMO Localization Systems with Varying Quality of Receiver Hardware Elements[J]. IEEE Signal Processing Letters, 2016, 23(12): 1732-1735.

[100] LEVANON N, MOZESON E. Radar Signals[M]. Hoboken: John Wiley & Sons, 2004.

[101] HAYKIN S, ZIA A, XUE Y, et al. Control Theoretic Approach to Tracking Radar: First Step Towards Cognition[J]. Digital Signal Processing, 2011, 21(5): 576-585.

[102] NGUYEN N H, DOGANCAY K, DAVIS L M. Adaptive Waveform Selection for Multi-Static Target Tracking [J]. IEEE Transactions on Aerospace and Electronic systems, 2015, 51(1): 688-700.

[103] MA B T, CHEN H W, SUN B, et al. A Joint Scheme of Antenna Selection and Power Allocation for Localization in MIMO Radar Sensor Networks[J]. IEEE Communications Letters, 2014, 18(12): 2225-2228.

[104] KAI L, MANIKAS A. Joint Transmitter-Receiver Optimization in Multitarget MIMO Radar[J]. IEEE Transactions on Signal Processing, 2017, 23(65): 6292-6302.

[105] 胡利平, 梁晓龙, 何吕龙. 基于情景分析的航空集群决策规则库构建方法研究[J]. 航空学报, 2020, 41(1): 1-15.

[106] 贾永楠, 田似营, 李擎. 无人机集群研究进展综述[J]. 航空学报, 2020, 41(1): 1-12.

[107] SCHARRE P. Robotics on the Battlefield Part II: The Coming Swarm[R]. Center for a New American Security, 2014: 1-68.

[108] United States Department of Defense. Unmanned Systems Integrated Roadmap 2017-2042[R], 2018.

[109] 袁成. 外军无人机蜂群技术发展态势与应用前景[EB/OL]. 中国航空报, 2018. http://ep.cannews.com.cn/publish/zghkb7/html/1483/node_054444.html. China Aviation News, 2018.

[110] United States Air Force. SUAS Flight Plan: 2016-2036[R], 2016.

[111] 赵彦杰. 无人机蜂群系统的国外现状与趋势[J]. 网信科技前沿. 2017, 4(21): 1-4.

[112] 李圣衍, 胡东, 周宏宇, 等. 雷达组网的干扰技术研究浅谈[J]. 电子工程师, 2006, 32(11): 4-6.

[113] 张养瑞. 对雷达网的多机伴随式协同干扰技术研究[D]. 北京: 北京理工大学, 2015.

[114] 向龙, 丁建江, 杨大志, 等. 压制干扰条件下雷达组网检测概率建模与仿真[J]. 火力与指挥控制, 2011(3): 96-98.

[115] 赵辉. 雷达组网信息融合及欺骗干扰技术研究[D]. 西安: 西安电子科技大学, 2014.

[116] 刘洁怡. 多站雷达系统抗欺骗式干扰方法研究[D]. 西安: 西安电子科技大学, 2018.

[117] CLARK B, GUNZINGER M. Winning the Airwaves-Regaining America's Dominance in the Electromagnetic Spectrum [R]. The Center for Strategic and Budgetary

Assessments，2017：1-68.

[118]　CLARK B，GUNZINGER M，SLOMAN J. Winning in the Gray Zone：Using Electromagnetic Warfare to Regain Escalation Dominance[R]. The Center for Strategic and Budgetary Assessments，2017：1-84.

[119]　CLARK B，MCNAMARA W，WALTON T. Winning the Invisible War[R]. The Center for Strategic and Budgetary Assessments. 2019：1-64.

[120]　李欢. 信息化大幕下的无人机集群作战[J]. 军事文摘，2018：5-12.

[121]　李欣，王春阳. 航迹欺骗干扰及其对抗技术的研究现状与发展[J]. 控制与制导，2013，1(8)：64-67.

[122]　马亚涛. 对雷达网的欺骗干扰技术研究[D]. 西安：西安电子科技大学，2013.

[123]　赵立志，魏永峰. 欺骗性雷达干扰实现方法分析[J]. 舰船电子对抗，2013，36(2)：11-13.

[124]　倪建春，王宝. 有源欺骗干扰及雷达反对抗策略研究[J]. 舰船电子对抗，2011，34(3)：5-8.

[125]　PACHTER M，CHANDLER P，LARSON R，et al. Concepts for Generating Coherent Radar Phantom Tracks Using Cooperating Vehicles[C]//AIAA Guidance，Navigation，and Control Conference and Exhibit，2004(5334)：1-14.

[126]　PURVIS K，ASTROM K，KHAMMASH M. Estimating Radar Positions Using Cooperative Unmanned Air Vehicle Teams[C]//2005 American Control Conference. 2005：3512-3517.

[127]　PURVIS K B，CHANDLER P R，PACHTER M. Feasible Flight Paths for Cooperative Generation of a Phantom Radar Track[J]. Journal of Guidance，Control，and Dynamics，2006，29(3)：653-661.

[128]　PURVIS K B，CHANDLER P R. A Review of Recent Algorithms and a New and Improved Cooperative Control Design for Generating a Phantom Track[C]//Proceedings of the 2007 American Control Conference. 2007：3252-3258.

[129]　PURVIS K B，ASTROM K J，KHAMMASH M. Online Control Strategies for Highly Coupled Cooperative UAVs[C]//Proceedings of the 2007 American Control Conference. 2007：3961-3966.

[130]　PURVIS K B，ASTROM K，KHAMMASH M. Estimation and Optimal Configurations for Localization Using Cooperative UAVs[J]. IEEE Transactions on Control Systems Technology. 2008，16(5)：947-958.

[131]　SHIMA T，CHANDLER P，PACHTER M. Decentralized Estimation for Cooperative Phantom Track Generation[J]. Lecture Notes in Economics and Mathem Atical Systems，2007(1)：339-350.

[132]　RATNOO A，SHIMA T. Formation-Flying Guidance for Cooperative Radar Deception[J]. Journal of Guidance，Control，and Dynamics，2012，35(6)：1730-1739.

[133]　XU Y，BASSET G. Virtual Motion Camouflage Based Phantom Track Generation Through Cooperative Electronic Combat Air Vehicles[C]//American Control

Conference. 2010：5656-5661.

[134] MAITHRIPALA D H，JAYASURIYA S. Radar Deception Through Phantom Track Generation[C]//American Control Conference. 2005(6)：4102-4106.

[135] MAITHRIPALA D H，JAYASURIYA S. Phantom Track Generation in 3D through Cooperative Control of Multiple ECAVs Based on Geometry [C]//First International Conference on Industrial and Information Systems. 2006：255-260.

[136] MAITHRIPALA D H，JAYASURIYA S. Feasibility Considerations in Formation Control：Phantom Track Generation Through Multi-UAV Collaboration[C]//2008 47th IEEE Conference on Decision and Control. 2008：3959-3964.

[137] DHANANJAY N，KUDUVALLI A，GHOSE D. Realistic Coherent Phantom Track Generation by a Group of Electronic Combat Aerial Vehicles[C]//American Control Conference. 2013：4642-4647.

[138] HAJIEGHRARY H，JAYASURIYA S. Guaranteed Consensus in Radar Deception with a Phantom Track[C]//Proceedings of the ASME 2013 Dynamic Systems and Control Conference. 2013：1-7.

[139] DHANAJAY N，GHOSE D，KUDUVALLI A. Generation of a Class of Proportional Navigation Guided Interceptor Phantom Tracks[J]. Journal of Guidance，Control，and Dynamics. 2015，38(11)：2206-2215.

[140] LEE I H，BANG H. Optimal Phantom Track Generation for Multiple Electronic Combat Air Vehicles [C]//International Conference on Control，Automation and Systems. 2008：29-33.

[141] LEE I H，BANG H. Phantom Track Generation Using Predictive Control Concept[C]// 11th International Conference on Control，Automation and Systems. 2011：291-293.

[142] LEE I H， BANG H. A Cooperative Line-of-Sight Guidance Law for a Three-Dimensional Phantom Track Generation Using Unmanned Aerial Vehicles [J]. Proceedings of the Institution of Mechanical Engineers，Part G：Journal of Aerospace Engineering. 2012，27(6)：897-915.

[143] 马亚涛，赵国庆，徐晨. 现有技术条件下对组网雷达的航迹欺骗[J]. 电子信息对抗技术，2013，28(2)：34-37.

[144] 李修和. 基于空地一体的雷达组网干扰技术研究[J]. 航天电子对抗，2013，29(4)：48-51.

[145] 李小波，孙琳，周青松，等. 多机协同的组网雷达欺骗干扰航迹优化[J]. 现代防御技术，2016，44(6)：43-49.

[146] 龚旻，刁晓静，林涛. 低截获概率雷达转发式欺骗干扰技术研究[J]. 航天电子对抗，2011，27(6)：31-33.

[147] 罗金亮. 双基地雷达航迹欺骗干扰方法研究[J]. 火控雷达技术，2012，41(3)：6-9.

[148] 张国兵，郎荣玲. 基于半实物仿真系统的多假目标航迹欺骗研究[J]. 电子设计工程，2012，20(12)：1-4.

[149] 杨忠，王国宏，孙殿星. 雷达网航迹欺骗干扰协同规划技术[J]. 指挥控制与仿真，

2015，37(6)：45-49.

[150] 周续力. 对组网雷达的多目标航迹欺骗[J]. 电子信息对抗技术，2007(22)：43-45.

[151] 高彬，毛士艺，孙进平. 基于 RGPO 的编队 ECAVs 协同航迹欺骗[J]. 北京航空航天大学学报，2011，37(11)：1343-1346.

[152] 朱宇，罗景青，田玮. 对组网雷达的多假目标欺骗干扰技术[J]. 电光与控制，2013，20(9)：93-98.

[153] 郭淑芬，余国文，熊鑫，等. 基于无人机协同的航迹欺骗干扰方法研究[J]. 空军预警学院学报，2018，32(1)：44-54.

[154] 王国宏，杨忠，吴健平. 雷达站站址误差对多机协同航迹欺骗干扰的影响分析[J]. 海军航空工程学院学报，2015，30(6)：501-510.

[155] 赵珊珊，张林让，李强，等. 分布式多站雷达转发式欺骗干扰研究[J]. 电子与信息学报，2017，39(1)：138-143.

[156] 柳向，李东生. 对分布式组网雷达的航迹欺骗偏差补偿技术[J]. 系统工程与电子技术，2018，40(6)：1255-1264.

[157] LIU X，LI D. A Three-Dimensional Phantom Track Generation for Radar Network Deception [J]. IEEE Access，2019，7(1)：27288-27301.

[158] 范振宇，王磊，陈越，等. 组网雷达航迹欺骗技术研究[J]. 中国电子科学研究院学报，2010，5(2)：179-186.

[159] 李飞，周中良，苟新禹，等. 基于多机协同航迹欺骗的组网雷达突防技术[J]. 系统工程与电子技术，2013，35(11)：2309-2313.

[160] 周续力. 对搜索警戒雷达的多目标航迹欺骗[J]. 电子信息对抗技术，2007，22(6)：43-45.

[161] 李森，李彦志，司瑾，等. 一种警戒雷达航迹干扰方法及其仿真研究[J]. 舰船电子对抗，2011，34(5)：19-23.

[162] 原伟，束坤，高晨. 对机载预警 PD 雷达的航迹欺骗干扰技术研究[J]. 舰船电子对抗，2018，41(4)：6-14.

[163] 黄勇，丁宸聪. 针对预警机雷达的机载航迹假目标干扰技术[J]. 现代防御技术，2015，43(3)：15-19.

[164] 赵艳丽，王雪松，王国玉，等. 多假目标欺骗干扰下组网雷达跟踪技术[J]. 电子学报，2007，35(3)：454-458.

[165] 赵艳丽，陈永光，蒙洁，等. 分布式组网雷达抗多假目标欺骗干扰处理方法[J]. 电光与控制，2011，18(3)：25-30.

[166] 李迎春，王国宏，孙殿星，等. 雷达抗自卫转发式航迹假目标欺骗干扰技术[J]. 系统工程与电子技术，2015，37(6)：1242-1248.

[167] 孙殿星，王国宏，李迎春，等. 距离多假目标干扰下低可观测目标跟踪处理[J]. 电子学报，2016，44(4)：827-837.

[168] KAPLAN E D，HEGARTY C J. GPS 原理与应用[M]. 寇艳红，译. 2 版. 北京：电子工业出版社，2008.

[169] MOHAMED E A. Adaptive Antenna Utilizing Power Inversion and Linearly Constrained

Minimum Variance Algorithms[J]. Chinese Journal of Aeronautics, 2005, 18(2): 153-160.

[170] IOANNIDES R T, PANY T, GIBBONS G. Known Vulnerabilities of Global Navigation Satellite Systems, Status, and Potential Mitigation Techniques[J]. Proceedings of the IEEE, 2016, 104(6): 1174-1194.

[171] GUPTA I J, WEISS I M, MORRISON A W. Desired Features of Adaptive Antenna Arrays for GNSS Receivers[J]. Proceedings of the IEEE, 2016, 104(6): 1-12.

[172] FERNÁNDEZ P C, ARRIBAS J, CLOSAS P. Robust GNSS Receivers by Array Signal Processing: Theory and Implementation[J]. Proceedings of the IEEE, 2016, 104(6): 1207-1220.

[173] VOLAKIS J L, O'BRIEN A J, CHEN C C. Small and Adaptive Antennas and Arrays for GNSS Applications[J]. Proceedings of the IEEE, 2016, 104(6): 1221-1232.

[174] BORIO D, DOVIS F, KUUSNIEMI H, et al. Impact and Detection of GNSS Jammers on Consumer Grade Satellite Navigation Receivers[J]. Proceedings of the IEEE, 2016, 104(6): 1233-1245.

[175] BROUMANDAN A, JAFARNIA J A, DANESHMAND S, et al. Overview of Spatial Processing Approaches for GNSS Structural Interference Detection and Mitigation[J]. Proceedings of the IEEE, 2016, 104(6): 1246-1257.

[176] PSIAKI M L, HUMPHREYS T E. GNSS Spoofing and Detection[J]. Proceedings of the IEEE, 2016, 104(6): 1258-1270.

[177] CUNTZ M, KONOVALTSEV A, MEURER M. Concepts, Development, and Validation of Multiantenna GNSS Receivers for Resilient Navigation[J]. Proceedings of the IEEE, 2016, 104(6): 1288-1301.

[178] AMIN M G, WANG X, ZHANG Y D, et al. Sparse Arrays and Sampling for Interference Mitigation and DOA Estimation in GNSS[J]. Proceedings of the IEEE, 2016, 104(6): 1302-1317.

[179] DEMPSTER A G, CETIN E. Interference Localization for Satellite Navigation Systems [J]. Proceedings of the IEEE, 2016, 104(6): 1318-1326.

[180] GAO G X, SGAMMINI M, LU M, et al. Protecting GNSS Receivers from Jamming and Interference[J]. Proceedings of the IEEE, 2016, 104(6): 1327-1338.

[181] YANG B, BOHME J F. Rotation-based RLS algorithms: Unified Derivations, Numerical Properties, and Parallel Implementations[J]. IEEE Transactions on Signal Processing, 1992, 40(5): 1151-1167.

[182] CIOFFI J M, KAILATH T. Fast, Numerically Stable Fast Transversal Filters for Recursive Least Squares Adaptive Filtering[J]. IEEE Transactions on Signal Processing, 1991, 39(1): 92-114.

[183] OUYANG X, AMIN M G. Short-Time Fourier Transform Receiver for Nonstationary Interference Excision in Direct Sequence Spread Spectrum Communications[J]. IEEE Transactions on Signal Processing, 2001, 49(4): 1151-1167.

[184] 任孝民, 邵高平, 钱学锋. 直扩通信中基于小波变换的跳频干扰抑制方法[J]. 信息工程大学学报, 2009, 10(3): 353-356.

[185] 李冲泥, 胡光锐. 一种新的重叠变换域抗窄带干扰技术[J]. 电子学报, 2009(1): 117-119.

[186] AKAY O, BOUDREAUXBARTELS G F. Broadband Interference Excision in Spread Spectrum Communication Systems via Fractional Fourier Transform[C]//Conference Record of Thirty-Second Asilomar Conference on Signals, Systems and Computers. Pacific Grove, CA, USA, 1998, 6314233.

[187] 赵培洪, 平殿发, 邓兵, 等. 魏格纳-维尔分布交叉项抑制方法综述[J]. 探测与控制学报, 2010, 32(1): 23-29.

[188] AROMAA S, HENTTU P, JUNTTI M. Transform-Selective Interference Suppression Algorithm for Spread-Spectrum Communications[J]. IEEE Signal Processing Letters, 2005, 12(1): 49-51.

[189] WONG K T, ZOLTOWSKI M D. Self-initiating Music-based Direction Finding and Polarization Estimation in Spatio-Polarization Beam Space[J]. IEEE Transactions on Antenna Propagation, 2000, 48(8): 1235-1245.

[190] 李敏, 王飞雪, 李峥嵘, 等. 一种具有多径抑制能力的阵列加权准则设计-约束下上比的最小方差(DCMV)准则[J]. 宇航学报, 2012, 8: 1035-1040.

[191] COMPTON R T. The Power-Inversion Adaptive Array: Concept and Performance[J]. IEEE Transactions on Aerospace and Electronics Systems, 1979, 15(6): 803-814.

[192] SCHMIDT R O. Multiple Emitter Location and Signal Parameter Estimation[J]. IEEE Transactions on Antennas and Propagation, 1986, 34(3): 276-280.

[193] SUN W, AMIN M G. A Self-Coherence Anti-Jamming GPS Receiver[J]. IEEE Transaction on Signal Processing, 2005, 53(10): 3910-3915.

[194] SAHMOUDI M, AMIN M G. Unitary Cyclic MUSIC for Direction Finding in GPS Receivers[C]//Fourth IEEE Workshop on Sensor Array and Multichannel Processing, Waltham, MA, USA, 2006, 9086048.

[195] SCHELL S, CALABRETTA R, GARDNER W. Cyclic MUSIC Algorithms for Signal-Selective Direction Estimation[C]//International Conference on Acoustics, Speech, and Signal Processing, Glasgow, U.K., 1989, 4: 2278-2281.

[196] EL-KHAMY S, KASSEM W. Blind Beamforming and Signal Detection by Antenna Arrays using Higher Order Statistics[C]//Radio Science Conference, Cairo, Egypt, 1999, 1-5.

[197] KRIM H, VIBERG M. Two Decades of Array Signal Processing Research—The Parametric Approach[J]. IEEE Signal Processing Magazine, 1996, 13(4): 67-94.

[198] LI M, DEMPSTER A G, BALAEI A T. Switchable Beam Steering/Null Steering Algorithm for CW Interference Mitigation in GPS C/A Code Receivers[J]. IEEE Transactions on Aerospace and Electronics Systems, 2011, 47(3): 1564-1579.

[199] APPLEBAUM S P. Adaptive Arrays[J]. IEEE Transactions on Antennas and

Propagation，1976，24(5)：585-598.

[200] WIDROW B. Adaptive Antenna Systems[J]. Proceedings of IEEE，1967，55(12)：2143-2159.

[201] FROST O L. An Algorithm for Linearly Constrained Adaptive Array Processing[J]. Proceedings of IEEE，1962，60(8)：926-935.

[202] FANTE R L，VACCARO J J. Wideband Cancellation of Interference in a GPS Receive Array[J]. IEEE Transactions on Aerospace and Electronic Systems，2000，36(2)：549-564.

[203] COMPTON R T. On the Performance of a Polarization Sensitive Adaptive Array[J]. IEEE Transactions on Antennas and Propagation，1981，29(5)：718-725.

[204] FANTE R L，VACCARO J J. Evaluation of Adaptive Space Time-Polarization Cancellation of Broadband Interference[C]//Proceedings of IEEE Position Location and Navigation Symposium，Palm Springs，Calif，USA，2002，1-3.

[205] FANTE R，VACARRO J. Cancellation of Jammers and Jammer Multipath in a GPS Receiver[J]. IEEE Aerospace and Electronic Systems Magazine，1998，13(11)：25-28.

[206] KAPTSIS I，BALMAIN K G. Base Station Polarization-Sensitive Adaptive Antenna for Mobile Radio [C]//Third International Conference on Universal Personal Communications，San Diego，CA，USA，1994，4916987.

[207] 刘源. 基于多传感器多目标特征信息的模糊数据关联算法[J]. 系统工程与电子技术，1998，12，1-6.

[208] 李三虎. 技术哲学：从实体理论走向间性理论[J]. 长沙理工大学学报(社会科学版)，2017，32(1)：5-14.

[209] 桂起权. 从科学哲学视角看"主体间性"[J]. 江苏科技大学学报(社会科学版)，2014，14(3)：1-5.

[210] 宋雅萍. 论主体间性[J]. 马克思主义哲学研究，2008(3)：198-207.

[211] 李云飞. 论胡塞尔的先验主体间性问题的疑难[J]. 现代哲学，2016(6)：69-79.

[212] 徐心和，么健石. 有关行为主义人工智能研究综述[J]. 控制与决策，2004，19(3)：241-246.

[213] 王玉冰，梁晓龙，柏鹏，等. 基于互为主体的电子系统架构与任务决策[J]. 空军工程大学学报(自然科学版)，2020，21(3)：44-50.

[214] 张再林. 关于现代西方哲学的"主体间性转向"[J]. 人文杂志，2000(4)：9-15.

[215] 钟义信.知行学引论-信息-知识-智能的统一理论[J]. 中国工程科学，2004(6)：1-8.

[216] ZHAN J Y，JIANG Z P，WANG Y B，et al. Distributed Model Predictive Consensus with Self-triggered Mechanism in General Linear Multi-Agent Systems [J]. IEEE Transactions on Industrial Informatics，2019，15(7)：3987-3997.

[217] PALAU A S，PARLIKAD A K，DHADA M H. Multi-Agent System Architectures for Collaborative Prognostics [J]. Journal of Intelligent Manufacturing，2019(30)：2999-3013.

[218] SHARF M，ZELAZO D. Analysis and Synthesis of MIMO Multi-Agent Systems Using

Network Optimization[J]. IEEE Transactions on Automatic Control，2019，11（64）：4512-4524.

[219] 王玉冰，柏鹏，梁晓龙，等. 基于互为主体的一体化电子系统认知雷达与电子战探析[J]. 现代雷达，2020，42（1）：1-7.

[220] WANG Y B，BAI P，LIANG X L，et al. Reconnaissance Mission Conducted by UAV Swarms Based on Distributed PSO Path Planning Algorithms[J]. IEEE Access，2019（7）：105086-105099.

[221] 梁晓龙，胡利平，张佳强，等. 航空集群自主空战研究进展[J]. 科技导报，2020，38（15）：74-88.

[222] 胡利平，梁晓龙，张佳强，等. 航空集群系统构建机理研究[J]. 火力与指挥控制，2017，42（11）：142-145.

[223] 尹忠海，张凯成，杜华桦，等. 基于事件驱动的信息物理融合系统建模[J]. 微电子学与计算机，2015，32（12）：126-129.

[224] 王玉冰，程嗣怡，周一鹏，等. 参数寻优 LSSVM 算法在机载火控雷达工作模式判定中的应用[J]. 空军工程大学学报（自然科学版），2017，18（3）：49-53.

[225] 钟义信. 机制主义人工智能理论——一种通用的人工智能理论[J]. 智能系统学报，2018，13（1）：2-18.

[226] HAYKIN S，XUE Y，SETOODEH P. Cognitive Radar：Step Toward Bridging the Gap Between Neuroscience and Engineering[J]. Proceedings of the IEEE，2012，100（11）：3102-3130.

[227] 武思军. 防御体系中的"决策中心战"[J]. 指挥与控制学报，2020，6（3）：289-293.

[228] 王成刚，周新力，张铁英，等. 基于 INS/JTIDS 组合的 JTIDS 相对导航[J]. 海军航空工程学院学报，2004，19（2）：221-224.

[229] 施建生. JTIDS 链路质量分析与组网技术研究[D]. 南京：南京航空航天大学，2015.

[230] 王怡，王华，匡镜明. JTIDS 链路性能分析与仿真[J]. 电子对抗技术，2005，20（1）：8-11+28.

[231] 周坤芳，蒋云. JTIDS 相对导航定位原理及其定位误差研究[J]. 现代导航，2013，4（2）：94-97+93.

[232] 蔡里宁. 基于 JTIDS 相对导航算法与理论研究[D]. 西安：西安电子科技大学，2004.

[233] 潘雁鹏. 基于时差量测的目标定位与跟踪算法研究[D]. 西安：西安电子科技大学，2020.

[234] 丛丽，秦红磊. JTIDS/BA/INS/GPS 组合导航处理器软件设计与仿真[J]. 宇航学报，2008（04）：1233-1238.

[235] KLAUSUTIS T J，WEHLING R，LAMES M，et al. All Source Adaptive Fusion for Aided Navigation in Non-GPS Environment[C]//Visual Information Processing XVI. International Society for Optics and Photonics，2007：1-9.

[236] 王林，王楠，朱华勇，等. 一种面向多无人机协同感知的分布式融合估计方法[J]. 控制与决策，2010，25（6）：814-820.

[237] HO K C. Bias Reduction for an Explicit Solution of Source Localization Using TDOA

[J]. IEEE Transactions on Signal Processing，2012，60(5)：2101-2114.

[238] KELLERER W，KALMBACH P，BLENK A，et al. Adaptable and Data-Driven Softwarized Networks：Review，Opportunities，and Challenges[J]. Proceedings of the IEEE，2019，107(4)：711-731.

[239] 胡利平，梁晓龙，张佳强. 基于 Multi-Agent 的航空集群系统重构机理研究[J]. 火力与指挥控制，2016(11)：80-84.

[240] WANG W J，BAI P，WANG Y B，et al. Optimal Sensor Deployment and Velocity Configuration with Hybrid TDOA and FDOA Measurements[J]. IEEE Access，2019 (7)：109181-109194.

[241] 董晓璇，程嗣怡，周一鹏，等. 基于时域模糊决策融合的雷达工作模式识别方法[J]. 空军工程大学学报(自然科学版)，2018，19(6)：59-65.

[242] 王玉冰，程嗣怡，周一鹏，等. 基于 DS 证据理论的机载火控雷达空空工作模式判定[J].现代雷达，2017，39(5)：79-84.

[243] Defense Artificial Intelligence Strategy. 2019 The United States Air Force Artificial Intelligence Annex[EB/OL]. https://www. csis. org/analysis/ fly-fight-ai-air-force-releases-new-ai-strategy.

[244] 郭敏洁，陈爱林. CRS 报告：大国竞争时代下的情报、监视和侦察设计[EB/OL]. https://www.secrss.com/articles/20299.

[245] Congressional Research Service. Intelligence，Surveillance，and Reconnaissance Design for Great Power Competition [EB/OL]. https://www. hsdl. org/? abstract&did =722225.

[246] 朱创创，梁晓龙，何吕龙，等. 群目标侦察航迹规划方法[J]. 火力与指挥控制，2018，43(1)：47-51.

[247] 梁晓龙，李浩，孙强，等. 空中作战发展特征及对策[J]. 空军工程大学学报(军事科学版)，2014，14(3)：4-7.

[248] 杜明洋，毕大平，王树亮. 群目标跟踪关键技术研究进展[J]. 电光与控制，2019，26 (4)：59-65.

[249] 耿文东，王元钦，董正宏. 群目标跟踪[M]. 北京：国防工业出版社，2014.

[250] MIHAYLOVA L，CARMI Y，SEPTIER F，et al. Overview of Bayesian Sequential Monte Carlo Methods for Group and Extended Object Tracking [J]. Digital Signal Processing，2014，25(1)：1-16.

[251] 邓春华. 群体目标识别与分析技术研究[D]. 武汉：华中科技大学，2016.

[252] 甘林海，王刚，刘进忙，等. 群目标跟踪技术综述[J]. 自动化学报，2020，46(3)：411-426.

[253] 付其喜，梁晓龙，张佳强，等. 双层优化的多无人机合作式冲突探测与解脱[J]. 哈尔滨工业大学学报，2020，52(4)：74-83.

[254] BERGER C，WZOREK M，KVARNSTRÖM J，et al. Area Coverage with Heterogeneous UAVs Using Scan Patterns[C]//2016 IEEE International Symposium on Safety，Security，and Rescue Robotics (SSRR). IEEE，2016：342-349.

[255] HUTCHISON M. A Method for Estimating Range Requirements of Tactical Reconnaissance UAVs[C]//1st UAV Conference. 2002: 120-124.

[256] MAZA I, OLLERO A. Multiple UAV Cooperative Searching Operation Using Polygon Area Decomposition and Efficient Coverage Algorithms[M]//Distributed Autonomous Robotic Systems 6. Springer, Tokyo, 2007: 221-230.

[257] GABRIELY Y, RIMON E. Spanning-Tree Based Coverage of Continuous Areas by a Mobile Robot[J]. Annals of Mathematics and Artificial Intelligence, 2001, 31(1): 77-98.

[258] ZHANG Y, ZHOU D, XIA H. Cooperative Search Algorithm for Multi-UAV in Uncertain Environment[J]. Electronics, Optics & Control, 2012, 19(2): 5-8.

[259] BAUM M, PASSINO K. A Search-Theoretic Approach to Cooperative Control for Uninhabited Air Vehicles[C]//AIAA Guidance, Navigation, and Control Conference and Exhibit. 2002: 1-8.

[260] PENG H, LI Y, WANG L, et al. Hormone-Inspired Cooperative Control for Multiple UAVs Wide Area Search[C]//International Conference on Intelligent Computing. Springer, Berlin, Heidelberg, 2008: 808-816.

[261] FU X W, LI J, GAO X G. Target Allocation in Multi-UAV Cooperative Search with Communication Constraints[M]//Acta Aeronautica et Astronautica Sinica. 2014, 35(5): 1347-1356.

[262] RU C, QI X M, GUAN X N. Distributed Cooperative Search Control Method of Multiple UAVs for Moving Target[J]. International Journal of Aerospace Engineering, 2015: 1-12.

[263] 付其喜, 梁晓龙, 张佳强, 等. 自主飞行无人机地理围栏算法设计与实现[J]. 西安交通大学学报, 2019, 53(5): 167-175.

[264] KENNEDY J, EBERHART R. Particle Swarm Optimization[J]. IEEE International Conference on Neural Networks, Perth, Australia, 1995: 1942-1948.

[265] HEREFORD J M, SIEBOLD M, NICHOLS S. Using the Particle Swarm Optimization Algorithm for Robotic Search Applications[C]. Proceedings of the 2007 IEEE Swarm Intelligence Symposium, 2007: 1-7.

[266] 陈杰, 方浩, 辛斌. 多智能体系统的协同集群运动控制[M]. 北京: 科学出版社, 2019.

[267] ROSHANZAMIR M, BALAFAR M A, RAZAVI S N. Empowering Particle Swarm Optimization Algorithm Using Multi Agents' Capability: A Holonic Approach[J]. Knowledge Based Systems, 2017, 136(15): 58-74.

[268] 杨剑. 群机器人队形控制及协同搜索方法研究[D]. 哈尔滨: 哈尔滨工业大学, 2018.

[269] KOESTLER A. The Ghost in the Machine. Arkana [J]. Distributed Artificial Intelligence, 1967, 290(9): 65-67.

[270] 布赖恩·罗伯逊. 重新定义管理: 合弄制改变世界[M]. 北京: 中信出版社, 2015.

[271] RUSSELL S J, NORVIG P, CANNY J F, et al. Artificial Intelligence: A Modern Approach[M]. Upper Saddle River: Prentice Hall, 2003.

[272] CAMPOS M，KROHLING R A. Entropy-Based Bare Bones Particle Swarm for Dynamic Constrained Optimization[J]. Knowledge-Based Systems，2016，97（1）：203-223.

[273] ACAR E U，CHOSET H，RIZZI A A，et al. Morse Decompositions for Coverage Tasks [J]. The International Journal of Robotics Research，2002，21(4)：331-344.

[274] GALCERAN E，CARRERAS M. A Survey on Coverage Path Planning for Robotics[J]. Robotics and Autonomous Systems，2013，61：1258-1276.

[275] MENG W，XIE L，XIAO W D. Decentralized TDOA Sensor Pairing in Multi-hop Wireless Sensor Networks[J]. IEEE Signal Processing Letters，2013，20(2)：181-184.

[276] GAO Z，PAN Z，GAO J. A New Highly Efficient Differential Evolution Scheme and Its Application to Waveform Inversion[J]. IEEE Geoscience and Remote Sensing Letters，2014，11(10)：1702-1706.

[277] BERTSEKAS D. Convex Optimization Theory[M]. Athena Scientific，2011.

[278] GOGINENI S，RANGASWAMY M，RIGLING B D. Ambiguity Function Analysis for UMTS-Based Passive Multistatic Radar[J]. IEEE Transactions on Signal Processing，2014，62(11)：2945-2957.

[279] STINCO P，GRECO M S，GINI F. Ambiguity Function and Cramer-Rao Bounds for Universal Mobile Telecommunications System-Based Passive Coherent Location Systems [J]. IET Radar Sonar & Navigation，2012，6(7)：668-678.

[280] GRECO M S，STINCO P，GINI F，et al. Cramer-Rao Bounds and Selection of Bistatic Channels for Multistatic Radar Systems[J]. IEEE Transactions on Aerospace and Electronic Systems，2011，47(4)：2934-2948.

[281] 花汉兵，吴少琴. 双/多基地雷达模糊函数建模与研究[J]. 电光与控制，2011（3）：38-42.

[282] EINEMO M，SO H C. WeightedLeast Squares Algorithm for Target Localization in Distributed MIMO Radar[J]. Signal Processing，2015，115：144-150.

[283] 王耀林，盖梦欧，周敏. IMM算法在空中复杂机动目标跟踪中的应用[J]. 现代信息科技，2020，4(13)：9-11.

[284] 阮吉寿，张华. 信息论基础[M]. 北京：机械工业出版社，2008.

[285] JIN B，JIU B，SU T. Switched KalmanFilter-Interacting Multiple Model Algorithm Based on Optimal Autoregressive Model for Maneuvering Target Tracking[J]. IET Radar Sonar & Navigation，2015，9(2)：199-209.

[286] 赵艳丽. 弹道导弹雷达跟踪与识别研究[D]. 长沙：国防科学技术大学，2007.

[287] 彭国华.第十五届中国研究生数学建模竞赛[J].数学的实践与认识,2019,49(16)：1-25.

[288] JONATHAN F. SOLOMON. Maritime Deception and Concealment：Concepts for Defeating Wide-Area Oceanic Surveillance Reconnaissance-Strike Networks[J]. Naval War College Review，2013，66(4)：1-7.

[289] HMAM H. Optimal Sensor Velocity Configuration for TDOA-FDOA Geolocation[J]. IEEE Transactions on Signal Processing，2017，1：1-10.

［290］ WANG W，BAI P，LI H，et al. Optimal Configuration and Path Planning for UAV Swarms Using a Novel Localization Approach［J］. Applied sciences，2018，8（6）：1001-1019.

［291］ YANG X，LI S，SUN Y，et al. Robust Wideband Adaptive Beamforming with Null Broadening and Constant Beamwidth［J］. IEEE Transactions on Antennas and Propagation，2019，（99）：1-1.

［292］ 郭玉华. 自适应波束形成算法的分析与研究［D］. 合肥：中国科学技术大学，2006：16-21.

［293］ 张晓明. GNSS 抗干扰阵列天线的设计与实现［D］. 西安：西安电子科技大学，2010.

［294］ LEE K，LEE J. Designand Evaluation of Symmetric Space-Time Adaptive Processing of an Array Antenna for Precise Global Navigation Satellite System Receivers［J］. IET Signal Processing，2017，11（6）：758-764.

［295］ 董春蕾.基于空频多波束处理的自适应抗干扰天线技术研究［D］.哈尔滨：哈尔滨工程大学，2014.

［296］ 王永良，丁前军，李荣锋. 自适应阵列处理［M］. 北京：清华大学出版社，2009.

［297］ 李文刚，马昌林，刘航，等. 无人机编队分布式协作系统及其抗干扰方法：中国. CN104571131A［P］. 2015.

［298］ WANG W，BAI P，LI H，et al. Optimal Configuration and Path Planning for UAV Swarms Using a Novel Localization Approach［J］. Applied Sciences，2018，8（6）：1001-1019.